办公软件应用（Windows平台）

Windows 7, Office 2010 试题汇编

（操作员级）

国家职业技能鉴定专家委员会
计算机专业委员会 编写

北京希望电子出版社
Beijing Hope Electronic Press
www.bhp.com.cn

内容简介

本书包含办公软件应用模块（Windows 平台）Windows 7、Office 2010 操作员级考试的全部试题，试题经国家职业技能鉴定专家委员会计算机专业委员会审定。本书既可供正式考试时使用，也可供考生考前练习之用，是参加办公软件应用（Windows 平台）Windows 7、Office 2010 操作员级考试的考生人手一册的必备技术资料。同时，本书可供考评员和培训教师在组织培训、操作练习等方面使用，也可作为大中专院校、技校、中高职、职高、高校和社会相关领域培训班进行办公软件应用技能培训与测评的首选教材。

为方便考生练习，全部的题库素材将在北京希望电子出版社微信公众号、微博，以及北京希望电子出版社网站（www.bhp.com.cn）上提供。

需要本书或技术支持的读者，请与北京市海淀区中关村大街 22 号中科大厦 A 座 10 层（邮编：100190）发行部联系，电话：010-82620818（总机），传真：010-62543892，E-mail：bhpjc@bhp.com.cn。

图书在版编目（CIP）数据

办公软件应用（Windows 平台）Windows 7、Office 2010 试题汇编：操作员级 / 国家职业技能鉴定专家委员会计算机专业委员会编写. —北京：北京希望电子出版社, 2013.10

ISBN 978-7-83002-111-5

Ⅰ. ①办… Ⅱ. ①国… Ⅲ. ①Windows 操作系统－技术培训－习题集②办公自动化－应用软件－技术培训－习题集 Ⅳ. ①TP316.7-44②TP317.1-44

中国版本图书馆 CIP 数据核字(2013)第 155922 号

出版：北京希望电子出版社
地址：北京市海淀区中关村大街 22 号
中科大厦 A 座 10 层
邮编：100190
网址：www.bhp.com.cn
电话：010-82620818（总机）转发行部
010-82626237（邮购）
传真：010-62543892
经销：各地新华书店

封面：张　洁
编辑：石文涛　刘　霞
校对：全　卫
开本：787mm×1092mm　1/16
印张：20
字数：474 千字
印刷：北京市密东印刷有限公司
版次：2021 年 1 月 1 版 8 次印刷

定价：49. 80 元

国家职业技能鉴定专家委员会

计算机专业委员会名单

办公软件应用（Windows 平台）

Windows 7、Office 2010

操作员级考试

命题组成员

孟庆远　张　瑜　孙　平　柳　超

胡　芳　陈　敏　张训军　徐建华

石文涛　杨　莉　刘　霞

出 版 说 明

本书包含办公软件应用模块（Windows 平台）Windows 7、Office 2010 操作员级考试的全部试题，书中试题根据办公软件应用模块（Windows 平台）培训和考核标准及操作员级考试大纲编写，经国家职业技能鉴定专家委员会计算机专业委员会审定。

本书既可供正式考试时使用，也可供考生考前练习之用，是参加办公软件应用（Windows 平台）Windows 7、Office 2010 操作员级考试的考生人手一册的必备技术资料。同时，本书可供考评员和培训教师在组织培训、操作练习等方面使用，也可作为大中专院校、技校、中高职、职高、高校和社会相关领域培训班进行办公软件应用技能培训与测评的首选教材。

本书执笔人有孙静、王雅男、王晶晶、张立光等，并感谢北京智源时代科技有限公司及九江学院提供技术支持，本书的不足之处敬请批评指正。

目 录

第一单元　操作系统应用

1.1　第 1 题

【操作要求】

考生按如下要求进行操作。

1．操作系统的基本操作

- **启动“资源管理器”：**开机，进入 Windows 7 操作系统，启动“资源管理器”。
- **创建文件夹：**在 C 盘根目录下建立考生文件夹，文件夹名为考生准考证后 7 位。
- **复制、重命名文件：**C 盘中有考试题库“2010KSW”文件夹，文件夹结构如下图所示。根据选题单指定题号，将题库中“DATA1”文件夹内相应的文件复制到考生文件夹中，将文件分别重命名为 A1、A3、A4、A5、A6、A7、A8，扩展名不变。第二单元的题需要考生在做该题时自己新建一个文件。

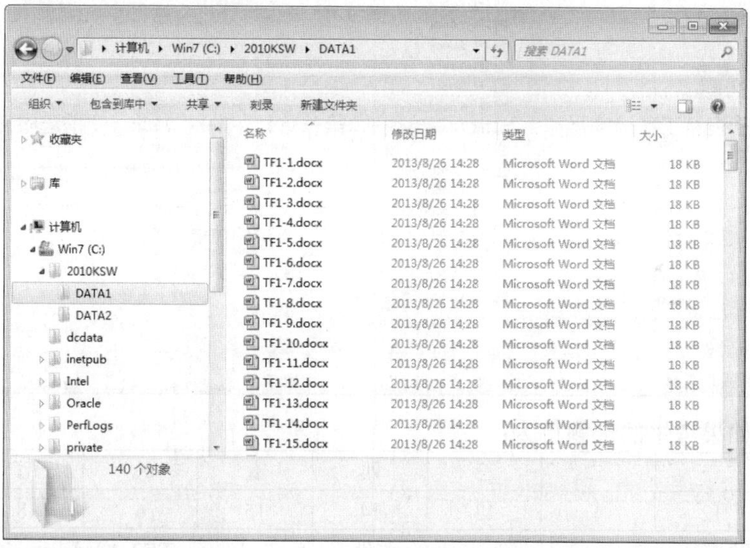

举例：如果考生的选题单为：

单元	一	二	三	四	五	六	七	八
题号	12	5	13	14	15	6	18	4

则应将题库中“DATA1”文件夹内的文件 TF1-12.docx、TF3-13.docx、TF4-14.docx、TF5-15.docx、TF6-6.xlsx、TF7-18.xlsx、TF8-4.docx 复制到考生文件夹中，并分别重命名为 A1.docx、A3.docx、A4.docx、A5.docx、A6.xlsx、A7.xlsx、A8.docx。

2．操作系统的设置与优化

- 在语言栏中添加“微软拼音 - 简捷 2010”输入法。
- 为“附件”菜单中的“截图工具”创建桌面快捷方式。

1.2　第 2 题

【操作要求】

考生按如下要求进行操作。

1．操作系统的基本操作

- **启动“资源管理器”**：开机，进入 Windows 7 操作系统，启动“资源管理器”。
- **创建文件夹**：在 C 盘根目录下建立考生文件夹，文件夹名为考生准考证后 7 位。
- **复制、重命名文件**：C 盘中有考试题库“2010KSW”文件夹，文件夹结构如下图所示。根据选题单指定题号，将题库中“DATA1”文件夹内相应的文件复制到考生文件夹中，将文件分别重命名为 A1、A3、A4、A5、A6、A7、A8，扩展名不变。第二单元的题需要考生在做该题时自己新建一个文件。

举例：如果考生的选题单为：

单元	一	二	三	四	五	六	七	八
题号	12	5	13	14	15	6	18	4

则应将题库中“DATA1”文件夹内的文件 TF1-12.docx、TF3-13.docx、TF4-14.docx、TF5-15.docx、TF6-6.xlsx、TF7-18.xlsx、TF8-4.docx 复制到考生文件夹中，并分别重命名为 A1.docx、A3.docx、A4.docx、A5.docx、A6.xlsx、A7.xlsx、A8.docx。

2．操作系统的设置与优化

- 在控制面板中隐藏“微软雅黑”字体。
- 在控制面板中将桌面背景更改为“Windows 桌面背景”下“建筑”类中的第 4 张图片。

1.3　第 3 题

【操作要求】

考生按如下要求进行操作。

1．操作系统的基本操作

- **启动“资源管理器”：**开机，进入 Windows 7 操作系统，启动“资源管理器”。
- **创建文件夹：**在 C 盘根目录下建立考生文件夹，文件夹名为考生准考证后 7 位。
- **复制、重命名文件：**C 盘中有考试题库“2010KSW”文件夹，文件夹结构如下图所示。根据选题单指定题号，将题库中“DATA1”文件夹内相应的文件复制到考生文件夹中，将文件分别重命名为 A1、A3、A4、A5、A6、A7、A8，扩展名不变。第二单元的题需要考生在做该题时自己新建一个文件。

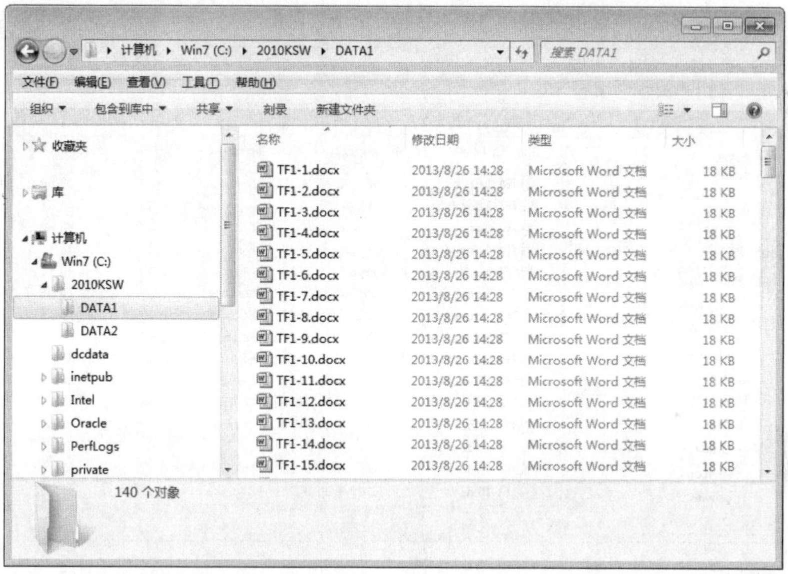

举例：如果考生的选题单为：

单元	一	二	三	四	五	六	七	八
题号	12	5	13	14	15	6	18	4

则应将题库中“DATA1”文件夹内的文件 TF1-12.docx、TF3-13.docx、TF4-14.docx、TF5-15.docx、TF6-6.xlsx、TF7-18.xlsx、TF8-4.docx 复制到考生文件夹中，并分别重命名为 A1.docx、A3.docx、A4.docx、A5.docx、A6.xlsx、A7.xlsx、A8.docx。

2．操作系统的设置与优化

- 在控制面板中将系统的“日期和时间”更改为“2010 年 10 月 1 日　10:50:30”。
- 在资源管理器中删除桌面上“便笺”的快捷方式。

1.4 第 4 题

【操作要求】

考生按如下要求进行操作。

1．操作系统的基本操作

- 启动“资源管理器”：开机，进入 Windows 7 操作系统，启动“资源管理器”。
- 创建文件夹：在 C 盘根目录下建立考生文件夹，文件夹名为考生准考证后 7 位。
- 复制、重命名文件：C 盘中有考试题库“2010KSW”文件夹，文件夹结构如下图所示。根据选题单指定题号，将题库中“DATA1”文件夹内相应的文件复制到考生文件夹中，将文件分别重命名为 A1、A3、A4、A5、A6、A7、A8，扩展名不变。第二单元的题需要考生在做该题时自己新建一个文件。

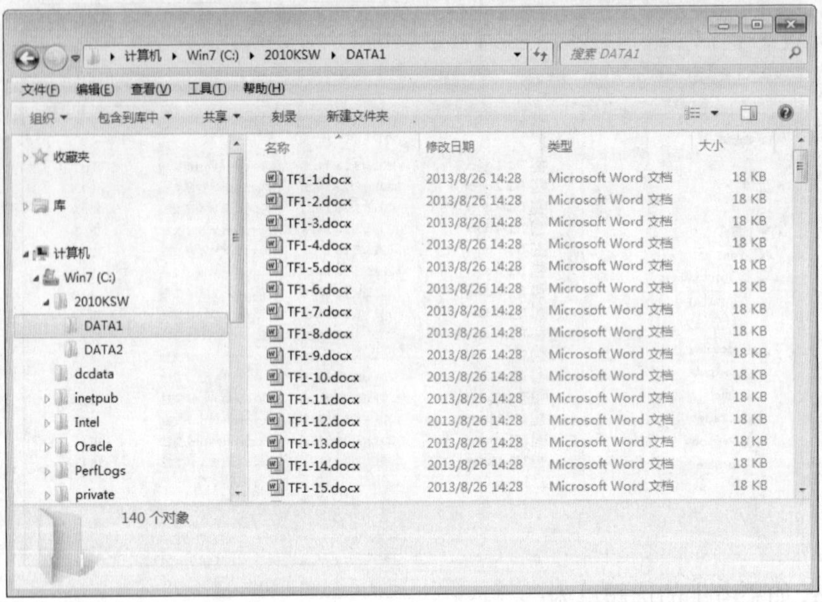

举例：如果考生的选题单为：

单元	一	二	三	四	五	六	七	八
题号	12	5	13	14	15	6	18	4

则应将题库中“DATA1”文件夹内的文件 TF1-12.docx、TF3-13.docx、TF4-14.docx、TF5-15.docx、TF6-6.xlsx、TF7-18.xlsx、TF8-4.docx 复制到考生文件夹中，并分别重命名为 A1.docx、A3.docx、A4.docx、A5.docx、A6.xlsx、A7.xlsx、A8.docx。

2．操作系统的设置与优化

- 进入操作系统后，进行“重新启动”操作。
- 在控制面板中向桌面添加小工具“日历”，并设置显示较大尺寸。

1.5　第 5 题

【操作要求】

考生按如下要求进行操作。

1．操作系统的基本操作

- **启动“资源管理器”：**开机，进入 Windows 7 操作系统，启动“资源管理器”。
- **创建文件夹：**在 C 盘根目录下建立考生文件夹，文件夹名为考生准考证后 7 位。
- **复制、重命名文件：**C 盘中有考试题库“2010KSW”文件夹，文件夹结构如下图所示。根据选题单指定题号，将题库中“DATA1”文件夹内相应的文件复制到考生文件夹中，将文件分别重命名为 A1、A3、A4、A5、A6、A7、A8，扩展名不变。第二单元的题需要考生在做该题时自己新建一个文件。

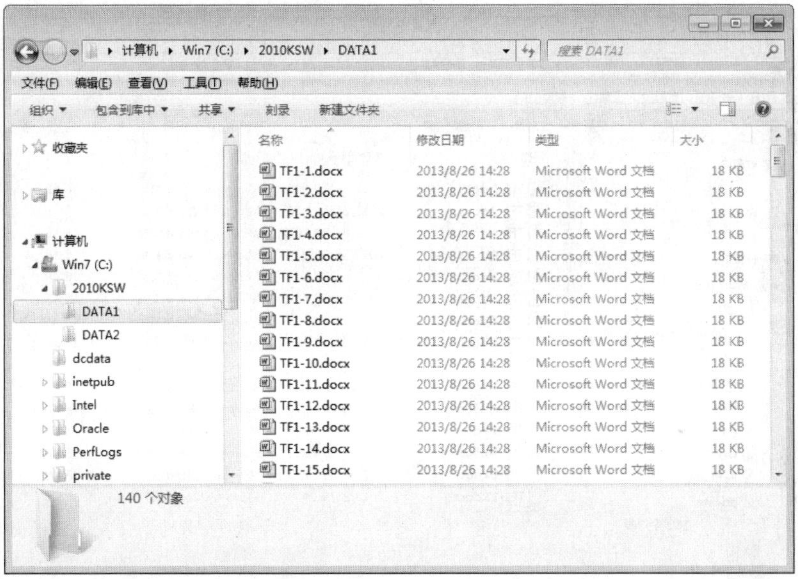

举例：如果考生的选题单为：

单元	一	二	三	四	五	六	七	八
题号	12	5	13	14	15	6	18	4

则应将题库中“DATA1”文件夹内的文件 TF1-12.docx、TF3-13.docx、TF4-14.docx、TF5-15.docx、TF6-6.xlsx、TF7-18.xlsx、TF8-4.docx 复制到考生文件夹中，并分别重命名为 A1.docx、A3.docx、A4.docx、A5.docx、A6.xlsx、A7.xlsx、A8.docx。

2．操作系统的设置与优化

- 在控制面板中设置隐藏桌面上所有的图标。
- 在资源管理器中打开“本地磁盘（C:）”，设置所有文件及文件夹的视图方式为“中等图标”，并“显示预览窗格”。

1.6 第 6 题

【操作要求】

考生按如下要求进行操作。

1. 操作系统的基本操作

- **启动“资源管理器”**：开机，进入 Windows 7 操作系统，启动“资源管理器”。
- **创建文件夹**：在 C 盘根目录下建立考生文件夹，文件夹名为考生准考证后 7 位。
- **复制、重命名文件**：C 盘中有考试题库“2010KSW”文件夹，文件夹结构如下图所示。根据选题单指定题号，将题库中“DATA1”文件夹内相应的文件复制到考生文件夹中，将文件分别重命名为 A1、A3、A4、A5、A6、A7、A8，扩展名不变。第二单元的题需要考生在做该题时自己新建一个文件。

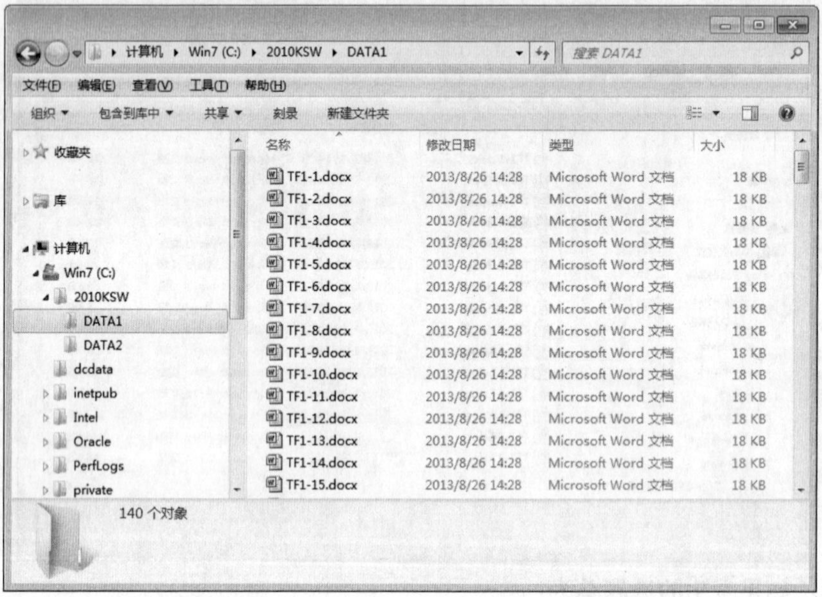

举例：如果考生的选题单为：

单元	一	二	三	四	五	六	七	八
题号	12	5	13	14	15	6	18	4

则应将题库中“DATA1”文件夹内的文件 TF1-12.docx、TF3-13.docx、TF4-14.docx、TF5-15.docx、TF6-6.xlsx、TF7-18.xlsx、TF8-4.docx 复制到考生文件夹中，并分别重命名为 A1.docx、A3.docx、A4.docx、A5.docx、A6.xlsx、A7.xlsx、A8.docx。

2. 操作系统的设置与优化

- 删除语言栏中的“微软拼音 - 新体验 2010”输入法。
- 在控制面板中将桌面的背景更改为图片文件 C:\2010KSW\DATA2\TuPian1-6.jpg。

1.7　第 7 题

【操作要求】

考生按如下要求进行操作。

1. 操作系统的基本操作

- **启动"资源管理器"**：开机，进入 Windows 7 操作系统，启动"资源管理器"。
- **创建文件夹**：在 C 盘根目录下建立考生文件夹，文件夹名为考生准考证后 7 位。
- **复制、重命名文件**：C 盘中有考试题库"2010KSW"文件夹，文件夹结构如下图所示。根据选题单指定题号，将题库中"DATA1"文件夹内相应的文件复制到考生文件夹中，将文件分别重命名为 A1、A3、A4、A5、A6、A7、A8，扩展名不变。第二单元的题需要考生在做该题时自己新建一个文件。

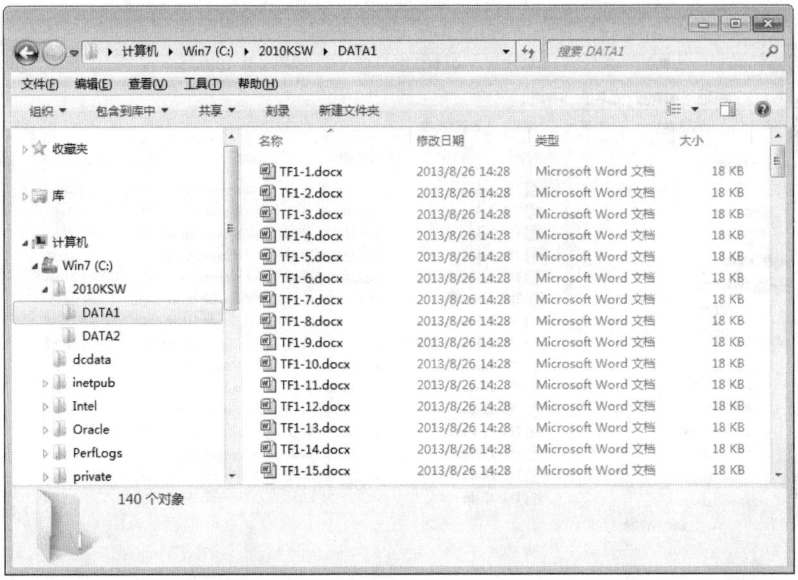

举例：如果考生的选题单为：

单元	一	二	三	四	五	六	七	八
题号	12	5	13	14	15	6	18	4

则应将题库中"DATA1"文件夹内的文件 TF1-12.docx、TF3-13.docx、TF4-14.docx、TF5-15.docx、TF6-6.xlsx、TF7-18.xlsx、TF8-4.docx 复制到考生文件夹中，并分别重命名为 A1.docx、A3.docx、A4.docx、A5.docx、A6.xlsx、A7.xlsx、A8.docx。

2. 操作系统的设置与优化

- 安装字体 C:\2010KSW\DATA2\ZiTi1-7.ttf。
- 为"开始"→"所有程序"→"Microsoft Office"子菜单中的"Microsoft Outlook 2010"创建桌面快捷方式，并锁定到任务栏中。

1.8 第 8 题

【操作要求】

考生按如下要求进行操作。

1．操作系统的基本操作

- **启动"资源管理器"**：开机，进入 Windows 7 操作系统，启动"资源管理器"。
- **创建文件夹**：在 C 盘根目录下建立考生文件夹，文件夹名为考生准考证后 7 位。
- **复制、重命名文件**：C 盘中有考试题库"2010KSW"文件夹，文件夹结构如下图所示。根据选题单指定题号，将题库中"DATA1"文件夹内相应的文件复制到考生文件夹中，将文件分别重命名为 A1、A3、A4、A5、A6、A7、A8，扩展名不变。第二单元的题需要考生在做该题时自己新建一个文件。

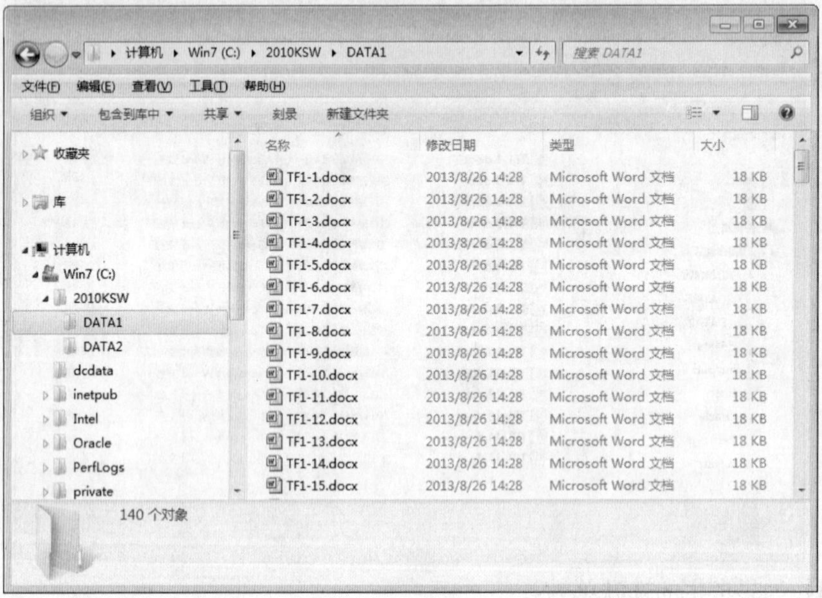

举例：如果考生的选题单为：

单元	一	二	三	四	五	六	七	八
题号	12	5	13	14	15	6	18	4

则应将题库中"DATA1"文件夹内的文件 TF1-12.docx、TF3-13.docx、TF4-14.docx、TF5-15.docx、TF6-6.xlsx、TF7-18.xlsx、TF8-4.docx 复制到考生文件夹中，并分别重命名为 A1.docx、A3.docx、A4.docx、A5.docx、A6.xlsx、A7.xlsx、A8.docx。

2．操作系统的设置与优化

- 在控制面板中将系统当前"时区"更改为"（UTC+08:00）台北"。
- 在控制面板中卸载桌面小工具"时钟"。

1.9　第 9 题

【操作要求】

考生按如下要求进行操作。

1．操作系统的基本操作

- **启动“资源管理器”：**开机，进入 Windows 7 操作系统，启动“资源管理器”。
- **创建文件夹：**在 C 盘根目录下建立考生文件夹，文件夹名为考生准考证后 7 位。
- **复制、重命名文件：**C 盘中有考试题库“2010KSW”文件夹，文件夹结构如下图所示。根据选题单指定题号，将题库中“DATA1”文件夹内相应的文件复制到考生文件夹中，将文件分别重命名为 A1、A3、A4、A5、A6、A7、A8，扩展名不变。第二单元的题需要考生在做该题时自己新建一个文件。

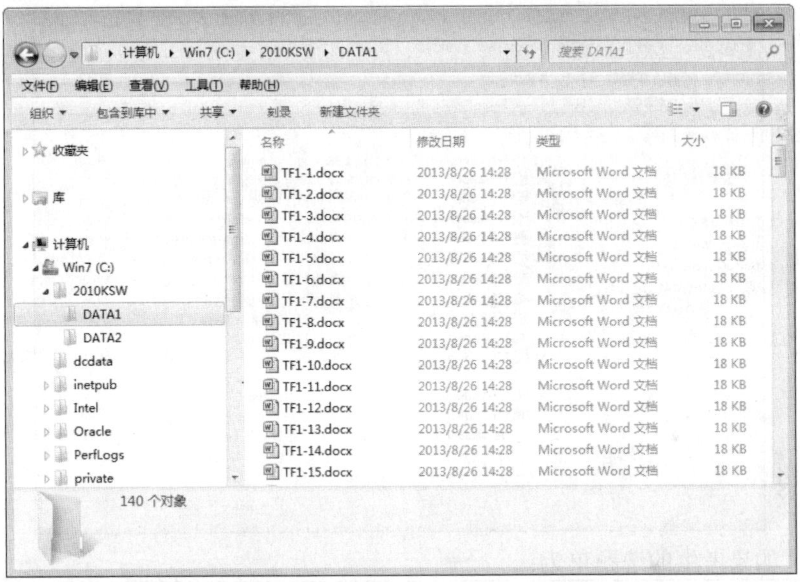

举例：如果考生的选题单为：

单元	一	二	三	四	五	六	七	八
题号	12	5	13	14	15	6	18	4

则应将题库中“DATA1”文件夹内的文件 TF1-12.docx、TF3-13.docx、TF4-14.docx、TF5-15.docx、TF6-6.xlsx、TF7-18.xlsx、TF8-4.docx 复制到考生文件夹中，并分别重命名为 A1.docx、A3.docx、A4.docx、A5.docx、A6.xlsx、A7.xlsx、A8.docx。

2．操作系统的设置与优化

- 进入操作系统后，进行“切换用户”操作。
- 在资源管理器中打开“图片库”，并设置所有文件及文件夹的视图方式为“平铺”，并“隐藏预览窗格”。

1.10 第 10 题

【操作要求】

考生按如下要求进行操作。

1. 操作系统的基本操作

- **启动“资源管理器”**：开机，进入 Windows 7 操作系统，启动“资源管理器”。
- **创建文件夹**：在 C 盘根目录下建立考生文件夹，文件夹名为考生准考证后 7 位。
- **复制、重命名文件**：C 盘中有考试题库“2010KSW”文件夹，文件夹结构如下图所示。根据选题单指定题号，将题库中“DATA1”文件夹内相应的文件复制到考生文件夹中，将文件分别重命名为 A1、A3、A4、A5、A6、A7、A8，扩展名不变。第二单元的题需要考生在做该题时自己新建一个文件。

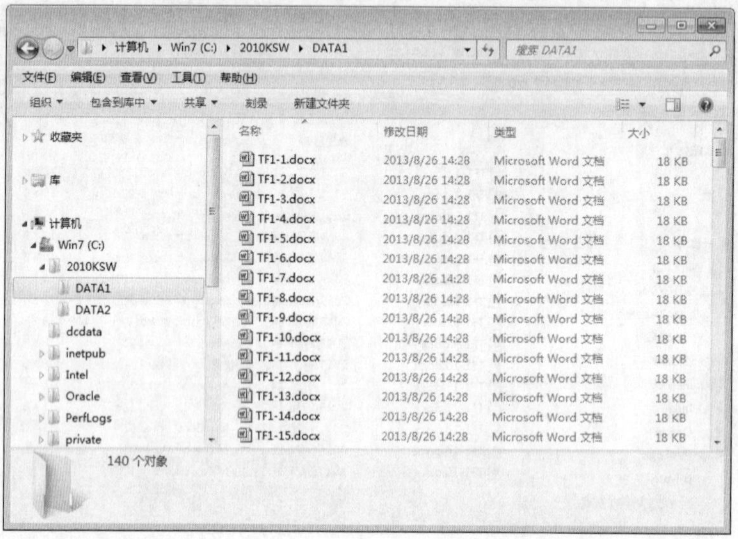

举例：如果考生的选题单为：

单元	一	二	三	四	五	六	七	八
题号	12	5	13	14	15	6	18	4

则应将题库中“DATA1”文件夹内的文件 TF1-12.docx、TF3-13.docx、TF4-14.docx、TF5-15.docx、TF6-6.xlsx、TF7-18.xlsx、TF8-4.docx 复制到考生文件夹中，并分别重命名为 A1.docx、A3.docx、A4.docx、A5.docx、A6.xlsx、A7.xlsx、A8.docx。

2. 操作系统的设置与优化

- 在控制面板中将桌面上“计算机”的图标更改为“C:\2010KSW\DATA2\TuBiao1-10.ico”的样式。
- 在控制面板中将桌面背景更改为“Windows 桌面背景”下“自然”类中的第 1 张图片。

1.11　第 11 题

【操作要求】

考生按如下要求进行操作。

1．操作系统的基本操作

- **启动“资源管理器”：**开机，进入 Windows 7 操作系统，启动“资源管理器”。
- **创建文件夹：**在 C 盘根目录下建立考生文件夹，文件夹名为考生准考证后 7 位。
- **复制、重命名文件：**C 盘中有考试题库“2010KSW”文件夹，文件夹结构如下图所示。根据选题单指定题号，将题库中“DATA1”文件夹内相应的文件复制到考生文件夹中，将文件分别重命名为 A1、A3、A4、A5、A6、A7、A8，扩展名不变。第二单元的题需要考生在做该题时自己新建一个文件。

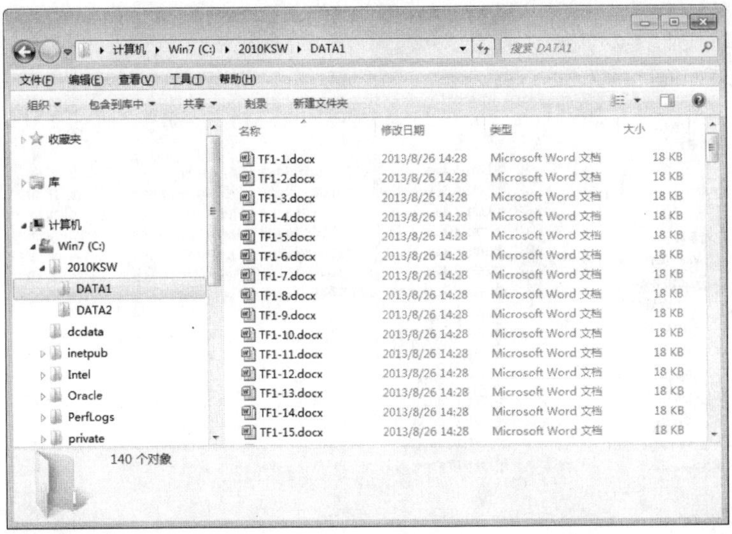

举例：如果考生的选题单为：

单元	一	二	三	四	五	六	七	八
题号	12	5	13	14	15	6	18	4

则应将题库中“DATA1”文件夹内的文件 TF1-12.docx、TF3-13.docx、TF4-14.docx、TF5-15.docx、TF6-6.xlsx、TF7-18.xlsx、TF8-4.docx 复制到考生文件夹中，并分别重命名为 A1.docx、A3.docx、A4.docx、A5.docx、A6.xlsx、A7.xlsx、A8.docx。

2．操作系统的设置与优化

- 在语言栏中设置计算机启动时默认的输入语言为“微软拼音 - 简捷 2010”输入法。
- 在资源管理器中打开“本地磁盘（D:）”，设置所有文件及文件夹的视图方式为“列表”，并“显示预览窗格”。

1.12 第 12 题

【操作要求】

考生按如下要求进行操作。

1．操作系统的基本操作

- **启动“资源管理器”**：开机，进入 Windows 7 操作系统，启动“资源管理器”。
- **创建文件夹**：在 C 盘根目录下建立考生文件夹，文件夹名为考生准考证后 7 位。
- **复制、重命名文件**：C 盘中有考试题库“2010KSW”文件夹，文件夹结构如下图所示。根据选题单指定题号，将题库中“DATA1”文件夹内相应的文件复制到考生文件夹中，将文件分别重命名为 A1、A3、A4、A5、A6、A7、A8，扩展名不变。第二单元的题需要考生在做该题时自己新建一个文件。

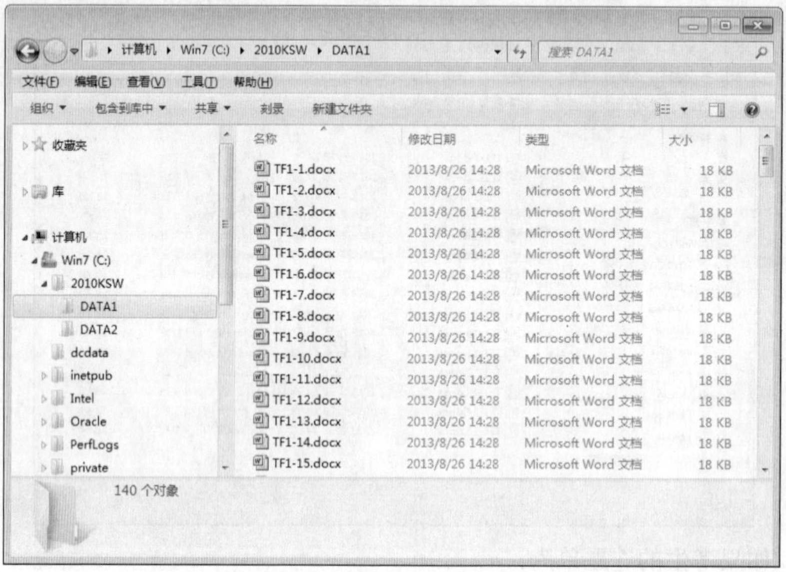

举例：如果考生的选题单为：

单元	一	二	三	四	五	六	七	八
题号	12	5	13	14	15	6	18	4

则应将题库中“DATA1”文件夹内的文件 TF1-12.docx、TF3-13.docx、TF4-14.docx、TF5-15.docx、TF6-6.xlsx、TF7-18.xlsx、TF8-4.docx 复制到考生文件夹中，并分别重命名为 A1.docx、A3.docx、A4.docx、A5.docx、A6.xlsx、A7.xlsx、A8.docx。

2．操作系统的设置与优化

- 在控制面板中设置桌面上仅显示“计算机”和“回收站”的图标。
- 设置桌面上已添加的“幻灯片放映”小工具中每张图片显示的时间为“10 秒”，图片转换方式为“旋转”。

1.13 第 13 题

【操作要求】

考生按如下要求进行操作。

1．操作系统的基本操作

- **启动“资源管理器”**：开机，进入 Windows 7 操作系统，启动“资源管理器”。
- **创建文件夹**：在 C 盘根目录下建立考生文件夹，文件夹名为考生准考证后 7 位。
- **复制、重命名文件**：C 盘中有考试题库“2010KSW”文件夹，文件夹结构如下图所示。根据选题单指定题号，将题库中“DATA1”文件夹内相应的文件复制到考生文件夹中，将文件分别重命名为 A1、A3、A4、A5、A6、A7、A8，扩展名不变。第二单元的题需要考生在做该题时自己新建一个文件。

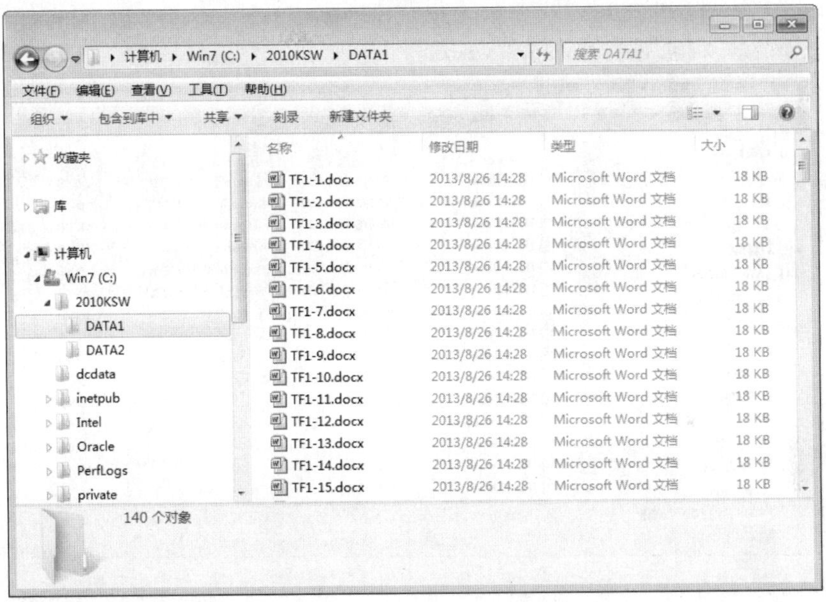

举例：如果考生的选题单为：

单元	一	二	三	四	五	六	七	八
题号	12	5	13	14	15	6	18	4

则应将题库中“DATA1”文件夹内的文件 TF1-12.docx、TF3-13.docx、TF4-14.docx、TF5-15.docx、TF6-6.xlsx、TF7-18.xlsx、TF8-4.docx 复制到考生文件夹中，并分别重命名为 A1.docx、A3.docx、A4.docx、A5.docx、A6.xlsx、A7.xlsx、A8.docx。

2．操作系统的设置与优化

- 在控制面板中删除“华文细黑 常规”字体。
- 在控制面板中将桌面背景更改为“纯色”选项中的最后一个颜色。

1.14 第 14 题

【操作要求】

考生按如下要求进行操作。

1．操作系统的基本操作

- **启动“资源管理器”**：开机，进入 Windows 7 操作系统，启动“资源管理器”。
- **创建文件夹**：在 C 盘根目录下建立考生文件夹，文件夹名为考生准考证后 7 位。
- **复制、重命名文件**：C 盘中有考试题库“2010KSW”文件夹，文件夹结构如下图所示。根据选题单指定题号，将题库中“DATA1”文件夹内相应的文件复制到考生文件夹中，将文件分别重命名为 A1、A3、A4、A5、A6、A7、A8，扩展名不变。第二单元的题需要考生在做该题时自己新建一个文件。

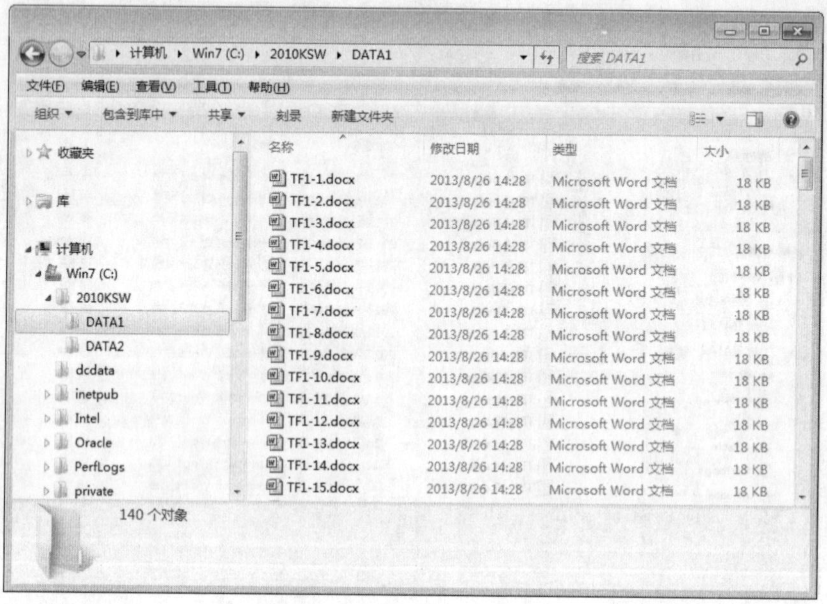

举例：如果考生的选题单为：

单元	一	二	三	四	五	六	七	八
题号	12	5	13	14	15	6	18	4

则应将题库中“DATA1”文件夹内的文件 TF1-12.docx、TF3-13.docx、TF4-14.docx、TF5-15.docx、TF6-6.xlsx、TF7-18.xlsx、TF8-4.docx 复制到考生文件夹中，并分别重命名为 A1.docx、A3.docx、A4.docx、A5.docx、A6.xlsx、A7.xlsx、A8.docx。

2．操作系统的设置与优化

- 进入操作系统后，进行“休眠”操作。
- 在控制面板中将系统的“日期和时间”更改为“2010 年 8 月 8 日 22:22:00”。

1.15　第 15 题

【操作要求】

考生按如下要求进行操作。

1．**操作系统的基本操作**

- **启动“资源管理器”：**开机，进入 Windows 7 操作系统，启动“资源管理器”。
- **创建文件夹：**在 C 盘根目录下建立考生文件夹，文件夹名为考生准考证后 7 位。
- **复制、重命名文件：**C 盘中有考试题库“2010KSW”文件夹，文件夹结构如下图所示。根据选题单指定题号，将题库中“DATA1”文件夹内相应的文件复制到考生文件夹中，将文件分别重命名为 A1、A3、A4、A5、A6、A7、A8，扩展名不变。第二单元的题需要考生在做该题时自己新建一个文件。

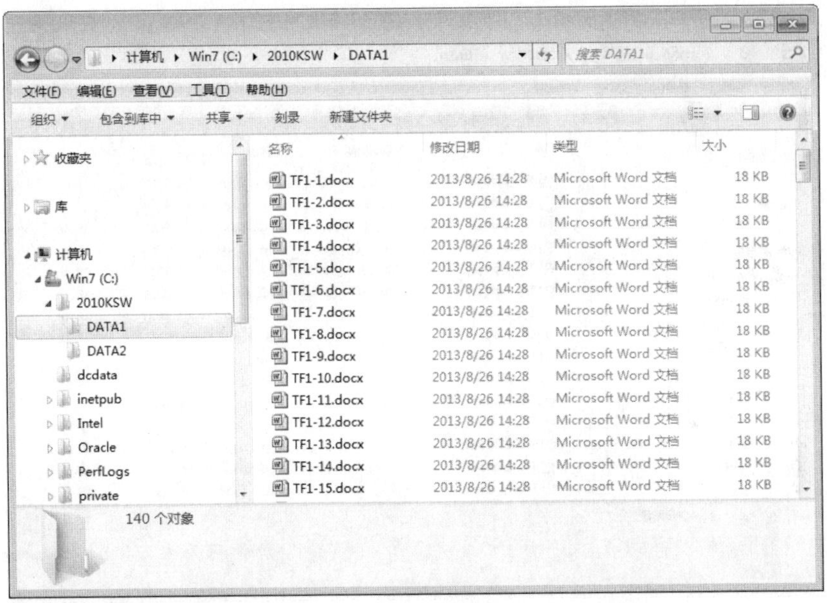

举例：如果考生的选题单为：

单元	一	二	三	四	五	六	七	八
题号	12	5	13	14	15	6	18	4

则应将题库中“DATA1”文件夹内的文件 TF1-12.docx、TF3-13.docx、TF4-14.docx、TF5-15.docx、TF6-6.xlsx、TF7-18.xlsx、TF8-4.docx 复制到考生文件夹中，并分别重命名为 A1.docx、A3.docx、A4.docx、A5.docx、A6.xlsx、A7.xlsx、A8.docx。

2．**操作系统的设置与优化**

- 在语言栏中删除“微软拼音 - 简捷 2010”输入法。
- 在资源管理器中删除桌面的“Internet Explorer”快捷方式。

1.16　第 16 题

【操作要求】

考生按如下要求进行操作。

1．操作系统的基本操作

- **启动“资源管理器”：**开机，进入 Windows 7 操作系统，启动“资源管理器”。
- **创建文件夹：**在 C 盘根目录下建立考生文件夹，文件夹名为考生准考证后 7 位。
- **复制、重命名文件：**C 盘中有考试题库“2010KSW”文件夹，文件夹结构如下图所示。根据选题单指定题号，将题库中“DATA1”文件夹内相应的文件复制到考生文件夹中，将文件分别重命名为 A1、A3、A4、A5、A6、A7、A8，扩展名不变。第二单元的题需要考生在做该题时自己新建一个文件。

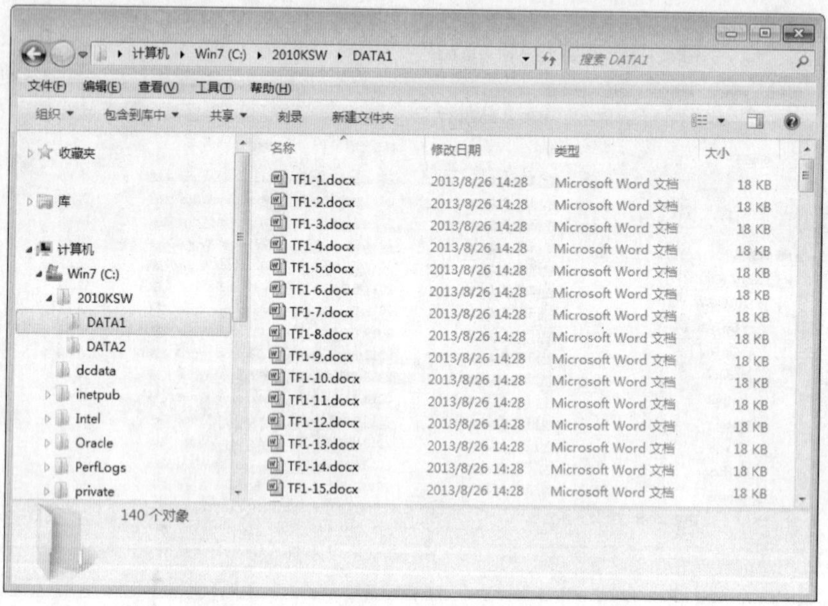

举例：如果考生的选题单为：

单元	一	二	三	四	五	六	七	八
题号	12	5	13	14	15	6	18	4

则应将题库中“DATA1”文件夹内的文件 TF1-12.docx、TF3-13.docx、TF4-14.docx、TF5-15.docx、TF6-6.xlsx、TF7-18.xlsx、TF8-4.docx 复制到考生文件夹中，并分别重命名为 A1.docx、A3.docx、A4.docx、A5.docx、A6.xlsx、A7.xlsx、A8.docx。

2．操作系统的设置与优化

- 在语言栏中添加“微软拼音 - 简捷 2010”输入法。
- 为“附件”子菜单中的“录音机”创建桌面快捷方式，并附到“开始”菜单中。

1.17　第 17 题

【操作要求】

考生按如下要求进行操作。

1. 操作系统的基本操作

- **启动“资源管理器”：**开机，进入 Windows 7 操作系统，启动“资源管理器”。
- **创建文件夹：**在 C 盘根目录下建立考生文件夹，文件夹名为考生准考证后 7 位。
- **复制、重命名文件：**C 盘中有考试题库“2010KSW”文件夹，文件夹结构如下图所示。根据选题单指定题号，将题库中“DATA1”文件夹内相应的文件复制到考生文件夹中，将文件分别重命名为 A1、A3、A4、A5、A6、A7、A8，扩展名不变。第二单元的题需要考生在做该题时自己新建一个文件。

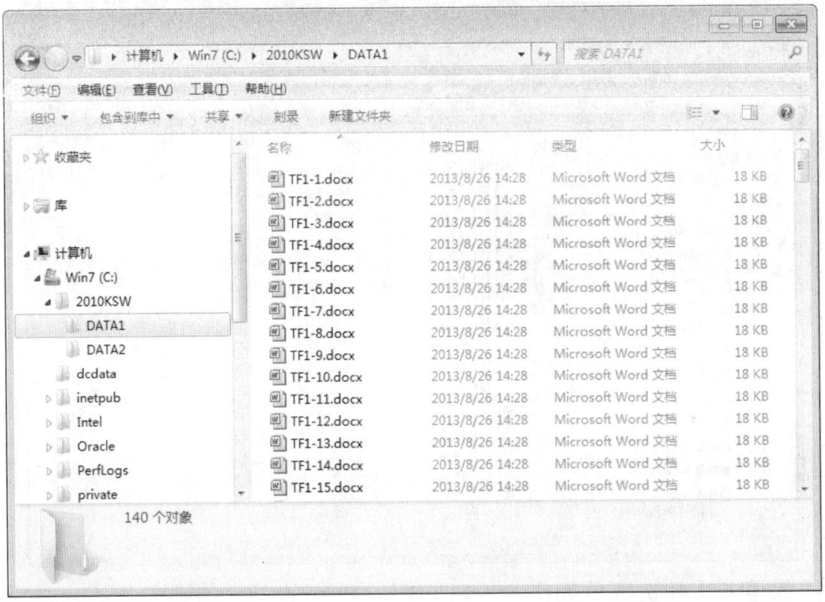

举例：如果考生的选题单为：

单元	一	二	三	四	五	六	七	八
题号	12	5	13	14	15	6	18	4

则应将题库中“DATA1”文件夹内的文件 TF1-12.docx、TF3-13.docx、TF4-14.docx、TF5-15.docx、TF6-6.xlsx、TF7-18.xlsx、TF8-4.docx 复制到考生文件夹中，并分别重命名为 A1.docx、A3.docx、A4.docx、A5.docx、A6.xlsx、A7.xlsx、A8.docx。

2. 操作系统的设置与优化

- 在控制面板中预览“华文新魏 常规”字体。
- 在控制面板中将桌面背景更改为图片文件 C:\2010KSW\DATA2\TuPian1-17.jpg。

1.18 第 18 题

【操作要求】

考生按如下要求进行操作。

1. 操作系统的基本操作

- **启动“资源管理器”**：开机，进入 Windows 7 操作系统，启动“资源管理器”。
- **创建文件夹**：在 C 盘根目录下建立考生文件夹，文件夹名为考生准考证后 7 位。
- **复制、重命名文件**：C 盘中有考试题库“2010KSW”文件夹，文件夹结构如下图所示。根据选题单指定题号，将题库中“DATA1”文件夹内相应的文件复制到考生文件夹中，将文件分别重命名为 A1、A3、A4、A5、A6、A7、A8，扩展名不变。第二单元的题需要考生在做该题时自己新建一个文件。

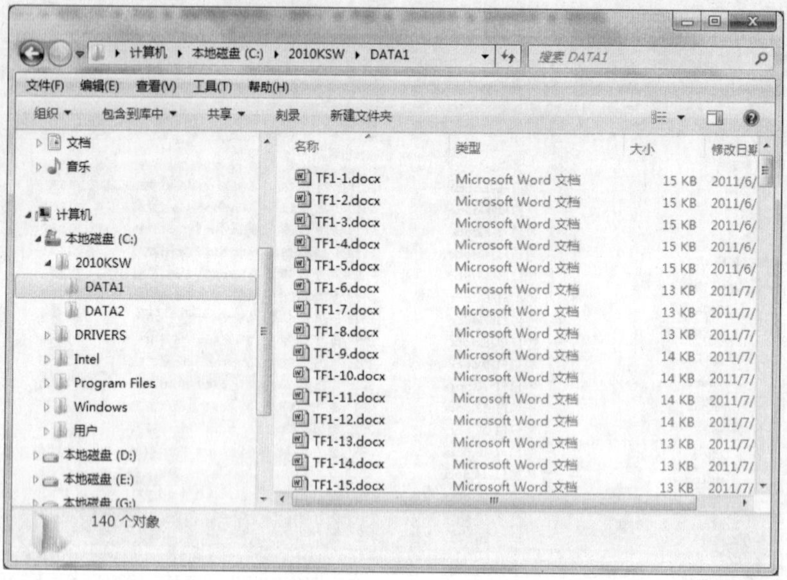

举例：如果考生的选题单为：

单元	一	二	三	四	五	六	七	八
题号	12	5	13	14	15	6	18	4

则应将题库中“DATA1”文件夹内的文件 TF1-12.docx、TF3-13.docx、TF4-14.docx、TF5-15.docx、TF6-6.xlsx、TF7-18.xlsx、TF8-4.docx 复制到考生文件夹中，并分别重命名为 A1.docx、A3.docx、A4.docx、A5.docx、A6.xlsx、A7.xlsx、A8.docx。

2. 操作系统的设置与优化

- 在控制面板中将系统的“日期和时间”更改为“2010 年 9 月 15 日 18:25:30”。
- 在控制面板中向桌面添加小工具“CPU 仪表盘”，并设置其始终“前端显示”。

1.19 第 19 题

【操作要求】

考生按如下要求进行操作。

1. **操作系统的基本操作**

- **启动"资源管理器"**：开机，进入 Windows 7 操作系统，启动"资源管理器"。
- **创建文件夹**：在 C 盘根目录下建立考生文件夹，文件夹名为考生准考证后 7 位。
- **复制、重命名文件**：C 盘中有考试题库"2010KSW"文件夹，文件夹结构如下图所示。根据选题单指定题号，将题库中"DATA1"文件夹内相应的文件复制到考生文件夹中，将文件分别重命名为 A1、A3、A4、A5、A6、A7、A8，扩展名不变。第二单元的题需要考生在做该题时自己新建一个文件。

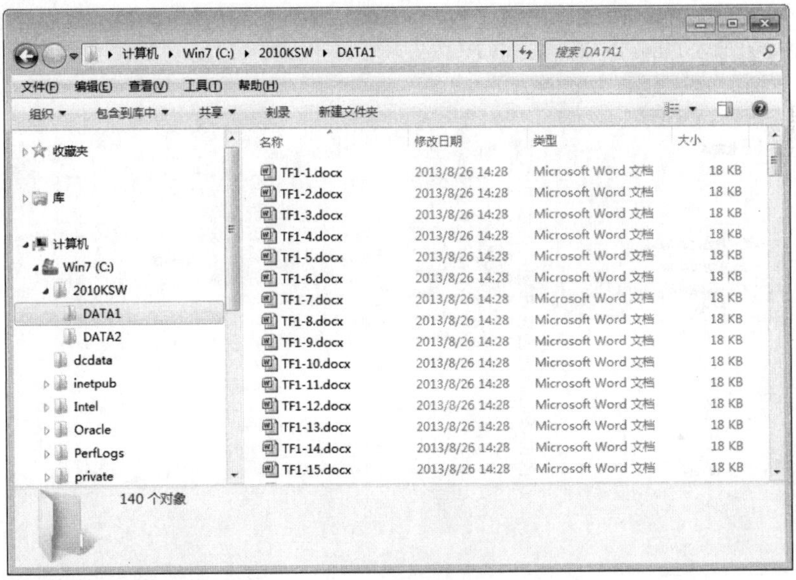

举例：如果考生的选题单为：

单元	一	二	三	四	五	六	七	八
题号	12	5	13	14	15	6	18	4

则应将题库中"DATA1"文件夹内的文件 TF1-12.docx、TF3-13.docx、TF4-14.docx、TF5-15.docx、TF6-6.xlsx、TF7-18.xlsx、TF8-4.docx 复制到考生文件夹中，并分别重命名为 A1.docx、A3.docx、A4.docx、A5.docx、A6.xlsx、A7.xlsx、A8.docx。

2. **操作系统的设置与优化**

- 进入操作系统后，进行"注销"操作。
- 在资源管理器中打开"音乐库"，并设置所有文件及文件夹的视图方式为"列表"，并"显示预览窗格"。

1.20 第 20 题

【操作要求】

考生按如下要求进行操作。

1. 操作系统的基本操作

- **启动“资源管理器”**：开机，进入 Windows 7 操作系统，启动“资源管理器”。
- **创建文件夹**：在 C 盘根目录下建立考生文件夹，文件夹名为考生准考证后 7 位。
- **复制、重命名文件**：C 盘中有考试题库“2010KSW”文件夹，文件夹结构如下图所示。根据选题单指定题号，将题库中“DATA1”文件夹内相应的文件复制到考生文件夹中，将文件分别重命名为 A1、A3、A4、A5、A6、A7、A8，扩展名不变。第二单元的题需要考生在做该题时自己新建一个文件。

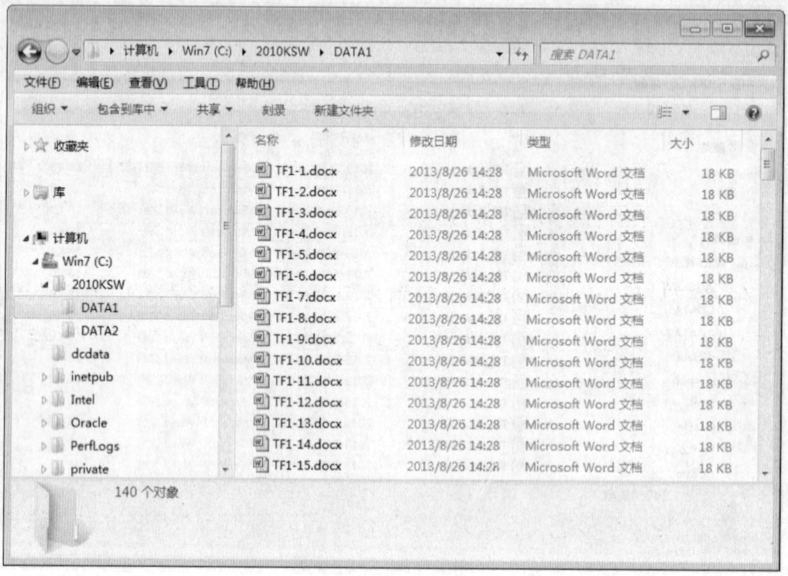

举例：如果考生的选题单为：

单元	一	二	三	四	五	六	七	八
题号	12	5	13	14	15	6	18	4

则应将题库中“DATA1”文件夹内的文件 TF1-12.docx、TF3-13.docx、TF4-14.docx、TF5-15.docx、TF6-6.xlsx、TF7-18.xlsx、TF8-4.docx 复制到考生文件夹中，并分别重命名为 A1.docx、A3.docx、A4.docx、A5.docx、A6.xlsx、A7.xlsx、A8.docx。

2. 操作系统的设置与优化

- 在控制面板中将桌面上“回收站（满）”的图标更改为“C:\2010KSW\DATA2\TuBiao1-20.ico”的样式。
- 在控制面板中删除“方正姚体 常规”字体。

第二单元　文字录入与编辑

2.1　第 1 题

【操作要求】

1. **新建文件**：在 Microsoft Word 2010 程序中，新建一个文档，以 A2.docx 为文件名保存至考生文件夹。

2. **录入文本与符号**：按照【样文 2-1A】，录入文字、数字、标点符号、特殊符号等。

3. **复制粘贴**：将 C:\2010KSW\DATA2\TF2-1.docx 中全部文字复制到考生录入的文档之后。

4. **查找替换**：将文档中所有“核站”替换为“核电站”，结果如【样文 2-1B】所示。

【样文 2-1A】

※世界上一切物质都是由原子构成的，原子又是由原子核和它周围的电子构成的。轻原子核的融合和重原子核的分裂都能放出能量，分别称为“核聚变能”和“核裂变能”，简称【核能】。※

自 1951 年 12 月美国实验增殖堆 1 号首次利用【核能】发电以来，世界核电至今已有 50 多年的发展历史。截止到 2005 年年底，全世界核电运行机组共有 440 多台，其发电量约占世界发电总量的 16%。

【样文 2-1B】

※世界上一切物质都是由原子构成的，原子又是由原子核和它周围的电子构成的。轻原子核的融合和重原子核的分裂都能放出能量，分别称为“核聚变能”和“核裂变能”，简称【核能】。※

自 1951 年 12 月美国实验增殖堆 1 号首次利用【核能】发电以来，世界核电至今已有 50 多年的发展历史。截止到 2005 年年底，全世界核电运行机组共有 440 多台，其发电量约占世界发电总量的 16%。

火力发电站利用煤和石油发电，水力发电站利用水力发电，而核电站是利用原子核内部蕴藏的能量产生电能的。新型发电站核电站大体可分为两部分：一部分是利用核能生产蒸汽的核岛，包括反应堆装置和一回路系统；另一部分是利用蒸汽发电的常规岛，包括汽轮发电机系统。

在发达国家，核电已有几十年的发展历史，核电已成为一种成熟的能源。我国的核工业也已有 40 多年发展历史，建立了从地质勘察、采矿到元件加工、后处理等相当完整的核燃料循环体系，已建成多种类型的核反应堆并有多年的安全管理和运行经验，拥有一支专业齐全、技术过硬的队伍。核电站的建设和运行是一项复杂的技术。我国目前已经能够设计、建造和运行自己的核电站。秦山核电站就是由我国自己研究设计建造的。

2.2　第 2 题

【操作要求】

1. **新建文件**：在 Microsoft Word 2010 程序中，新建一个文档，以 A2.docx 为文件名保存至考生文件夹。

2. **录入文本与符号**：按照【样文 2-2A】，录入文字、标点符号、特殊符号等。

3. **复制粘贴**：将 C:\2010KSW\DATA2\TF2-2.docx 中全部文字复制到考生文档中，将考生录入文档作为第 2 段插入到复制文档中。

4. **查找替换**：将文档中所有“网购”替换为“网上购物”，结果如【样文 2-2B】所示。

【样文 2-2A】

▼〖购物搜索〗，也称“比较购物”。随着“比较购物”网站的发展，其作用不仅表现在为在线消费者提供方便，也为在线销售上推广产品提供了机会，实际上类似于一个搜索引擎的作用。并且出于网上购物的需要，从“比较购物”网站获得的搜索结果比通用搜索引擎获得的信息更加集中，信息也更全面。▲

【样文 2-2B】

网上购物，就是通过互联网检索商品信息，并通过电子订购单发出购物请求，然后填上私人支票账号或信用卡的号码，厂商通过邮购的方式发货，或是通过快递公司送货上门。国内的网上购物，一般付款方式是款到发货（直接银行转账、在线汇款）、担保交易（淘宝支付宝、百度百付宝、腾讯财付通等的担保交易）、货到付款等。

▼〖购物搜索〗，也称“比较购物”。随着“比较购物”网站的发展，其作用不仅表现在为在线消费者提供方便，也为在线销售上推广产品提供了机会，实际上类似于一个搜索引擎的作用。并且出于网上购物的需要，从“比较购物”网站获得的搜索结果比通用搜索引擎获得的信息更加集中，信息也更全面。▲

据统计，美国 70%以上的网上购物是通过购物搜索完成的；英国的比价搜索产业也发展很成熟，除了日常用品外，保险证券等金融产品占了相当多的市场比重。

2.3　第 3 题

【操作要求】

1. **新建文件**：在 Microsoft Word 2010 程序中，新建一个文档，以 A2.docx 为文件名保存至考生文件夹。

2. **录入文本与符号**：按照【样文 2-3A】，录入文字、字母、数字、标点符号、特殊符号等。

3. **复制粘贴**：将 C:\2010KSW\DATA2\TF2-3.docx 中全部文字复制到考生录入的文档之后。

4. **查找替换**：将文档中所有“极速运动”替换为“极限运动”，结果如【样文 2-3B】所示。

【样文 2-3A】

⚐跑酷也称作“城市疾走”或 Parkour。它诞生于 20 世纪 80 年代的法国，Parkour 一词来自法文的 parcourir，直译就是“到处跑”，此外它还含有“超越障碍训练场”的意思。Parkour 把整个城市当作一个大训练场，一切围墙、屋顶都成为可以攀爬、穿越的对象，特别是废弃的房屋。这项街头疾走极限运动，非常具有观赏性。⚐

【样文 2-3B】

⚐跑酷也称作“城市疾走”或 Parkour。它诞生于 20 世纪 80 年代的法国，Parkour 一词来自法文的 parcourir，直译就是“到处跑”，此外它还含有“超越障碍训练场”的意思。Parkour 把整个城市当作一个大训练场，一切围墙、屋顶都成为可以攀爬、穿越的对象，特别是废弃的房屋。这项街头疾走极限运动，非常具有观赏性。⚐

跑酷有时简写为 PK，常被归类为是一种极限运动，以日常生活的环境（多为城市）为运动的场所。它并没有既定规则，做这项运动的人只是将各种日常设施当作障碍物或辅助，在其间跑、跳、穿行。目前有多种中文译法，除“跑酷”外，还有“暴酷”、“城市疾走”、“位移的艺术”等。

这个极限运动是由法国的大卫•贝尔（David Belle）所创立的，使人通过敏捷的运动来增强身心对紧急情况的应变能力，这点和武术近似。不同之处是，武术虚拟格斗反击，而跑酷虚拟紧急脱逃。

2.4 第 4 题

【操作要求】

1. **新建文件**：在 Microsoft Word 2010 程序中，新建一个文档，以 A2.docx 为文件名保存至考生文件夹。

2. **录入文本与符号**：按照【样文 2-4A】，录入文字、数字、标点符号、特殊符号等。

3. **复制粘贴**：将 C:\2010KSW\DATA2\TF2-4.docx 中全部文字复制到考生录入的文档之后。

4. **查找替换**：将文档中所有“南美”替换为“南美洲”，结果如【样文 2-4B】所示。

【样文 2-4A】

❄『南美洲』是南亚美利加州的简称，位于西半球南部，东面是大西洋，西为太平洋。陆地以巴拿马运河为界与北美洲相分，南面隔海与南极洲相望。总面积 1797 万平方公里（含附近岛屿），占世界陆地总面积的 12%，按面积大小排是七大洲中的第四个。『南美洲』海岸线长 28700 公里，海岸较为平直，少岛屿和海湾。❄

【样文 2-4B】

❄『南美洲』是南亚美利加州的简称，位于西半球南部，东面是大西洋，西为太平洋。陆地以巴拿马运河为界与北美洲相分，南面隔海与南极洲相望。总面积 1797 万平方公里（含附近岛屿），占世界陆地总面积的 12%，按面积大小排是七大洲中的第四个。『南美洲』海岸线长 28700 公里，海岸较为平直，少岛屿和海湾。❄

南美洲大陆的地形可分为三个南北方向的纵列带：西部为狭长的安第斯山，东部为波状起伏的高原，中部为广阔平坦的平原低地。安第斯山脉长 9000 公里，是世界最长的山脉，阿空加瓜山海拔 6960 米，是南美洲最高峰；东部为巴西高原、圭亚那高原和巴塔哥尼亚高原，其中巴西高原面积 500 万平方公里，是世界最大的高原；中部为奥里诺科平原、亚马逊平原和拉普拉塔平原，是世界最大的冲积平原。

南美洲大部分地区属热带雨林和热带高原气候，温暖湿润。

南美洲的自然资源丰富。石油、铁、铜等储量皆居世界前列。森林面积占到世界森林总面积的 23%，草原面积占世界草原总面积的 14%，渔业资源和水力资源也十分丰富。

2.5 第 5 题

【操作要求】

1. **新建文件：**在 Microsoft Word 2010 程序中，新建一个文档，以 A2.docx 为文件名保存至考生文件夹。

2. **录入文本与符号：**按照【样文 2-5A】，录入文字、数字、标点符号、特殊符号等。

3. **复制粘贴：**将 C:\2010KSW\DATA2\TF2-5.docx 中全部文字复制到考生录入的文档之后。

4. **查找替换：**将文档中所有“玄空寺”替换为“悬空寺”，结果如【样文 2-5B】所示。

【样文 2-5A】

☯｛悬空寺｝位于山西浑源县，距大同市 65 公里，悬挂在北岳恒山金龙峡西侧翠屏峰的半崖峭壁间。｛悬空寺｝始建于 1500 多年前的北魏王朝后期，北魏太和十五年（公元 491 年），历代都对｛悬空寺｝做过修缮，北魏王朝将道家的道坛从平城（今大同）南移到此，古代工匠根据道家“不闻鸡鸣犬吠之声”的要求建设了｛悬空寺｝。☯

【样文 2-5B】

☯｛悬空寺｝位于山西浑源县，距大同市 65 公里，悬挂在北岳恒山金龙峡西侧翠屏峰的半崖峭壁间。｛悬空寺｝始建于 1500 多年前的北魏王朝后期，北魏太和十五年（公元 491 年），历代都对｛悬空寺｝做过修缮，北魏王朝将道家的道坛从平城（今大同）南移到此，古代工匠根据道家“不闻鸡鸣犬吠之声”的要求建设了｛悬空寺｝。☯

悬空寺是国内仅存的佛、道、儒三教合一的独特寺庙。悬空寺共有殿阁四十间，寺内有铜、铁、石、泥佛像八十多尊，寺下岩石上“壮观”二字，是唐代诗仙李白的墨宝。

悬空寺距地面高约 60 米，最高处的三教殿离地面 90 米，因历年河床淤积，现仅剩 58 米。悬空寺发展了我国的建筑传统和建筑风格，整个寺院，上载危崖、下临深谷、背岩依龛、寺门向南、以西为正。全寺为木质框架式结构，依照力学原理，半插横梁为基，巧借岩石暗托，梁柱上下一体，廊栏左右紧联。其建筑特色可以概括为“奇、悬、巧”三个字。

2.6 第 6 题

【操作要求】

1. **新建文件**：在 Microsoft Word 2010 程序中，新建一个文档，以 A2.docx 为文件名保存至考生文件夹。

2. **录入文本与符号**：按照【样文 2-6A】，录入文字、数字、标点符号、特殊符号等。

3. **复制粘贴**：将 C:\2010KSW\DATA2\TF2-6.docx 中全部文字复制到考生录入的文档之后。

4. **查找替换**：将文档中所有“寿花”替换为“长寿花”，结果如【样文 2-6B】所示。

【样文 2-6A】

❀长寿花别名『寿星花』、『假川莲』、『圣诞伽蓝菜』、『矮生伽蓝菜』。属景天科，伽蓝菜属。一种多肉植物，由肥大、光亮的叶片形成的低矮株丛，终年翠绿。春、夏、秋三季栽植于露地作镶边材料，12 月至翌年 4 月开出鲜艳夺目的花朵。每一花枝上可多达数十朵花，花期长达 4 个多月，长寿花之名由此而来。长寿花是元旦和春节期间馈赠亲友和长辈的理想盆花。❀

【样文 2-6B】

❀长寿花别名『寿星花』、『假川莲』、『圣诞伽蓝菜』、『矮生伽蓝菜』。属景天科，伽蓝菜属。一种多肉植物，由肥大、光亮的叶片形成的低矮株丛，终年翠绿。春、夏、秋三季栽植于露地作镶边材料，12 月至翌年 4 月开出鲜艳夺目的花朵。每一花枝上可多达数十朵花，花期长达 4 个多月，长寿花之名由此而来。长寿花是元旦和春节期间馈赠亲友和长辈的理想盆花。❀

长寿花性喜较暖和气温，生长适宜温度以白天不超过 30 度，晚间温度不低于 18 度为宜。温度太高、太低都会影响其正常生长。

长寿花一般在欧美都不摘心，在中国可视需要摘心。摘心后的植物一般株形较好，种在 15 厘米以上花盆的单株要摘心，摘心一般在定植 3～4 周后进行。在初现花蕾时摘除一部分花蕾，可促进形成更多的花蕾。

长寿花并不是特别难养殖，选择多彩的和持久的花朵开花的品种是非常有益的。开花结束后很多人丢弃植物，其实是不必要的。简单地切断花头，减少长寿花水和休息，恢复其正常的照顾，它应该在春天的时候又会自然开花。专业种植户强制长寿花一年四季绽放（此长寿花是一个短日照植物）。

2.7　第 7 题

【操作要求】

1．**新建文件**：在 Microsoft Word 2010 程序中，新建一个文档，以 A2.docx 为文件名保存至考生文件夹。

2．**录入文本与符号**：按照【样文 2-7A】，录入文字、数字、标点符号、特殊符号等。

3．**复制粘贴**：将 C:\2010KSW\DATA2\TF2-7.docx 中全部文字复制到考生文档中，将考生录入文档作为第 2 段插入到复制文档中。

4．**查找替换**：将文档中所有“境泊湖”替换为“镜泊湖”，结果如【样文 2-7B】所示。

【样文 2-7A】

♠镜泊湖位于我国黑龙江省牡丹江市南部，藏身于崇山峻岭之中。唐代称为“忽汗海”，明、清时叫“毕尔腾湖”，意思就是“平如镜面的湖”，和现在所称的镜泊湖的含义是相同的。镜泊湖形状狭长，南北长约〖45 公里〗，最宽处只有〖6 公里〗，面积〖95 平方公里〗。南浅北深，北部最深处达〖60 米〗，而南部最浅处只有〖1 米〗左右。♠

【样文 2-7B】

镜泊湖，历史上称阿卜湖，又称阿卜隆湖，后改称呼尔金海，唐玄宗开元元年（公元 713 年）称忽汗海，明志始呼镜泊湖，清朝称为毕尔腾湖。今仍通称镜泊湖，意为清平如镜。镜泊湖位于黑龙江省东南部张广才岭与老爷岭之间，即宁安市西南 50 公里处，距牡丹江市区 110 公里，它是大约一万年前形成的。

♠镜泊湖位于我国黑龙江省牡丹江市南部，藏身于崇山峻岭之中。唐代称为“忽汗海”，明、清时叫“毕尔腾湖”，意思就是“平如镜面的湖”，和现在所称的镜泊湖的含义是相同的。镜泊湖形状狭长，南北长约〖45 公里〗，最宽处只有〖6 公里〗，面积〖95 平方公里〗。南浅北深，北部最深处达〖60 米〗，而南部最浅处只有〖1 米〗左右。♠

镜泊湖是火山创造的奇迹。火山爆发喷出的熔岩流入牡丹江的河道，凝固后形成了堤岸，堵塞了上游的河谷，这样就产生了一个新的湖泊。

因为熔岩凝固成的岩岸有裂缝、缺口，湖水就从缺口处流下，形成了蔚为壮观的瀑布。镜泊湖的吊水楼瀑布落差高达 20 米，水帘横空、飞珠碎玉，景色十分宜人。除吊水楼瀑布外，还有大孤山、小孤山、珍珠门等八景，是著名的旅游胜地。

2.8 第 8 题

【操作要求】

1．**新建文件**：在 Microsoft Word 2010 程序中，新建一个文档，以 A2.docx 为文件名保存至考生文件夹。

2．**录入文本与符号**：按照【样文 2-8A】，录入文字、标点符号、特殊符号等。

3．**复制粘贴**：将 C:\2010KSW\DATA2\TF2-8.docx 中全部文字复制到考生录入的文档之前。

4．**查找替换**：将文档中所有“红草莓”替换为“草莓”，结果如【样文 2-8B】所示。

【样文 2-8A】

ଓ现代医学研究认为，草莓对胃肠道和贫血均有一定的滋补调理作用。草莓除了可以预防坏血病外，对防治动脉硬化、冠心病也有较好的功效。草莓中的『维生素』及『果胶』对改善便秘和治疗痔疮、高血压、高脂血症均有一定效果。草莓中含有一种『胺类物质』，对白血病、再生障碍性贫血等血液病亦有辅助治疗作用。草莓是『鞣酸』含量丰富的植物，在体内可吸附和阻止致癌化学物质的吸收，具有防癌作用。ᘓ

【样文 2-8B】

草莓又叫红莓、洋莓、地莓等，是一种红色的水果。草莓是对蔷薇科草莓属植物的通称，属多年生草本植物。草莓的外观呈心形，鲜美红嫩、果肉多汁，含有特殊的浓郁水果芳香。草莓营养价值高，含丰富维生素 C，有帮助消化的功效，与此同时，草莓还可以巩固齿龈、清新口气、润泽喉部。

草莓（Strawberry）是蔷薇科植物，食用的草莓是该种植物的花托膨大了的浆果，其真正的果实是花托表面那些细小的颗粒，属多年生草本植物，花白色。原产南美、欧洲等地，我国各地都有草莓栽培，也有野生的。每年 5～6 月间果实成熟时采摘，不过现在都是冬季上市，因为都是大棚栽种的反季节水果。

ଓ现代医学研究认为，草莓对胃肠道和贫血均有一定的滋补调理作用。草莓除了可以预防坏血病外，对防治动脉硬化、冠心病也有较好的功效。草莓中的『维生素』及『果胶』对改善便秘和治疗痔疮、高血压、高脂血症均有一定效果。草莓中含有一种『胺类物质』，对白血病、再生障碍性贫血等血液病亦有辅助治疗作用。草莓是『鞣酸』含量丰富的植物，在体内可吸附和阻止致癌化学物质的吸收，具有防癌作用。ᘓ

2.9　第 9 题

【操作要求】

1．**新建文件**：在 Microsoft Word 2010 程序中，新建一个文档，以 A2.docx 为文件名保存至考生文件夹。

2．**录入文本与符号**：按照【样文 2-9A】，录入文字、字母、数字、标点符号、特殊符号等。

3．**复制粘贴**：将 C:\2010KSW\DATA2\TF2-9.docx 中全部文字复制到考生文档中，将考生录入文档作为第 2 段插入到复制文档中。

4．**查找替换**：将文档中所有“光传输”替换为“光纤传输”，结果如【样文 2-9B】所示。

【样文 2-9A】

《2011 年 3 月美国洛杉矶举办的 2011 年光纤通信大会（OFC2011）上展示了最新的〈光纤传输〉技术。这是德国弗朗霍夫学会海因里希赫兹研究所与丹麦技术大学研究人员合作完成的，研究人员在长度为 29 公里的单一玻璃光纤线路上创造了每秒 10.2Terabit（太比特）的〈光纤传输〉速率新世界纪录，其每秒传输的数据量相当于 240 张 DVD 光盘。在此之前的世界纪录是由该研究所创造的每秒 2.56Terabit。》

【样文 2-9B】

光纤传输，即以光导纤维为介质进行的数据、信号传输。光导纤维，不仅可用来传输模拟信号和数字信号，而且可以满足视频传输的需求。光纤传输一般使用光缆进行，单根光导纤维的数据传输速率能达几 Gbps，在不使用中继器的情况下，传输距离能达几十公里。

《2011 年 3 月美国洛杉矶举办的 2011 年光纤通信大会（OFC2011）上展示了最新的〈光纤传输〉技术。这是德国弗朗霍夫学会海因里希赫兹研究所与丹麦技术大学研究人员合作完成的，研究人员在长度为 29 公里的单一玻璃光纤线路上创造了每秒 10.2Terabit（太比特）的〈光纤传输〉速率新世界纪录，其每秒传输的数据量相当于 240 张 DVD 光盘。在此之前的世界纪录是由该研究所创造的每秒 2.56Terabit。》

今天，人们使用光纤系统承载数字电视、语音和数字是很普通的一件事，在商用与工业领域，光纤已成为地面传输标准。在军事和防御领域，快速传递大量信息是大范围更新换代光纤计划的原动力。尽管光纤仍在初期发展阶段，但总有一天光控飞行控制系统会用重量轻、直径小又使用安全的光缆取代线控飞行系统。光导纤维与卫星和其他广播媒体一起，代表着在航空电子学、机器人学、武器系统、传感器、交通运输及其他高性能环境使用条件下的商用通信和专业应用的新的世界潮流。

2.10 第 10 题

【操作要求】

1. **新建文件**：在 Microsoft Word 2010 程序中，新建一个文档，以 A2.docx 为文件名保存至考生文件夹。

2. **录入文本与符号**：按照【样文 2-10A】，录入文字、数字、标点符号、特殊符号等。

3. **复制粘贴**：将 C:\2010KSW\DATA2\TF2-10.docx 中全部文字复制到考生录入的文档之后。

4. **查找替换**：将文档中所有“广灵简纸”替换为“广灵剪纸”，结果如【样文 2-10B】所示。

【样文 2-10A】

✄广灵剪纸作为中国民间剪纸三大流派之一，以其【生动的构图】、【传神的表现力】、【细腻的刀法】、【考究的用料与染色】、【精细的包装制作工艺】，独树一帜，被誉为“中华民间艺术一绝”，在中国剪纸中占有重要地位。2009 年，广灵剪纸作为中国剪纸的部分申报项目，被联合国教科文组织列入《人类非物质文化遗产代表作名录》。✄

【样文 2-10B】

✄广灵剪纸作为中国民间剪纸三大流派之一，以其【生动的构图】、【传神的表现力】、【细腻的刀法】、【考究的用料与染色】、【精细的包装制作工艺】，独树一帜，被誉为“中华民间艺术一绝”，在中国剪纸中占有重要地位。2009 年，广灵剪纸作为中国剪纸的部分申报项目，被联合国教科文组织列入《人类非物质文化遗产代表作名录》。✄

广灵剪纸文化底蕴深厚，以刀刻为主、剪裁为辅，阴刻阳镂结合，刀法细腻，深浅色相间，冷暖色调对比，艺术风格鲜明，想象力生动，表现力传神，用料与染色考究，包装制作精细，在世界剪纸艺术长廊中独树一帜。

依托广灵剪纸，广灵现代剪纸研究发展中心建设项目被中华剪纸艺术委员会列为全国重点推广项目，广灵剪纸文化产业园区被列入大同市八大精品工程和山西省“十一五”文化发展规划重点产业基地建设项目，广灵剪纸项目被列为 2010 年中国文化产业出口重点项目。

2.11　第 11 题

【操作要求】

1．新建文件：在 Microsoft Word 2010 程序中，新建一个文档，以 A2.docx 为文件名保存至考生文件夹。

2．录入文本与符号：按照【样文 2-11A】，录入文字、标点符号、特殊符号等。

3．复制粘贴：将 C:\2010KSW\DATA2\TF2-11.docx 中全部文字复制到考生录入的文档之前。

4．查找替换：将文档中所有“高耳夫”替换为“高尔夫”，结果如【样文 2-11B】所示。

【样文 2-11A】

◎苏格兰起源说，古时一位苏格兰人在放牧时，偶然用棍子将一颗圆石击入兔子洞内，从中得到启发，发明了后来成为＃高尔夫球＃的运动。这种说法受到了世界大部分高尔夫球爱好者的认同。◎

中国起源说，相传在〖明朝〗，皇室有一种类似＃高尔夫球＃的游戏，叫做“捶丸”。它被描述为：在走路的过程中用棍子击球的运动。之所以产生了中国起源这样的说法，是因为我国至今仍保存着关于这种运动的壁画。

【样文 2-11B】

高尔夫是一项具有特殊魅力的运动，使参与者在自然中锻炼身体、陶冶情操，提高身体的四肢协调性，需要集中的精神和技术控制能力。选手以 14 个高尔夫球棍击球入洞，18 洞为一轮，杆数最少者为胜，选手的得分要点主要是在于完成所有的进程所需的击球次数。

与其他项目不同的是，高尔夫的目标是自己的挥杆次数越少，成绩越好。与其他球类项目不同的是，很少固定比赛的场地，轨道变化很多，每个球洞的级别取决于它的距离。比赛的标准杆数往往是 72，这也是我们所说的一轮比赛。

◎苏格兰起源说，古时一位苏格兰人在放牧时，偶然用棍子将一颗圆石击入兔子洞内，从中得到启发，发明了后来成为＃高尔夫球＃的运动。这种说法受到了世界大部分高尔夫球爱好者的认同。◎

中国起源说，相传在〖明朝〗，皇室有一种类似＃高尔夫球＃的游戏，叫做“捶丸”。它被描述为：在走路的过程中用棍子击球的运动。之所以产生了中国起源这样的说法，是因为我国至今仍保存着关于这种运动的壁画。

2.12 第 12 题

【操作要求】

1. **新建文件**：在 Microsoft Word 2010 程序中，新建一个文档，以 A2.docx 为文件名保存至考生文件夹。

2. **录入文本与符号**：按照【样文 2-12A】，录入文字、字母、标点符号、特殊符号等。

3. **复制粘贴**：将 C:\2010KSW\DATA2\TF2-12.docx 中全部文字复制到考生文档中，将考生录入文档作为第 2 段插入到复制文档中。

4. **查找替换**：将文档中所有“网银”替换为“网上银行”，结果如【样文 2-12B】所示。

【样文 2-12A】

¶☆网上银行☆又称网络银行、在线银行，是指银行利用 Internet 技术，通过 Internet 向客户提供开户、查询、对帐、行内转帐、跨行转账、信贷、网上证券、投资理财等传统服务项目，使客户可以足不出户就能够安全便捷地管理活期和定期存款、支票、信用卡及个人投资等。可以说，网上银行是在 Internet 上的虚拟银行柜台。¶

【样文 2-12B】

网上银行（Internet bank or E-bank），包含两个层次的含义。一个是机构概念，指通过信息网络开办业务的银行；另一个是业务概念，指银行通过信息网络提供的金融服务，包括传统银行业务和因信息技术应用带来的新兴业务。在日常生活和工作中，我们所提及的网上银行，更多是第二层次的概念，即网上银行服务的概念。网上银行业务不仅仅是传统银行产品简单从网上的转移，其服务方式和内涵发生了一定的变化，而且由于信息技术的应用，又产生了全新的业务品种。

¶☆网上银行☆又称网络银行、在线银行，是指银行利用 Internet 技术，通过 Internet 向客户提供开户、查询、对帐、行内转帐、跨行转账、信贷、网上证券、投资理财等传统服务项目，使客户可以足不出户就能够安全便捷地管理活期和定期存款、支票、信用卡及个人投资等。可以说，网上银行是在 Internet 上的虚拟银行柜台。¶

网上银行又被称为“3A 银行”，因为它不受时间、空间限制，能够在任何时间（Anytime）、任何地点（Anywhere）、以任何方式（Anyway）为客户提供金融服务。

2.13 第 13 题

【操作要求】

1．**新建文件**：在 Microsoft Word 2010 程序中，新建一个文档，以 A2.docx 为文件名保存至考生文件夹。

2．**录入文本与符号**：按照【样文 2-13A】，录入文字、数字、标点符号、特殊符号等。

3．**复制粘贴**：将 C:\2010KSW\DATA2\TF2-13.docx 中全部文字复制到考生录入的文档之后。

4．**查找替换**：将文档中所有“高铁”替换为“高速铁路”，结果如【样文 2-13B】所示。

【样文 2-13A】

●高速铁路，是指通过改造原有线路（直线化、轨距标准化），使最高营运速率达到不小于每小时「200」公里，或者专门修建新的“高速新线”，使营运速率达到每小时至少「250」公里的铁路系统。高速铁路除了要使列车营运达到一定速度标准外，车辆、路轨、操作都需要配合提升。●

【样文 2-13B】

●高速铁路，是指通过改造原有线路（直线化、轨距标准化），使最高营运速率达到不小于每小时「200」公里，或者专门修建新的“高速新线”，使营运速率达到每小时至少「250」公里的铁路系统。高速铁路除了要使列车营运达到一定速度标准外，车辆、路轨、操作都需要配合提升。●

中国新建高速铁路的基础设施设计速度至少达到 250 公里/小时。经升级改造（直线化、轨距标准化）的高速铁路，其基础设施设计速度达到 200 公里/小时，甚至达到 220 公里/小时。

中国铁道部对“高速铁路”的定义分为两部分：有线改造达到 200 公里/小时和新建时速达到 200~250 公里/小时的线路。在这部分线路上运营的时速不超过 250 公里/小时的高速列车称为“动车组（D 车）”，以及按 D 车模式运行的跨线 G 车，同时可执行普通客运列车及少量货运列车作业的运营模式；以及新建的时速达到 300~350 公里/小时的线路，这部分线路上运营时速达到 300 公里/小时及以上的“高速动车组（G 车）”以及最高速达 300 公里/小时的 D 车。

2.14 第 14 题

【操作要求】

1．**新建文件**：在 Microsoft Word 2010 程序中，新建一个文档，以 A2.docx 为文件名保存至考生文件夹。

2．**录入文本与符号**：按照【样文 2-14A】，录入文字、数字、标点符号、特殊符号等。

3．**复制粘贴**：将 C:\2010KSW\DATA2\TF2-14.docx 中全部文字复制到考生文档中，将考生录入文档作为第 2 段插入到复制文档中。

4．**查找替换**：将文档中所有“温水泉”替换为“温泉”，结果如【样文 2-14B】所示。

【样文 2-14A】

▩温泉是从地下自然涌出或人工钻井取得且水温≥25℃，并含有对人体健康有益的≮微量元素≯的矿水。形成温泉必须具备地底有热源存在、岩层中具裂隙让温泉涌出、地层中有储存热水的空间三个条件。另外，温泉依化学组成分类，温泉中主要的成份包含氯离子、碳酸根离子、硫酸根离子，依这三种阴离子所占的比例可分为氯化物泉、碳酸氢盐泉、硫酸盐泉。▩

【样文 2-14B】

温泉（hot spring）是泉水的一种，是一种由地下自然涌出的泉水，其水温高于环境年平均温度 5℃，或华氏 10℉ 以上。

▩温泉是从地下自然涌出或人工钻井取得且水温≥25℃，并含有对人体健康有益的≮微量元素≯的矿水。形成温泉必须具备地底有热源存在、岩层中具裂隙让温泉涌出、地层中有储存热水的空间三个条件。另外，温泉依化学组成分类，温泉中主要的成份包含氯离子、碳酸根离子、硫酸根离子，依这三种阴离子所占的比例可分为氯化物泉、碳酸氢盐泉、硫酸盐泉。▩

水温超过当地年平均气温的泉也称温泉。温泉的水多是由降水或地表水渗入地下深处，吸收四周岩石的热量后又上升流出地表的，一般是矿泉。泉水温度等于或略超过当地的水沸点的称沸泉；能周期性地、有节奏地喷水的温泉称间歇泉。中国已知的温泉点约 2400 多处，台湾、广东、福建、浙江、江西、云南、西藏、海南等地温泉较多，其中最多的是云南，有温泉 400 多处。腾冲的温泉最著名，数量多、水温高、富含硫质。

2.15 第 15 题

【操作要求】

1．**新建文件**：在 Microsoft Word 2010 程序中，新建一个文档，以 A2.docx 为文件名保存至考生文件夹。

2．**录入文本与符号**：按照【样文 2-15A】，录入文字、字母、数字、标点符号、特殊符号等。

3．**复制粘贴**：将 C:\2010KSW\DATA2\TF2-15.docx 中全部文字复制到考生文档中，将考生录入文档作为第 2 段插入到复制文档中。

4．**查找替换**：将文档中所有“2D”替换为“3D”，结果如【样文 2-15B】所示。

【样文 2-15A】

🕮3D 打印源自❖100❖多年前的照相雕塑和地貌成形技术，20 世纪❖80❖年代已有雏形，其学名为“快速成型”。它的原理是：把数据和原料放进 3D 打印机中，机器会按照程序把产品一层层造出来，打印出的产品可以即时使用。中国物联网校企联盟形象的将它称作“上上个世纪的思想，上个世纪的技术，这个世纪的市场”。🕮

【样文 2-15B】

3D 打印机（3D Printers）是一位名为恩里科•迪尼（Enrico Dini）的发明家设计的一种神奇的打印机，它不仅可以“打印”出一幢完整的建筑，甚至可以在航天飞船中给宇航员打印任何所需的物品。

🕮3D 打印源自❖100❖多年前的照相雕塑和地貌成形技术，20 世纪❖80❖年代已有雏形，其学名为“快速成型”。它的原理是：把数据和原料放进 3D 打印机中，机器会按照程序把产品一层层造出来，打印出的产品可以即时使用。中国物联网校企联盟形象的将它称作“上上个世纪的思想，上个世纪的技术，这个世纪的市场”。🕮

3D 打印已经成为一种潮流，并开始广泛应用在设计领域，尤其是工业设计、数码产品开模等，可以在数小时内完成一个模具的打印，节约了很多产品从开发到投入市场的时间。而事实上，3D 打印并非是新鲜的技术，这个思想起源于 19 世纪末的美国，并在 20 世纪 80 年代得以发展和推广。

3D 打印技术对于生产者来说，可大幅降低生产成本，提高原材料和能源的使用效率，减少对环境的影响，它还使消费者能根据自己的需求量身定制产品。

2.16 第 16 题

【操作要求】

1．**新建文件**：在 Microsoft Word 2010 程序中，新建一个文档，以 A2.docx 为文件名保存至考生文件夹。

2．**录入文本与符号**：按照【样文 2-16A】，录入文字、标点符号、特殊符号等。

3．**复制粘贴**：将 C:\2010KSW\DATA2\TF2-16.docx 中全部文字复制到考生文档中，将考生录入文档作为第 2 段插入到复制文档中。

4．**查找替换**：将文档中所有“触屏”替换为“触摸屏”，结果如【样文 2-16B】所示。

【样文 2-16A】

↗随着多媒体信息查询设备的与日俱增，人们越来越多地谈到触摸屏，因为触摸屏不仅适用于中国多媒体信息查询的国情，而且触摸屏具有〖坚固耐用、反应速度快、节省空间、易于交流〗等许多优点。利用这种技术，用户只要用手指轻轻地碰计算机显示屏上的图符或文字就能实现对主机操作，从而使人机交互更为直截了当，这种技术大大方便了那些不懂电脑操作的用户。↖

【样文 2-16B】

所谓触摸屏，从市场概念来讲，就是一种人人都会使用的计算机输入设备，或者说是人人都会使用的与计算机沟通的设备。不用学习，人人都会使用，是触摸屏最大的魔力，这一点无论是键盘还是鼠标，都无法与其相比。人人都会使用，也就标志着计算机应用普及时代的真正到来。这也是发展触摸屏，发展 KIOSK，发展 KIOSK 网络，努力形成中国触摸产业的原因。

↗随着多媒体信息查询设备的与日俱增，人们越来越多地谈到触摸屏，因为触摸屏不仅适用于中国多媒体信息查询的国情，而且触摸屏具有〖坚固耐用、反应速度快、节省空间、易于交流〗等许多优点。利用这种技术，用户只要用手指轻轻地碰计算机显示屏上的图符或文字就能实现对主机操作，从而使人机交互更为直截了当，这种技术大大方便了那些不懂电脑操作的用户。↖

触摸屏在我国的应用范围非常广阔，主要是公共信息的查询；如电信局、税务局、银行、电力等部门的业务查询；城市街头的信息查询；此外应用于领导办公、工业控制、军事指挥、电子游戏、点歌点菜、多媒体教学、房地产预售等。将来，触摸屏还要走入家庭。

2.17 第17题

【操作要求】

1. **新建文件**：在 Microsoft Word 2010 程序中，新建一个文档，以 A2.docx 为文件名保存至考生文件夹。

2. **录入文本与符号**：按照【样文 2-17A】，录入文字、标点符号、特殊符号等。

3. **复制粘贴**：将 C:\2010KSW\DATA2\TF2-17.docx 中全部文字复制到考生录入的文档之前。

4. **查找替换**：将文档中所有“唐陶瓷”替换为“唐三彩”，结果如【样文 2-17B】所示。

【样文 2-17A】

🕷随着社会的进步，复制和仿制工艺的不断提高，唐三彩的品种也越来越多。洛阳人在传统唐三彩造型的基础上开发出了平面唐三彩，他们还将在此基础上开发出更多更好的唐三彩作品。🕸

💣唐三彩早在唐初就输出国外，深受异国人民的喜爱。这种多色釉的陶器以它斑斓釉彩，鲜丽明亮的光泽，优美精湛的造型著称于世，唐三彩是中国古代陶器中一颗璀璨的明珠。🗝

【样文 2-17B】

唐三彩是一种盛行于唐代的陶器，以黄、褐、绿为基本釉色，后来人们习惯地把这类陶器称为“唐三彩”。唐三彩的诞生已有1300多年的历史了，它吸取了中国国画、雕塑等工艺美术的特点，采用堆贴、刻画等形式的装饰图案，线条粗犷有力。

唐三彩是唐代陶器中的精华，在初唐、盛唐时达到高峰。安史之乱以后，随着唐王朝的逐步衰弱，由于瓷器的迅速发展，三彩器制作逐步衰退。后来又产生了“辽三彩”、“金三彩”，但在数量、质量以及艺术性方面，都远不及唐三彩。

🕷随着社会的进步，复制和仿制工艺的不断提高，唐三彩的品种也越来越多。洛阳人在传统唐三彩造型的基础上开发出了平面唐三彩，他们还将在此基础上开发出更多更好的唐三彩作品。🕸

💣唐三彩早在唐初就输出国外，深受异国人民的喜爱。这种多色釉的陶器以它斑斓釉彩，鲜丽明亮的光泽，优美精湛的造型著称于世，唐三彩是中国古代陶器中一颗璀璨的明珠。🗝

2.18 第 18 题

【操作要求】

1．**新建文件**：在 Microsoft Word 2010 程序中，新建一个文档，以 A2.docx 为文件名保存至考生文件夹。

2．**录入文本与符号**：按照【样文 2-18A】，录入文字、数字、标点符号、特殊符号等。

3．**复制粘贴**：将 C:\2010KSW\DATA2\TF2-18.docx 中全部文字复制到考生文档中，将考生录入文档作为第 2 段插入到复制文档中。

4．**查找替换**：将文档中所有“合田玉”替换为“和田玉”，结果如【样文 2-18B】所示。

【样文 2-18A】

⏮和田玉产于整个昆仑山北坡，长约 1300 公里，以和田为中心的狭长地带的昆仑山上与河中之玉璞，故又把昆山玉称为“和田玉”。和田玉是玉石中的高档玉石，而且是我国国石的候选玉石之一。现今和田玉的名称在国家标准中不具备产地意义，即无论产于新疆、青海、辽宁、贵州、俄罗斯、加拿大、韩国，其主要成分为透闪石即可称为和田玉。⏭

【样文 2-18B】

和田玉是一种软玉，俗称真玉，是产于我国新疆和田的软玉。主要由透闪石、阳起石矿物组成，质地致密、细腻、温润、坚韧、光洁。和田玉和陕西蓝田玉、河南南阳玉、甘肃酒泉玉、辽宁岫岩玉并称为中国五大名玉。

⏮和田玉产于整个昆仑山北坡，长约 1300 公里，以和田为中心的狭长地带的昆仑山上与河中之玉璞，故又把昆山玉称为“和田玉”。和田玉是玉石中的高档玉石，而且是我国国石的候选玉石之一。现今和田玉的名称在国家标准中不具备产地意义，即无论产于新疆、青海、辽宁、贵州、俄罗斯、加拿大、韩国，其主要成分为透闪石即可称为和田玉。⏭

和田玉在我国至少有 7000 年的悠久历史，是我国玉文化的主体，是中华民族文化宝库中的珍贵遗产和艺术瑰宝，具有极深厚的文化底蕴。我国是世界历史上惟一将玉与人性化相融的国家。

2.19　第 19 题

【操作要求】

1．**新建文件**：在 Microsoft Word 2010 程序中，新建一个文档，以 A2.docx 为文件名保存至考生文件夹。

2．**录入文本与符号**：按照【样文 2-19A】，录入文字、标点符号、特殊符号等。

3．**复制粘贴**：将 C:\2010KSW\DATA2\TF2-19.docx 中全部文字复制到考生录入的文档之后。

4．**查找替换**：将文档中所有"商业信"替换为"商业信用"，结果如【样文 2-19B】所示。

【样文 2-19A】

◢商业信用是社会信用体系中最重要的一个组成部分，由于它具有很大的外在性，因此，在一定程度上它影响着其他信用的发展。从历史的角度而言，中国传统的信用，本质上是一种道德观念，包括两个部分，一个部分为自给自足的以身份为基础的熟人社会的{私人信用}，一个部分为相互依赖的契约社会的{商业信用}。◣

【样文 2-19B】

◢商业信用是社会信用体系中最重要的一个组成部分，由于它具有很大的外在性，因此，在一定程度上它影响着其他信用的发展。从历史的角度而言，中国传统的信用，本质上是一种道德观念，包括两个部分，一个部分为自给自足的以身份为基础的熟人社会的{私人信用}，一个部分为相互依赖的契约社会的{商业信用}。◣

从本质上而言，商业信用是基于主观上的诚实和客观上对承诺的兑现而产生的信赖和好评。所谓主观上的诚实，是指在商业活动中，交易双方在主观心理上诚实善意，除了公平交易之理念外，没有其他欺诈意图和目的；所谓客观上对承诺的兑现，是指商业主体应当对自己在交易中向对方做出的有效的意思表示负责，应当使之实际兑现。可以说，商业信用是主客观的统一，是商事主体在商业活动中主观意思和客观行为一致性的体现。

商业信用产生的根本原因是由于在商品经济条件下，在产业资本循环过程中，各个企业相互依赖，但它们在生产时间和流通时间上往往存在着不一致，从而使商品运动和货币运动在时间上和空间上脱节。而通过企业之间相互提供商业信用，则可满足企业对资本的需要，从而保证整个社会的再生产得以顺利进行。

2.20 第 20 题

【操作要求】

1．**新建文件**：在 Microsoft Word 2010 程序中，新建一个文档，以 A2.docx 为文件名保存至考生文件夹。

2．**录入文本与符号**：按照【样文 2-20A】，录入文字、数字、标点符号、特殊符号等。

3．**复制粘贴**：将 C:\2010KSW\DATA2\TF2-20.docx 中全部文字复制到考生录入的文档之后。

4．**查找替换**：将文档中所有“国券”替换为“国库券”，结果如【样文 2-20B】所示。

【样文 2-20A】

◷国库券是指国家财政当局为弥补国库收支不平衡而发行的一种政府债券。因国库券的债务人是国家，其还款保证是国家财政收入，所以它几乎不存在信用违约风险，是金融市场风险最小的信用工具。中国国库券的期限最短的为一年，而西方国家国库券品种较多，一般可分为『3 个月』、『6 个月』、『9 个月』、『1 年』期四种，其面额起点各国不一。国库券采用不记名形式，无须经过背书就可以转让流通。◶

【样文 2-20B】

◷国库券是指国家财政当局为弥补国库收支不平衡而发行的一种政府债券。因国库券的债务人是国家，其还款保证是国家财政收入，所以它几乎不存在信用违约风险，是金融市场风险最小的信用工具。中国国库券的期限最短的为一年，而西方国家国库券品种较多，一般可分为『3 个月』、『6 个月』、『9 个月』、『1 年』期四种，其面额起点各国不一。国库券采用不记名形式，无须经过背书就可以转让流通。◶

国库券具有较强的流通性，发行后，即可进入债券市场进行买卖交易，交易活动通过证券中介机构进行。由于国库券以政府财政资金为保障，信誉高，流通性强，收益率也较高，因而是证券投资的主要对象，也是中央银行介入资本市场公开操作业务的重要手段，在证券交易中占有很大的比重。

国库券是 1877 年由英国经济学家和作家沃尔特·巴佐特发明，并首次在英国发行。沃尔特认为，政府短期资金的筹措应采用与金融界早已熟悉的商业票据相似的工具。后来许多国家都依照英国的做法，以发行国库券的方式来满足政府对短期资金的需要。在美国，国库券已成为货币市场上最重要的信用工具。

第三单元　文档的格式设置与编排

3.1　第 1 题

【操作要求】

打开文档 A3.docx，按下列要求设置、编排文档格式。

一、设置【文本 3-1A】如【样文 3-1A】所示

1. 设置字体格式：

- 将文档标题行的字体设置为华文行楷，字号为一号，并为其添加“填充 - 蓝色，透明强调文字颜色 1，轮廓 - 强调文字颜色 1”的文本效果。
- 将文档副标题的字体设置为华文新魏，字号为四号，颜色为标准色中的“深红”色。
- 将正文诗词部分的字体设置为方正姚体，字号为小四，字形为倾斜。
- 将文本“注释译文”的字体设置为微软雅黑，字号为小四，并为其添加“双波浪线”下划线。

2. 设置段落格式：

- 将文档的标题和副标题设置为居中对齐。
- 将正文诗词部分的左缩进 10 个字符，段落间距为段后段前各 0.5 行，行距为固定值 18 磅。
- 将正文最后两段的首行缩进 2 个字符，并设置行距为 1.5 倍行距。

二、设置【文本 3-1B】如【样文 3-1B】所示

1. 拼写检查：改正【文本3-1B】中拼写错误的单词。

2. 设置项目符号或编号：按照【样文3-1B】为文档段落添加项目符号。

三、设置【文本 3-1C】如【样文 3-1C】所示

- 按照【样文 3-1C】所示，为【文本 3-1C】中的文本添加拼音，并设置拼音的对齐方式为“居中”，偏移量为 3 磅，字号为 14 磅。

【样文 3-1A】

《沁园春·雪》

毛泽东（1936 年 2 月）

北国风光，千里冰封，万里雪飘。

望长城内外，惟余莽莽；大河上下，顿失滔滔。

山舞银蛇，原驰蜡象，欲与天公试比高！

须晴日，看红装素裹，分外妖娆。

江山如此多娇，引无数英雄竞折腰。

惜秦皇汉武，略输文采；唐宗宋祖，稍逊风骚。

一代天骄，成吉思汗，只识弯弓射大雕。

俱往矣，数风流人物，还看今朝！

注释译文

北方的风光，千里冰封，万里雪飘，眺望长城内外，只剩下白茫茫的一片；宽广的黄河的上游和下游，顿时失去了滔滔水势。连绵的群山好像一条条银蛇一样蜿蜒游走，高原上的丘陵好像许多白象在奔跑，似乎想要与苍天比试一下高低。等到天晴的时候，再看红日照耀下的白雪，格外的娇艳美好。

祖国的山川是这样的壮丽，令古往今来无数的英雄豪杰为此倾倒。只可惜像秦始皇汉武帝这样勇武的帝王，却略差文学才华；唐太宗宋太祖，稍逊文治功劳。称雄一世的天之骄子成吉思汗，却只知道拉弓射大雕（却轻视了思想文化的建立）。而这些都已经过去了，真正能够建功立业的人，还要看现在的人们（暗指无产革命阶级将超越历代英雄的信心）。

【样文 3-1B】

- Our knowledge of the universe is growing all the time. Our knowledge grows and the universe develops. Thanks to space satellites, the world itself is becoming a much smaller place and people from different countries now understand each other better.
- Look at your watch for just one minute. During that time, the population of the world increased by 259. Perhaps you think that isn't much. However, during the next hour, over 15,540 more babies will be born on the earth.
- So it goes on, hour after hour. In one day, people have to produce food for over 370,000 more mouths. Multiply this by 365. Just think how many more there will be in one year! What will happen in a hundred years?

【样文 3-1C】

qiānshānniǎofēijué　wànjìngrénzōngmiè
千山鸟飞绝，万径人踪灭。

gūzhōusuōlìwēng　dúdiàohánjiāngxuě
孤舟蓑笠翁，独钓寒江雪。

3.2 第 2 题

【操作要求】

打开文档 A3.docx，按下列要求设置、编排文档格式。

一、设置【文本 3-2A】如【样文 3-2A】所示

1. 设置字体格式：

- 将文档标题行的字体设置为华文中宋，字号为小初，并为其添加“渐变填充 - 紫色，强调文字颜色 4，映像”的文本效果。
- 将文档副标题的字体设置为隶书，字号为四号，并为其添加“红色，8 pt 发光，强调文字颜色 2”的发光文本效果。
- 将正文歌词部分的字体设置为楷体_GB2312，字号为四号，字形为加粗。
- 将文档最后一段的字体设置为微软雅黑，字号为小四，并为文本“《北京精神》”添加着重符。

2. 设置段落格式：

- 将文档的标题居中对齐，副标题文本右对齐。
- 将正文中歌词部分左、右侧均缩进 10 个字符，对齐方式为分散对齐，行距为 1.5 倍行距。
- 将正文最后一段的首行缩进 2 个字符，并设置段前间距 1 行、行距为单倍行距。

二、设置【文本 3-2B】如【样文 3-2B】所示

1. 拼写检查：改正【文本 3-2B】中拼写错误的单词。

2. 设置项目符号或编号：按照【样文 3-2B】为文档段落添加项目符号。

三、设置【文本 3-2C】如【样文 3-2C】所示

- 按照【样文 3-2C】所示，为【文本 3-2C】中的文本添加拼音，并设置拼音的对齐方式为“1-2-1”，偏移量为 2 磅，字号为 16 磅。

【样文 3-2A】

歌曲《北京精神》

（作词：云剑 作曲：鹏来 演唱：韩琳）

北 京 精 神 ， 爱 国 见 行 动

北 京 精 神 ， 创 新 拓 前 程

北 京 精 神 ， 包 容 促 和 谐

北 京 精 神 ，厚 德 树 新 风

爱 国 创 新 包 容 厚 德

北 京 精 神 好 ， 永 远 记 心 中

《北京精神》这首歌曲由著名词作家云剑、著名曲作家鹏来以及青年歌手韩琳共同打造而成，其旋律简洁大气，歌词朴实深邃，演唱优美亲切。参加歌曲合唱的有老红军、工人、教师，他们都是精神文明和物质文明的缔造者，他们通过自身的典型精神风貌以及澎湃的激情表演来阐释北京这座古城的文化和精神底韵。

【样文 3-2B】

- ✧ Youth is not a time of life; it is a state of mind; it is not a matter of rosy cheeks, red lips and supple knees; it is a matter of the will, a quality of the imagination, a vigor of the emotions; it is the freshness of the deep springs of life.
- ✧ Youth means a temperamental predominance of courage over timidity, of the appetite for adventure over the love of ease. This often exists in a man of 60 more than a boy of 20. Nobody grows old merely by a number of years. We grow old by deserting our ideals.
- ✧ Years may wrinkle the skin, but to give up enthusiasm wrinkles the soul. Worry, fear, self-distrust bows the heart and turns the spirit back to dust.

【样文 3-2C】

guópòshānhézài chéngchūncǎomùshēn
国破山河在，城春草木深。

gǎnshíhuājiànlèi hènbiéniǎojīngxīn
感时花溅泪，恨别鸟惊心。

3.3　第 3 题

【操作要求】

打开文档 A3.docx，按下列要求设置、编排文档格式。

一、设置【文本 3-3A】如【样文 3-3A】所示

1. 设置字体格式：

- 将文档第 1 行的字体设置为华文行楷，字号为三号，字体颜色为标准色中的“深蓝”色。
- 将文档标题的字体设置为华文彩云，字号为小初，并为其添加“填充 - 橙色，强调文字颜色 6，渐变轮廓 - 强调文字颜色 6”的文本效果。
- 将正文第 1 段的字体设置为仿宋_GB2312，字号为四号，字形为倾斜。
- 将正文第 2～6 段的字体设置为华文细黑，字号为小四，并为文本“普遍性”、“方便性”、“整体性”、“安全性”、“协调性”添加双下划线。

2. 设置段落格式：

- 将文档的第 1 行文本右对齐，标题行居中对齐。
- 将正文第 1 段的首行缩进 2 个字符，段落间距为段前段后各 0.5 行，行距为固定值 20 磅。
- 将正文第 2～6 段悬挂缩进 4 个字符，并设置行距为固定值 20 磅。

二、设置【文本 3-3B】如【样文 3-3B】所示

1. 拼写检查：改正【文本 3-3B】中拼写错误的单词。

2. 设置项目符号或编号：按照【样文3-3B】为文档段落添加项目符号。

三、设置【文本 3-3C】如【样文 3-3C】所示

- 按照【样文 3-3C】所示，为【文本 3-3C】中的文本添加拼音，并设置拼音的对齐方式为“左对齐”，偏移量为 3 磅，字体为华文隶书。

【样文 3-3A】

科普读物

电子商务

电子商务（Electronic Commerce）是利用计算机技术、网络技术和远程通信技术，实现整个商务（买卖）过程中的电子化、数字化和网络化。从电子商务的含义及发展历程可以看出电子商务具有如下基本特征：

<u>普遍性</u>：电子商务作为一种新型的交易方式，将生产企业、流通企业以及消费者和政府带入了一个网络经济、数字化生存的新天地。

<u>方便性</u>：在电子商务环境中，人们不再受地域的限制，客户能以非常简捷的方式完成过去较为繁杂的商务活动，如通过网络银行能够全天候地存取账户资金、查询信息等，同时使企业对客户的服务质量得以大大提高。

<u>整体性</u>：电子商务能够规范事务处理的工作流程，将人工操作和电子信息处理集成为一个不可分割的整体，这样不仅能提高人力和物力的利用，也可以提高系统运行的严密性。

<u>安全性</u>：在电子商务中，安全性是一个至关重要的核心问题，它要求网络能提供一种“端到端”的安全解决方案，如加密机制、签名机制、安全管理、存取控制、防火墙、防病毒保护等等，这与传统的商务活动有着很大的不同。

<u>协调性</u>：商务活动本身是一种协调过程，它需要客户与公司内部、生产商、批发商、零售商间的协调，在电子商务环境中，它更要求银行、配送中心、通讯部门、技术服务等多个部门的通力协作，电子商务的全过程往往是一气呵成的。

【样文 3-3B】

⌘ Love and knowledge, so far as they were possible, led upward toward the heavens. But always it brought me back to earth. Echoes of cries of pain reverberate in my heart.

⌘ Children in famine, victims tortured by oppressors, helpless old people a hated burden to their sons, and the whole world of loneliness, poverty, and pain make a mockery of what human life should be.

⌘ I long to alleviate the evil, but I cannot, and I too suffer. This has been my life. I have found it worth living, and would gladly live it again if the chance were offered me.

【样文 3-3C】

qī nshí　mí ngyuè hà nshí　guā n　　wà nlǐ chá ngzhē ngré n wè ihá i

秦时明月 汉时关，万里长征 人未还。

dà nshǐ　ló ngché ngfē i jiā ngzà i　　bù　jiàohú　mǎ　dù　yī nshā n

但使龙城 飞将在，不教胡马度阴山。

3.4　第 4 题

【操作要求】

打开文档 A3.docx，按下列要求设置、编排文档格式。

一、设置【文本 3-4A】如【样文 3-4A】所示

1. 设置字体格式：

- 将文档标题行的字体设置为华文中宋、一号，并为其添加“渐变填充 - 橙色，强调文字颜色 6，内部阴影”的文本效果。
- 将正文第 1 段的字体设置为华文新魏、四号、倾斜，并为其添加点式下划线。
- 将正文第 2、3、4 段的字体设置为隶书、四号、浅蓝色（RGB：100，150，255）。
- 将最后一行的字体设置为方正姚体、小四、加粗。

2. 设置段落格式：

- 将文档的标题设置为居中对齐，最后一行设置为右对齐。
- 将正文部分均设置为首行缩进 2 个字符，左右各缩进 1.5 个字符。
- 将全文的段落间距均设置为段前段后各 0.5 行，第 1 段的行距为 1.5 倍行距，第 2、3、4 段行距为固定值 18 磅。

二、设置【文本 3-4B】如【样文 3-4B】所示

1. 拼写检查：改正【文本 3-4B】中拼写错误的单词。
2. 设置项目符号或编号：按照【样文 3-4B】为文档段落添加项目符号。

三、设置【文本 3-4C】如【样文 3-4C】所示

- 按照【样文 3-4C】所示，为【文本 3-4C】中的文本添加拼音，并设置拼音的对齐方式为“居中”，偏移量为 2 磅，字体为华文中宋，字号为 13 磅。

【样文 3-4A】

有一种朋友

有一种朋友，我想那是一种介于友情与爱情之间的情感，你会在偶尔的一个时间默默地想念他，想起他时，心里暖暖的，有一份美好，有一份感动。

在忧愁和烦恼的时候，你会想起他，你很希望他能在你的身边，给你安慰，给你理解，而你却从没有向他倾诉，你怕属于自己的那份忧伤会妨碍他平静的生活。你会因为一首歌，一种颜色，想起他，想起他的真挚，想起他的执着，想起他那曾经一起经历过的风风雨雨。

因为有了这样一个朋友，你会更加珍惜自己的生命，热爱自己的生活，因为你知道他希望你过的很好，他希望你能好好的照顾自己，再见面时，他希望你能告诉他你很幸福。你很感激在这个世界上，有这样的一个人，他不在你的身边，他也并没有为你做些什么，你却希望，他会过的很好，长命百岁，子孙满堂，幸福安康……

你也很高兴有过那样的一份情感，纯净而又绵长，在这纷繁复杂的人世中，有这样的一个朋友，值得你去祝福，去思念……

——摘自《情感散文集》

【样文 3-4B】

- Allow that emotion to consume you. Allow yourself one minute to truly feel that emotion. Don't cheat yourself here. Take the entire minute-but only one minute-to do nothing else but feel that emotion.
- When the minute is over, ask yourself, "Am I willing to keep holding on to this negative emotion as I go through the rest of the day?"
- Once you've allowed yourself to be totally immersed in the emotion and really fell it, you will be surprised to find that the emotion clears rather quickly.
- If you feel you need to hold on to the emotion for a little longer, that is OK. Allow yourself another minute to feel the emotion.

【样文 3-4C】

sān shí gōngmíngchén yǔ tǔ bā qiān lǐ lù yún hé yuè

三十功名尘与土，八千里路云和月。

mò děng xián bái le shǎo nián tóu kōng bēi qiè

莫等闲，白了少年头，空悲切！

3.5　第 5 题

【操作要求】

打开文档 A3.docx，按下列要求设置、编排文档格式。

一、设置【文本 3-5A】如【样文 3-5A】所示

1. 设置字体格式：

- 将文档标题行的字体设置为华文琥珀、小初，并为其添加“填充　-　橄榄色，强调文字颜色 3，轮廓　-　文本 2”的文本效果。
- 将文档副标题的字体设置为黑体、小三，并为其添加双波浪线下划线。
- 将文本“——摘自《朱自清作品集》”的字体设置为方正舒体、四号、倾斜。
- 将正文最后一段的字体设置为华文新魏、五号、紫色、有着重号。

2. 设置段落格式：

- 将文档的标题行和副标题行均设置为居中对齐，文本“——摘自《朱自清作品集》”设置为右对齐。
- 将正文中第 1、2 段设置为首行缩进 2 字符，段落间距为段前 0.5 行，行距为 1.5 倍行距。
- 将正文最后一段设置为左、右侧各缩进 1 字符，首行缩进 2 字符，行距为固定值 20 磅。

二、设置【文本 3-5B】如【样文 3-5B】所示

1. 拼写检查：改正【文本 3-5B】中拼写错误的单词。

2. 设置项目符号或编号：按照【样文 3-5B】为文档段落添加项目符号。

三、设置【文本 3-5C】如【样文 3-5C】所示

- 按照【样文 3-5C】所示，为【文本 3-5C】中的文本添加拼音，并设置拼音的对齐方式为“右对齐”，偏移量为 4 磅，字体为方正姚体，字号为 12 磅。

【样文 3-5A】

荷塘月色（节选）

·朱自清·

月光如流水一般，静静地泻在这一片叶子和花上。薄薄的青雾浮起在荷塘里。叶子和花仿佛在牛乳中洗过一样；又像笼着轻纱的梦。虽然是满月，天上却有一层淡淡的云，所以不能朗照；但我以为这恰是到了好处——酣眠固不可少，小睡也别有风味的。月光是隔了树照过来的，高处丛生的灌木，落下参差的斑驳的黑影，却又像是画在荷叶上。塘中的月色并不均匀，但光与影有着和谐的旋律，如梵婀玲上奏着的名曲。

荷塘的四面，远远近近，高高低低的都是树，而杨柳最多。这些树将一片荷塘重重围住；只在小路一旁，漏着几段空隙，像是特为月光留下的。树色一例是阴阴的，乍看像一团烟雾；但杨柳的丰姿，便在烟雾里也辨得出。树梢上隐隐约约的是一带远山，只有些大意罢了。树缝里也漏着一两点路灯光，没精打彩的，是渴睡人的眼。这时候最热闹的，要数树上的蝉声与水里的蛙声；但热闹的是它们的，我什么也没有。

——摘自《朱自清作品集》

朱自清（1898.11.22~1948.8.12），原名自华，号秋实，后改名自清，字佩弦。原籍浙江绍兴。他是五四爱国运动的参加者，受五四浪潮的影响走上文学道路。1925年8月到清华大学任教，开始研究中国古典文学；创作则以散文为主。

【样文 3-5B】

★ You won't be able to understand this letter today, but someday, when you're ready, I hope you will find some wisdom and value in what I share with you.

★ You are young, and life has yet to take its toll on you, to throw disappointments and heartaches and loneliness and struggles and pain into your path. You have not been worn down yet by long hours of thankless work, by the slings and arrows of everyday life.

★ For this, be thankful. You are at a wonderful stage of life. You have many wonderful stages of life still to come, but they are not without their costs and perils.

★ I hope to help you along your path by sharing some of the best of what I've learned. As with any advice, take it with a grain of salt. What works for me might not work for you.

【样文 3-5C】

huángkǒng tāntóu shuō huángkǒng, líng dīng yáng lǐ tàn líng dīng.

惶恐滩头说惶恐，零丁洋里叹零丁。

rénshēng zìgǔ shuí wú sǐ, liú qǔ dānxīn zhào hànqīng.

人生自古谁无死，留取丹心照汗青。

3.6 第 6 题

【操作要求】

打开文档 A3.docx，按下列要求设置、编排文档格式。

一、设置【文本 3-6A】如【样文 3-6A】所示

1. 设置字体格式：

- 将文档标题行的字体设置为华文新魏、一号，并为其添加“填充 - 橄榄色，强调文字颜色 3，轮廓 - 文本 2”的文本效果。
- 将文档副标题的字体设置为华文仿宋、四号、倾斜，并为其添加“蓝色，8 pt 发光，强调文字颜色 1”的发光文本效果。
- 将正文诗词部分的字体设置为华文楷体、四号。
- 将文本“作者简介”的字体设置为黑体、小四、标准色中的“蓝色”、有着重号。

2. 设置段落格式：

- 将文档的标题行和副标题行均设置为居中对齐。
- 将正文的诗词部分的左侧缩进 11 个字符，段落间距为段前段后各 0.5 行，行距为固定值 14 磅。
- 将正文最后两段的首行缩进 2 个字符，并设置行距为固定值 20 磅。

二、设置【文本 3-6B】如【样文 3-6B】所示

1. 拼写检查：改正【文本 3-6B】中拼写错误的单词。

2. 设置项目符号或编号：按照【样文 3-6B】为文档段落添加项目符号。

三、设置【文本 3-6C】如【样文 3-6C】所示

- 按照【样文 3-6C】所示，为【文本 3-6C】中的文本添加拼音，并设置拼音的对齐方式为“居中”，偏移量为 3 磅，字体为方正姚体，字号为 14 磅。

【样文 3-6A】

面朝大海，春暖花开

海子

从明天起，做一个幸福的人
喂马、劈柴，周游世界
从明天起，关心粮食和蔬菜
我有一所房子，面朝大海，春暖花开
从明天起，和每一个亲人通信
告诉他们我的幸福
那幸福的闪电告诉我的
我将告诉每一个人
给每一条河每一座山取一个温暖的名字
陌生人，我也为你祝福
愿你有一个灿烂的前程
愿你有情人终成眷属
愿你在尘世获得幸福
我只愿面朝大海，春暖花开

作者简介

海子原名查海生，生于 1964 年 3 月 24 日，在农村长大。1979 年 15 岁时考入北京大学法律系，大学期间开始诗歌创作。1982 年开始诗歌创作，当时即被称为“北大三诗人”之一。1983 年自北大毕业后分配至北京中国政法大学哲学教研室工作。1984 年创作成名作《亚洲铜》和《阿尔的太阳》，第一次使用“海子”作为笔名。1989 年 3 月 26 日在山海关卧轨自杀，年仅 25 岁。在诗人短暂的生命里，保持了一颗圣洁的心。他曾长期不被世人理解，但他是中国 70 年代新文学史中一位全力冲击文学与生命极限的诗人。

从 1982 年至 1989 年不到 7 年的时间里，海子用超乎寻常的热情和勤奋，才华横溢地创作了近 200 万字的作品，结集出版了《土地》、《海子、骆一禾作品集》、《海子的诗》、《海子诗全编》等。其主要作品有：二百五十余首优秀抒情短诗，《太阳七部书》，即诗剧《太阳》、诗剧《断头篇》、诗剧《但是水，水》、长诗《土地篇》、第一合唱剧《弥赛亚》、仪式和祭祀剧《弑》、诗体小说《你是父亲的好女儿》。其部分作品被收入近 20 种诗歌选集，以及各类大学中文系《中国当代文学作品选》教材。

【样文 3-6B】

- Maybe God wants us to meet a few wrong people before meeting the right one so that when we finally meet the right person, we will know how to be grateful for that gift.
- When the door of happiness closes, another opens, but often times we look so long at the closed door that we don't see the one which has been opened for us.
- The best kind of friend is the kind you can sit on a porch and swing with, never say a word, and then walk away feeling like it was the best conversation you've every had.

【样文 3-6C】

kōngshān bú jiàn rén　dàn wén rén yǔ xiǎng
空山不见人，但闻人语响。

fǎn yǐng rù shēn lín　fù zhàoqīng tái shàng
返影入深林，复照青苔上。

3.7　第 7 题

【操作要求】

打开文档 A3.docx，按下列要求设置、编排文档格式。

一、设置【文本 3-7A】如【样文 3-7A】所示

1．设置字体格式：

- 将文档标题行的字体设置为华文彩云、小初，并为其添加“渐变填充 － 蓝色，强调文字颜色 1，轮廓 － 白色，发光 － 强调文字颜色 2”的文本效果。
- 将文档副标题的字体设置为微软雅黑、四号、标准色中的“深红”色。
- 将正文诗词部分的字体设置为华文楷体、四号，并为其添加“橙色，5 pt 发光，强调文字颜色 6”的发光文本效果。
- 将文档最后一段的字体设置为华文细黑、小四，并为其添加“波浪线”下划线。

2．设置段落格式：

- 将文档的标题行和副标题行均设置为居中对齐。
- 将正文中诗词部分左侧缩进 10 个字符，行距为固定值 24 磅。
- 将正文最后一段的首行缩进 2 个字符，并设置段落间距为段前段后各 0.5 行、行距为固定值 22 磅。

二、设置【文本 3-7B】如【样文 3-7B】所示

1．拼写检查：改正【文本 3-7B】中拼写错误的单词。

2．设置项目符号或编号：按照【样文 3-7B】为文档段落添加项目符号。

三、设置【文本 3-7C】如【样文 3-7C】所示

- 按照【样文 3-7C】所示，为【文本 3-7C】中的文本添加拼音，并设置拼音的对齐方式为“右对齐”，偏移量为 3 磅，字号为 14 磅。

【样文3-7A】

《雨霖铃》

柳永

寒蝉凄切，对长亭晚，骤雨初歇。

都门帐饮无绪，留恋处，兰舟催发。

执手相看泪眼，竟无语凝噎。

念去去千里烟波，暮霭沉沉楚天阔。

多情自古伤离别，更那堪冷落清秋节！

今宵酒醒何处？杨柳岸，晓风残月。

此去经年，应是良辰好景虚设。

便纵有千种风情，更与何人说？

这首词是柳永的代表作。本篇为作者离开汴京南下时与恋人惜别之作。词中以种种凄凉、冷落的秋天景象衬托和渲染离情别绪，活画出一幅秋江别离图。作者仕途失意，不得不离开京都远行，不得不与心爱的人分手，这双重的痛苦交织在一起，使他感到格外难受。他真实地描述了临别时的情景。全词由别时眼前景入题。起三句，点明了时地景物，以暮色苍苍，蝉声凄切来烘托分别的凄然心境。“都门”以下五句，既写出了饯别欲饮无绪的心态，又形象生动地刻画出执手相看无语的临别情事，语简情深，极其感人。“念去去”二句，以“念”字领起，设想别后所经过的千里烟波，遥远路程，令人感到离情的无限愁苦。下片重笔宕开，概括离情的伤悲。“多情”句，写冷落凄凉的深秋，又不同于寻常，将悲伤推进一层。“今宵”二句，设想别后的境地，是在残月高挂、晓风吹拂的杨柳岸，勾勒出一幅清幽凄冷的自然风景画。

末以痴情语挽结，情人不在，良辰美景、无限风情统归枉然，情意何等执着。整首词情景兼融，结构如行云流水般舒卷自如，时间的层次和感情的层次交叠着循序渐进，一步步将读者带入作者感情世界的深处。

【样文 3-7B】

⌘ It's true that we don't know what we've got until we lose it, but it's also true that we don't know what we've been missing until it arrives.

⌘ Giving someone all your love is never an assurance that they'll love you back! Don't expect love in return; just wait for it to grow in their heart but if it doesn't, be content it grew in yours. It takes only a minute to get a crush on someone, an hour to like someone, and a day to love someone, but it takes a lifetime to forget someone.

⌘ Don't go for looks; they can deceive. Don't go for wealth; even that fades away. Go for someone who makes you smile because it takes only a smile to make a dark day seem bright. Find the one that makes your heart smile.

【样文 3-7C】

sōng xià wèn tóng zǐ　yán shī cǎi yào qù

松下问童子，言师采药去。

zhǐ zài cǐ shān zhōng　yún shēn bù zhī chù

只在此山中，云深不知处。

3.8 第 8 题

【操作要求】

打开文档 A3.docx，按下列要求设置、编排文档格式。

一、设置【文本 3-8A】如【样文 3-8A】所示

1. 设置字体格式：

- 将文档标题的字体设置为华文琥珀、小初，并为其添加“渐变填充 - 蓝色，强调文字颜色 1，轮廓 - 白色”的文本效果。
- 将正文第 1 段的字体设置为华文楷体、三号、加粗、标准色中的“浅蓝”色。
- 将正文第 2～6 段的字体设置为微软雅黑、小四，并为文本“黑芝麻糊和豆浆兑着吃”、“身体虚弱吃些藕粉”、“杏仁霜润肺止咳”、“燕麦促进肠蠕动”、“玉米糊糊最易消化”的字体设置为加粗、添加粗线下划线。
- 将文档最后一行的字体设置为黑体、小四、标准色中的“蓝色”。

2. 设置段落格式：

- 将文档的标题行居中对齐，最后一行文本右对齐。
- 将正文中第 1 段设置为首行缩进 2 字符，并设置行距为 1.5 倍行距。
- 将正文第 2～6 段设置为首行缩进 2 字符，段落间距为段前 0.5 行，行距为固定值 20 磅。

二、设置【文本 3-8B】如【样文 3-8B】所示

1. 拼写检查：改正【文本 3-8B】中拼写错误的单词。

2. 设置项目符号或编号：按照【样文 3-8B】为文档段落添加项目符号。

三、设置【文本 3-8C】如【样文 3-8C】所示

- 按照【样文 3-8C】所示，为【文本 3-8C】中的文本添加拼音，并设置拼音的对齐方式为“0-1-0”，偏移量为 2 磅，字体为微软雅黑。

【样文 3-8A】

各种糊糊怎么吃

目前市场上常见的糊状食品有芝麻糊、藕粉、杏仁霜、麦片、核桃粉、面茶等，这些食品因为食用方便、营养丰富受到很多中老年人的喜爱。

黑芝麻糊和豆浆兑着吃：黑芝麻糊中的主要成分是黑芝麻粉和淀粉。黑芝麻粉的脂肪含量超过 60%，主要为不饱和脂肪，还富含钙、磷、铁以及维生素 E、卵磷脂、维生素 A、维生素 D 等营养物质，这些成分对中老年人都很有保健作用。黑芝麻糊中主要碳水化合物是淀粉和蔗糖，适合冲调。可以和豆浆、牛奶搭配，营养价值更高，方法是将豆浆或牛奶加热冲调黑芝麻糊，做成芝麻黑豆浆。这个组合适合大部分人作早餐，但血脂较高的老年人不宜长期食用。

身体虚弱吃些藕粉：藕粉中碳水化合物的基本成分是淀粉，还含有钙、铁等。食用后在胃肠中容易转化为葡萄糖等被人体吸收。适宜于肠胃功能虚弱的产妇、儿童以及老人服用，特别适合高血压、肝病、食欲不振、缺铁性贫血、营养不良的人。为了营养更全面，可以做成蔬菜碎藕粉。即藕粉冲调好后，可依据个人口味，加入焯熟切碎的小油菜、小白菜等蔬菜。

杏仁霜润肺止咳：杏仁霜含有蛋白质、脂肪、胡萝卜素以及 B 族维生素等。中医认为杏仁霜对因肺燥引起的咳嗽有很好的疗效。推荐食谱是豆渣杏仁霜，先将一点凉水倒入杏仁霜中，搅拌均匀，然后再加入磨细煮熟的豆渣用热汤冲饮。

燕麦促进肠蠕动：燕麦除了含有碳水化合物外，还富含膳食纤维，能促进肠道蠕动，帮助胆固醇排出体外。燕麦最好的吃法是将生燕麦片与大米一起煮成燕麦粥，很适合糖尿病患者和其他需要控制热量摄入的人吃。超市里单独小包装的“营养麦片”多是由小麦、玉米面等粮食加工而成，植脂末、糖分等添加剂很多，脂肪含量和热量都很高，不适合老年人食用。

玉米糊糊最易消化：玉米糊就是更稠一些的玉米粥。玉米中的纤维素含量很高，是大米的 10 倍，大量纤维素能刺激胃肠蠕动，加速粪便排泄并把有害物质带出体外，对防治便秘、肠炎、直肠癌具有重要意义。而做成糊状，各种营养素更易被人体吸收，正餐、加餐都可以吃。

——摘自《大众科技报》

【样文 3-8B】

- There are moments in life when you miss someone so much that you just want to pick them from your dreams and hug them for real!
- Dream what you want to dream; go where you want to go; be what you want to be, because you have only one life and one chance to do all the things you wants to do.
- May you have enough happiness to make you sweet, enough trials to make you strong, enough sorrow to keep you human, enough hope to make you happy?

【样文 3-8C】

g ù r é nx īc íhuánghèlóu yānhuāsānyuèx i àyángzhōu

故人西辞黄鹤楼，烟花三月下扬 州。

g ūf ā nyuǎnyǐngbìkōngj ì n wéijiànchángjiāngt i ā n j ìl i ú

孤帆远影碧空尽，惟见长 江天际流。

3.9 第 9 题

【操作要求】

打开文档 A3.docx，按下列要求设置、编排文档格式。

一、设置【文本 3-9A】如【样文 3-9A】所示

1．设置字体格式：

- 将文档第 1 行的字体设置为华文中宋、小四、红色，并为其添加“橄榄色，11 pt 发光，强调文字颜色 3”的发光文本效果。
- 将文档标题行的字体设置为黑体、小一，并为其添加“渐变填充 － 紫色，强调文字颜色 4，映像”的文本效果。
- 将正文部分的字体设置为方正姚体、小四，其中第 1 段字体颜色为标准色中的“绿色”，并为其添加“点 - 短线下划线”。
- 将最后一行的字体设置为华文隶书、小四、倾斜、标准色中的“深蓝”色。

2．设置段落格式：

- 将文档的标题设置为居中对齐，第 1 行和最后一行均设置为右对齐。
- 将正文中第 1 段设置为首行缩进 2 字符，段落间距为段后 1 行，行距为固定值 20 磅。
- 将正文第 2、3、4 段设置为首行缩进 2 字符，段落间距为段前 0.5 行，行距为固定值 18 磅。

二、设置【文本 3-9B】如【样文 3-9B】所示

1．拼写检查：改正【文本 3-9B】中拼写错误的单词。

2．设置项目符号或编号：按照【样文 3-9B】为文档段落添加项目符号。

三、设置【文本 3-9C】如【样文 3-9C】所示

- 按照【样文 3-9C】所示，为【文本 3-9C】中的文本添加拼音，并设置拼音的对齐方式为“居中”，偏移量为 3 磅，字体为华文行楷，字号为 16 磅。

【样文 3-9A】

健康小知识

热伤风·尽量别用解热镇痛药

夏日炎炎，由于人体的新陈代谢加快，为了散发体内的热能，人体的表皮血管和汗腺孔扩张，所以出汗量会增加，这时人们往往会开着空调、风扇入睡、用凉水冲浴、骤然进入温度很低的房间，殊不知，这样很容易患上“热伤风”。

老百姓所说的“热伤风”指的是夏天的暑湿感冒。暑湿感冒的特点就是因为夏季闷热，湿度比较大，热伤风患者本身体内热毒多，加上感受外邪，形成“寒包火”，所以会出现打喷嚏、鼻塞、怕冷、头痛、高热等症状。伴有头昏重胀痛、身重疲倦、心烦口渴、胸闷恶心、呕吐、食欲减退、腹泻等消化道症状，西医称之为“胃肠型感冒”。

发生热伤风后，应注意饮食及生活的调节。感冒发热时胃蠕动减慢，消化液分泌少，高蛋白、高脂肪饮食会使食欲减退，甚至引起消化不良，故感冒时应以稀饭、蔬菜等清淡易消化饮食为宜。在感冒初期，应避免剧烈的体育锻炼或体力劳动，否则会增加机体消耗，降低抵抗力而加重病情。烟酒刺激呼吸道和消化道黏膜，可使血管扩张，加重鼻塞、流涕、咳嗽等上呼吸道症状，因此，在感冒期间，应戒烟限酒。

另外，预防热伤风要多喝水、多休息。中医治疗热伤风，主张宣肺清热、辛凉解表、清热祛暑。中成药可选用银翘解毒片、羚翘解毒丸、板蓝根冲剂等。一般来说，如果热伤风的伴随症状明显，发热较重、咽喉肿痛，可以配服双黄连口服液、清热解毒口服液。尽量避免使用扑热息痛、阿司匹林等解热镇痛药，否则反而使病情加重。

——*摘自《大众科技报》*

【样文 3-9B】

- Always put yourself in others' shoes. If you feel that it hurts you, it probably hurts the other person, too.
- The happiest of people don't necessarily have the best of everything; they just make the most of everything that comes along their way.
- Happiness lies for those who cry those who hurt, those who have searched, and those who have tried, for only they can appreciate the importance of people who have touched their lives. Love begins with a smile, grows with a kiss and ends with a tear. The brightest future will always be based on a forgotten past, you can't go on well in life until you let go of your past failures and heartaches.

【样文 3-9C】

zh ū qu è qi á obi ā ny ě c ǎ ohu ā　w ū y ī xi à ngk ǒ ux ī y á ngxi ē

朱雀桥边野草花，乌衣巷口夕阳斜。

ji ù sh í w á ngxi è t á ngqi á ny à n　f ē ir ù x ú nch á ngb ǎ ix ì ng

旧时王谢堂前燕，飞入寻常百姓

ji ā

家。

3.10 第 10 题

【操作要求】

打开文档 A3.docx，按下列要求设置、编排文档格式。

一、设置【文本 3-10A】如【样文 3-10A】所示

1．设置字体格式：

- 将文档标题行的字体设置为华文楷体、小初，并为其添加“填充 － 蓝色，强调文字颜色 1，内部阴影 － 强调文字颜色 1”的文本效果。
- 将正文第 1 段的字体设置为方正舒体、四号、加粗、有着重号，并为其添加“水绿色，5 pt 发光，强调文字颜色 5”的发光文本效果。
- 将正文第 2～8 段的字体设置为黑体、小四，并为文本“美肤润颜淡化黑斑、雀斑”、“抗菌抗霉消除鸡眼”、“健胃通便”、“改善皮肤粗糙”、“解毒消炎去青春痘”、“抗癌减肥”、“润肤除皱”的字体颜色设置为标准色中的“深红”色，添加双下划线。
- 将最后一行的字体设置为幼圆、小四、倾斜。

2．设置段落格式：

- 将文档的标题行设置为居中对齐，最后一行设置为右对齐。
- 将正文中第 1 段设置为首行缩进 2 字符，行距为固定值 24 磅。
- 将正文第 2～8 段设置为段落间距为段前 0.5 行，其中第 2 段悬挂缩进 12 个字符，第 3 段悬挂缩进 9 个字符，第 4 段悬挂缩进 5 个字符，第 5 段悬挂缩进 7 个字符，第 6 段悬挂缩进 9 个字符，第 7 段悬挂缩进 5 个字符，第 8 段悬挂缩进 5 个字符。

二、设置【文本 3-10B】如【样文 3-10B】所示

1．拼写检查：改正【文本 3-10B】中拼写错误的单词。

2．设置项目符号或编号：按照【样文 3-10B】为文档段落添加项目符号。

三、设置【文本 3-10C】如【样文 3-10C】所示

- 按照【样文 3-10C】所示，为【文本 3-10C】中的文本添加拼音，并设置拼音的对齐方式为“左对齐”，偏移量为 2 磅，字号为 15 磅。

【样文 3-10A】

芦荟是理想的天然抗衰老剂，它含有芦荟素、芦荟苦素、氨基酸、维生素、糖分、矿物质、甾醇类化合物、生物酶等活性物质，自古以来就是治疗皮肤病的良药。芦荟浸出液能营养皮肤，并能抑制表皮癣菌等皮肤真菌，还可以遮挡紫外线。芦荟的这些优良特性用于护肤护发，对皮肤有滋润、灭菌、消炎、生肌、防晒、软化、平滑和净白作用。

美肤润颜淡化黑斑、雀斑：用芦荟凝胶部分轻轻按摩，可使之变淡、变浅。每天按摩之后，要先用擦脸用的化妆水将油脂洗净，再以芦荟化妆水、乳液、营养霜涂敷脸部以作为保养用。

抗菌抗霉消除鸡眼：把芦荟凝胶切成适当大小后塞进患处，再用纱布包扎起来，每天更换一次，数天后，鸡眼就可逐渐软化而脱落，也可用芦荟胶。

健胃通便：将洗净的半片库拉索芦荟鲜叶去掉叶皮、半条红萝卜、半个苹果，分别切成适当大小的块放进果汁机里搅拌后立刻饮用。也可采摘库拉索芦荟鲜叶，洗净后剪去叶边缘的刺，在煮开的水中浸泡 1—2 分钟，取出捣成芦荟浆，加等量蜂蜜调匀备用。每晚临睡前服 1 汤匙。一般服用 3 天后，就能排便顺畅。用芦荟治疗老年性便秘无任何副作用。

改善皮肤粗糙：先将芦荟洗净去刺去皮搅成汁，黄瓜磨泥取汁。使用时，用芦荟一小匙、黄瓜汁一大匙、蜂蜜一大匙，慢慢调入面粉即可用以敷面，30 分钟至 1 小时后即可洗净并用化妆水或乳液来养护皮肤。

解毒消炎去青春痘：用芦荟凝胶部分敷贴于患部，可以消肿化脓，一般较小的青春痘则可用凝胶轻轻按摩或敷面。

抗癌减肥：每天早晚服用不加糖的库拉索芦荟汁（或将芦荟汁直接加水稀释后加少许盐和柠檬汁），也可每隔一天食用库拉索芦荟沙拉（芦荟洗净消毒后削皮切块拌入沙拉酱加调料即可食用）。外用可将芦荟汁与减肥霜一起涂在皮肤上按摩。

润肤除皱：除了用含芦荟的化妆品外，如你的脸部皱纹较深、较多，可用一汤匙纯芦荟汁，与鸡蛋清一起倒入杯中调匀，每晚洗脸后，将其涂在脸上，并用手按摩。如果眼角鱼尾纹很深，可用纯芦荟汁一汤匙，加入鸡蛋黄调匀，用脱脂棉签蘸取涂敷眼角处，保持数分钟，使有效成分透皮吸收，再进行 10 分钟左右的按摩（用手掌或电按摩器），每晚 1 次，一般 15 天—30 天即可见效。

——摘自《中国科技网》

【样文 3-10B】

- ♈ Every memorable act in the history of the world is a triumph of enthusiasm. Nothing great was ever achieved without it.
- ♈ Without enthusiasm I am doomed to a life of mediocrity but with it I can accomplish miracles.
- ♈ Some of us are enthusiastic at times and few even retain their eagerness for a day or week. All that is good but I must and I will form the habit of sustaining my enthusiasm indefinitely, honestly, and sincerely so that the success I enjoy today can be repeated tomorrow and next week and next month.

【样文 3-10C】

yuǎnshànghán shānshí jìngxié báiyún shēngchù
远上寒山石径斜，白云生处

yǒurénjiā
有人家。

tíngchēzuòài fēnglínwǎn shuāngyèhóngyú èryuè huā
停车坐爱枫林晚，霜叶红于二月花。

3.11　第 11 题

【操作要求】

打开文档 A3.docx，按下列要求设置、编排文档格式。

一、设置【文本 3-11A】如【样文 3-11A】所示

1. 设置字体格式：

- 将文档标题行的字体设置为华文彩云，字号为小初，并为其添加“填充 - 红色，强调文字颜色 2，双轮廓 - 强调文字颜色 2”的文本效果。
- 将文档副标题的字体设置为华文行楷，字号为二号，颜色为标准色中的“紫色”。
- 将正文诗词部分的字体设置为华文细黑，字号为小三，字形为加粗。
- 将文本“注释译文”的字体设置为隶书，字号为小三，并为其添加双下划线。

2. 设置段落格式：

- 将文档的标题和副标题设置为居中对齐。
- 将正文的诗词部分左侧缩进 6 个字符，段落间距为段前段后各 0.5 行，行距为固定值 25 磅。
- 将正文最后两段的首行缩进 2 个字符，并设置行距为 1.5 倍行距。

二、设置【文本 3-11B】如【样文 3-11B】所示

1. 拼写检查：改正【文本 3-11B】中拼写错误的单词。

2. 设置项目符号或编号：按照【样文 3-11B】为文档段落添加项目符号。

三、设置【文本 3-11C】如【样文 3-11C】所示

- 按照【样文 3-11C】所示，为【文本 3-11C】中的文本添加拼音，并设置拼音的对齐方式为“居中”，偏移量为 4 磅，字号为 16 磅。

【样文 3-11A】

短歌行

曹操

对酒当歌，人生几何？譬如朝露，去日苦多。

慨当以慷，忧思难忘。何以解忧？唯有杜康。

青青子衿，悠悠我心。但为君故，沉吟至今。

呦呦鹿鸣，食野之苹。我有嘉宾，鼓瑟吹笙。

明明如月，何时可掇？忧从中来，不可断绝。

越陌度阡，枉用相存。契阔谈宴，心念旧恩。

月明星稀，乌鹊南飞。绕树三匝，何枝可依？

山不厌高，海不厌深。周公吐哺，天下归心。

注释译文

面对美酒伴以高歌，人生短暂岁月几何？好像晨间的露水一般，过去荒废的日子恐怕已经所剩不多。听着席上的歌声慷慨激昂，心中的忧愁却难以遗忘用什么来排解忧愁？只有那美酒名曰“杜康”。青青的是您的衣襟，悠悠的是我的愁心。只是因为您的缘故，让我轻声吟诵至今。呦呦的是麋鹿在鸣叫，因为取食到了野外的苹草。正是因为我有高贵的客人，演奏起瑟琴吹奏起笙笛。

明亮得如同天上的月亮，什么时候我才能够摘取？忧伤正从中而来，连绵不绝从未停止。越过田间交错的小路，屈就了您前来拜访。久别重逢长谈畅饮，心中重温着往日的恩情。月亮皎洁星星稀疏，乌鸦向南飞去。绕着大树徘徊不止，有哪个枝头是可以依附的呢？高山从不满足于自己的高大，大海从不满足于自己的深广。我愿如周公一般礼贤下士，愿天下的英杰真心归顺与我！

【样文 3-11B】

- ✧ If you wish to succeed, you should use persistence as your good friend, experience as your reference, and prudence as your brother and hope as your sentry.
- ✧ The ideals which have lighted my way, and time after time have given me new courage to face life cheerfully have been kindness, beauty and truth.
- ✧ As a modern parent, I know that it's not how much you give children those counts; it's the love and attention you shower on them. A caring attitude can not only save you a small fortune, but also even make you feel good about being tight-fisted and offering more care than presents.
- ✧ I want to bring out the secrets of nature and apply them for the happiness of man. I don't know of any better service to offer for the short time we are in the world.

【样文 3-11C】

huánghéyuǎnshàngbáiyúnjiān　yī piàngūchéngwànrèn
黄河远上白云间，一片孤城万仞

shān
山。

qiāngdí héxū yuànyángliǔ　chūnfēng bù dù yùménguān
羌笛何须怨杨柳，春风不度玉门关。

3.12　第 12 题

【操作要求】

打开文档 A3.docx，按下列要求设置、编排文档格式。

一、设置【文本 3-12A】如【样文 3-12A】所示

1．设置字体格式：

- 将文档标题行的字体设置为方正舒体，字号为初号，并为其添加“填充 - 橄榄色，强调文字颜色 3，轮廓 - 文本 2”的文本效果。
- 将文档副标题的字体设置为华文新魏，字号为二号，并为其添加“橙色，5 pt 发光，强调文字颜色 6”的发光文本效果。
- 将正文第 1～4 段的字体设置为楷体_GB2312，字号为四号，字形为倾斜。
- 将正文最后一段的字体设置为华文中宋，字号为小四，并为文本“作者简介”添加着重号。

2．设置段落格式：

- 将文档的标题和副标题设置为居中对齐。
- 将正文中第 1～4 段设置为首行缩进 2 个字符，段落间距为段前 0.5 行，行距为固定值 25 磅。
- 将正文最后一段设置为左、右侧各缩进 1 个字符，首行缩进 2 个字符，并设置段前间距为 1 行、行距为 1.5 倍行距。

二、设置【文本 3-12B】如【样文 3-12B】所示

1．拼写检查：改正【文本 3-12B】中拼写错误的单词。
2．设置项目符号或编号：按照【样文 3-12B】为文档段落添加项目符号。

三、设置【文本 3-12C】如【样文 3-12C】所示

- 按照【样文 3-12C】所示，为【文本 3-12C】中的文本添加拼音，并设置拼音的对齐方式为“1-2-1”，偏移量为 2 磅，字号为 18 磅。

【样文 3-12A】

绿（节选）

·朱自清·

我第二次到仙岩的时候，便惊诧于梅雨潭的绿了。

梅雨潭是一个瀑布潭。仙岩有三个瀑布，梅雨瀑最低。走到山边，便听见哗哗哗哗的声音；抬起头，镶在两条湿湿的黑边儿里的，一带白而发亮的水便呈现于眼前了。

我们先到梅雨亭。梅雨亭正对着那条瀑布；坐在亭边，不必仰头，便可见它的全体了。亭下深深的便是梅雨潭。这个亭踞在突出的一角的岩石上，上下都空空儿的；仿佛一只苍鹰展着翼翅浮在天宇中一般。三面都是山，像半个环儿拥着；人如在井底了。

这是一个秋季的薄阴的天气。微微的云在我们顶上流着。岩面与草丛都从润湿中透出几分油油的绿意，而瀑布也似乎分外地响了。那瀑布从上面冲下，仿佛已被扯成大小的几绺儿，不再是一幅整齐而平滑的布。岩上有许多棱角，瀑流经过时作急剧的撞击，便飞花碎玉般乱溅开了。那溅着的水花，晶莹而多芒，远望去，像一朵朵小小的白梅，微雨似的纷纷落着。据说，这就是梅雨潭之所以得名了。但我觉得像杨花格外确切些。轻风起来时，点点随风飘散，那更像是杨花了。这时偶然有几点送入我温暖的怀里，便倏的钻了进去，再也寻不着它。

作者简介：朱自清，字佩弦，中国现代著名的作家。主要作品有散文《绿》、《春》、《背影》、《池塘月色》等，曾任清华大学、西南联大教授。

【样文 3-12B】

- We met at the wrong time, but separated at the right time. The most urgent is to take the most beautiful scenery; the deepest wound was the most real emotions.
- If you would go up high, then use your own legs! Do not let yourselves carried aloft; do not seat yourselves on other people's backs and heads.
- The people who get on in this world are the people who get up and look for circumstances they want, and if they cannot find them, they make them.
- Be quiet and meditate on life. Sometimes just sit or stand somewhere peacefully and think about what you have achieved, what you are about to achieve, or what you want to achieve, and sometimes your mind will hit you. You will feel more respect for life.

【样文 3-12C】

hóngdòushēngnánguó　chūnláifājǐzhī
红豆生南国，春来发几枝。

yuànjūnduōcǎixié　cǐwùzuìxiāngsī
愿君多采撷，此物最相思。

3.13　第 13 题

【操作要求】

打开文档 A3.docx，按下列要求设置、编排文档格式。

一、设置【文本 3-13A】如【样文 3-13A】所示

1. 设置字体格式：

- 将文档标题行的字体设置为华文琥珀，字号为小初，并为其添加“填充 － 蓝色，透明强调文字颜色 1，轮廓 － 强调文字颜色 1”的文本效果。
- 将文档副标题的字体设置为楷体_GB2312，字号为二号，字体颜色为标准色中的“深红”色，字形为加粗。
- 将正文第 1～3 段的字体设置为华文中宋，字号为小四，字形为倾斜。
- 将正文最后一段的字体设置为黑体，字号为小四，并为其添加下划线。

2. 设置段落格式：

- 将文档的标题和副标题设置为居中对齐。
- 将正文第 1～3 段的首行缩进 2 个字符，段落间距为段前段后各 0.5 行，行距为固定值 25 磅。
- 将正文第 4 段的首行缩进 2 个字符，并设置行距为 1.5 倍行距。

二、设置【文本 3-13B】如【样文 3-13B】所示

1. 拼写检查：改正【文本 3-13B】中拼写错误的单词。
2. 设置项目符号或编号：按照【样文 3-13B】为文档段落添加项目符号。

三、设置【文本 3-13C】如【样文 3-13C】所示

- 按照【样文 3-13C】所示，为【文本 3-13C】中的文本添加拼音，并设置拼音的对齐方式为“左对齐”，偏移量为 4 磅，字体为华文中宋。

【样文 3-13A】

别伤害自己

林润瀚

只要我们投入生活，难免会遇到来自外界的一些伤害，经历多了，自然有了提防。可是，我们却往往没有意识到，有一种伤害并不是来自外部，而是我们自己造成的：为了一个小小的职位，一份微薄的奖金，甚至是为了一些他人的闲言碎语，我们发愁、发怒，认真计较，纠缠其中。一旦久了，我们的心灵被折磨得千疮百孔，对人世、对生活失去了爱心。

假如我们能不被那么一点点的功利所左右，我们就会显得坦然多了，能平静地面对各种的荣辱得失和恩恩怨怨，使我们永久地持有对生活的美好认识与执著追求。这是一种修养，是对自己的人格与性情的冶炼，也从而使自己的心胸趋向博大，视野变得深远。那么，我们在人生旅途上，即使是遇到了凄风苦雨的日子，碰到困苦与挫折，我们也都能坦然地走过。

正因为那些荣辱得失和各种窘境都伤害不了我们，这就使我们减少了很多的无奈与忧愁，会生活得更为快乐；少了许多的阴影，而多了一些绚烂的色彩。所以，不伤害自己，也是对自己的爱护，是对自己生命的珍惜。

不要伤害自己，也意味着我们需要自愿放弃一些微小的、眼前的利益，使我们不被这些东西网罗住，折腾得伤痕累累，也妨碍了自己的步履。这无疑是一种积极意义上的超脱，从而使自己拥有平和的心境，从从容容、踏踏实实地走那属于自己的道路，做自己该做的大事，进而走向成功，获得更多

<u>更有价值的东西。不妨说，不伤害自己，是使自己有所成就的聪明的活法。真的，在艰难的人生旅途上行走时，我们不妨时常自我叮嘱一声：别伤害自己。</u>

【样文 3-13B】

- 🕮 If you would go up high, then use your own legs! Do not let yourselves carried aloft; do not seat yourselves on other people's backs and heads.
- 🕮 I want to bring out the secrets of nature and apply them for the happiness of man. I don't know of any better service to offer for the short time we are in the world.
- 🕮 No matter how long the rain lasts, there will be a rainbow in the end. No matter how sad you may be, believe that happiness is waiting.
- 🕮 Three solutions to every problem: accept it, change it, leave it. If you can't accept it, change it. If you can't change it, leave it.

【样文 3-13C】

huángsì niángjiā huāmǎnxī qiānduǒ wànduǒ yā zhī dī

黄四娘家花满蹊，千朵万朵压枝低。

liúlián xì dié shíshí wǔ zìzài jiāo yīngqiàqià tí

留连戏蝶时时舞，自在娇莺恰恰啼。

3.14 第 14 题

【操作要求】

打开文档 A3.docx，按下列要求设置、编排文档格式。

一、设置【文本 3-14A】如【样文 3-14A】所示

1．设置字体格式：

- 将文档标题行的字体设置为方正姚体、小初，并为其添加“渐变填充 - 紫色，强调文字颜色 4，映像”的文本效果。
- 将正文第 1 段的字体设置为华文楷体，字号为四号，字形为加粗，并为其添加“波浪线”下划线。
- 将正文第 2、3 段的字体设置为华文细黑，字号为四号，颜色为标准色中的“绿色”。
- 将最后一行的字体设置为楷体_GB2312，字号为小四，字形为加粗。

2．设置段落格式：

- 将文档的标题设置为居中对齐，最后一行设置为右对齐。
- 将正文部分均设置为首行缩进 2 个字符，左右各缩进 0.5 个字符。
- 将全文的段落间距均设置为段前 1 行、段后 1 行，第 1 段行距为 1.5 倍行距，第 2、3 段行距为固定值 25 磅。

二、设置【文本 3-14B】如【样文 3-14B】所示

1．拼写检查：改正【文本 3-14B】中拼写错误的单词。

2．设置项目符号或编号：按照【样文 3-14B】为文档段落添加项目符号。

三、设置【文本 3-14C】如【样文 3-14C】所示

- 按照【样文 3-14C】所示，为【文本 3-14C】中的文本添加拼音，并设置拼音的对齐方式为“1-2-1”，偏移量为 2 磅，字体为方正姚体，字号为 16 磅。

【样文 3-14A】

芦荟

芦荟（Aloe Vera）是百合科的一种多年生草本植物，叶大而肥厚，基出，簇生，狭长披针形，花黄色或有赤色斑点，多产于热带地方。芦荟含有丰富的多糖、蛋白质、氨基酸、维生素、活性酶及对人体十分有益的微量元素。

芦荟原产于非洲的热带沙漠，通过长时间的栽培驯化，芦荟的品种已多达 500 种以上。芦荟之名由阿拉伯语 alloch 演变而来，“芦”是黑的意思，“荟”是聚集之意，因为从芦荟叶子切口滴落下来的汁液呈黄褐色，接触空气则被氧化成黑色，凝固成一团，故称芦荟。公元前 4 世纪，医学之父希波克拉底在他所著的医书上记录了芦荟作为缓泻剂在临床上的应用。关于它的药理作用，中外著名药典中都有详细记载，如中国的《本草纲目》，以及欧洲的《希腊草本》等。

关于芦荟还有很多美丽的传说，据说非洲一代艳后容颜不老秘方就是用芦荟汁沐浴。由此推知，约在四千年前，人类已经认识并懂得利用芦荟了。时至今日，这些美艳的传说已真假难辨，精明的商人却从中看到了商机，于是，“富含芦荟原汁”的洁面、护肤、沐浴产品如雨后春笋层出不穷。

文章来源：西双版纳热带植物园

【样文 3-14B】

- The purpose of life is to live it, to taste experience to the utmost, to reach out eagerly and without fear for newer and richer experience.
- Sometimes, we need a little tear to clear the mist in our eyes, a little assurance to clear the doubts in our head, a little hug to nurse our aching heart.
- When you wake up in the morning, set a goal that today you must be better than yesterday. Do it every day, grow better!
- Dream what you want to dream；go where you want to go；Be what you want to be, because you have only one life and one chance to do all the things you wants to do.

【样文 3-14C】

qùniánjīnrìcǐménzhōng rénmiàntáohuāxiāngyìng
去年今日此门中，人面桃花相映

hóng
红。

rénmiànbùzhīhéchùqù táohuāyījiùxiàochūnfēng
人面不知何处去，桃花依旧笑春风。

3.15　第 15 题

【操作要求】

打开文档 A3.docx，按下列要求设置、编排文档格式。

一、设置【文本 3-15A】如【样文 3-15A】所示

1. 设置字体格式：

- 将文档标题行的字体设置为华文行楷、一号，并为其添加“填充 - 橙色，强调文字颜色 6，轮廓 - 强调文字颜色 6，发光 - 强调文字颜色 6”的文本效果。
- 将文档副标题的字体设置为方正姚体，字号为小二，颜色为标准色中的“浅蓝”色，并为其添加双下划线。
- 将正文第 1～5 段的字体设置为微软雅黑，字号为小四，字形为加粗。
- 将正文最后一段的字体设置为华文楷体，字号为四号，颜色为标准色中的“红色”，有着重号。

2. 设置段落格式：

- 将文档的标题行和副标题行均设置为居中对齐。
- 将正文中第 1～5 段设置为首行缩进 2 字符，段落间距为段前段后各 0.5 行，行距为固定值 25 磅。
- 将正文最后一段设置为左、右侧各缩进 0.5 字符，首行缩进 2 字符，行距为 1.5 倍行距。

二、设置【文本 3-15B】如【样文 3-15B】所示

1. 拼写检查：改正【文本 3-15B】中拼写错误的单词。
2. 设置项目符号或编号：按照【样文 3-15B】为文档段落添加项目符号。

三、设置【文本 3-15C】如【样文 3-15C】所示

- 按照【样文 3-15C】所示，为【文本 3-15C】中的文本添加拼音，并设置拼音的对齐方式为“左对齐”，偏移量为 2 磅，字体为方正舒体，字号为 14 磅。

【样文 3-15A】

覃道雄

微笑，似蓓蕾初绽，聚真诚、善良而洋溢，感人肺腑；微笑，似兰仙幽草，并温馨、浪漫而色彩，不采而佩；微笑，似火焰风姿，赋热烈、温暖而奋发，集思广益。在顺境中，微笑是对成功的嘉奖；在逆境中，微笑是对创伤的理疗；在生活中，微笑是对强者的肯定；在人性中，微笑是对自爱的认同。

微笑盛开在人们的脸上，像美丽的花朵，时刻散发着迷人的芬芳。微笑是一首传统激扬流行的歌谣，每一个音符都流露出动人的真诚。一次定格的微笑，便是一幅雅俗共赏的风景画，温馨含蓄而不失斯文。一张微笑的笑脸，便是一种豁达清新的心灵表述，温婉亲和而不失丽质。

微笑是一种国际通用的语言，不用翻译，就能打动人们的心弦；微笑是一种艺术，具有穿透和征服一切的自信魅力；微笑是一缕春风，它会吹散郁积在心头的阴霾；微笑是一种乐观，它能将浮躁沉沦的人心静好。

你微笑，我微笑，她也微笑。微笑，其实是一种爱，一种富有生命力的自爱。自爱的人，常以实惠的微笑点缀自己，赐人以美丽的心情。

如果说微笑是一抹阳光，那么，它就能温暖受伤苦闷的心。如果说微笑是习习春风，那么，它就能吹散忧郁沉寂的心事。微笑能使你的委屈从眉梢滑落，能使你的眼眉泪水收起，能在滴水成冰的日子把烦乱的思绪理成顺畅。

智者微笑，庸者哭泣。只有懂得微笑的人，才能紧紧牵住生活的手，微笑着，去唱响生活的歌谣。

【样文 3-15B】

- Be optimistic. Think of life in the best light, and find the better side of any situation. You would be amazed at how much more there is in life than the usual negative side.
- Live every present moment to the fullest. Don't waste a single second being sad, or bored, or even lonely. Get out and dance, and sing as if your life depends on it. You never know how long it is going to last.
- Be of service to others and forget about yourself. Always give more than you receive, and share with others. Do less for yourself, and more for the others around you. Also when you do the right thing you feel fantastic.

【样文 3-15C】

yí zhōubó yānzhǔ　rì mù kè chóuxīn

移舟 泊烟渚，日暮客愁 新。

yě kuàngtiāndī shù　jiāngqīngyuè jìn rén

野旷 天低树，江 清月近人。

3.16　第 16 题

【操作要求】

打开文档 A3.docx，按下列要求设置、编排文档格式。

一、设置【文本 3-16A】如【样文 3-16A】所示

1．设置字体格式：

- 将文档标题行的字体设置为华文琥珀、小一，并为其添加“填充 － 橄榄色，强调文字颜色 3，轮廓 － 文本 2”的文本效果。
- 将文档副标题的字体设置为华文行楷、小三、粉红色（RGB：255，153，204），并为其添加“水绿色，8 pt 发光，强调文字颜色 5”的发光文本效果。
- 将正文诗词部分的字体设置为幼圆、小四。
- 将正文最后一段的字体设置为微软雅黑、小四、蓝色的双实线下划线。

2．设置段落格式：

- 将文档的标题行和副标题行均设置为居中对齐。
- 将正文的诗词部分的左侧缩进 5 个字符，右侧缩进 5 个字符，行距为固定值 20 磅。
- 将正文最后一段的首行缩进 2 个字符，段落间距为段前 0.5 行，行距为固定值 24 磅。

二、设置【文本 3-16B】如【样文 3-16B】所示

1．拼写检查：改正【文本 3-16B】中拼写错误的单词。

2．设置项目符号或编号：按照【样文 3-16B】为文档段落添加项目符号。

三、设置【文本 3-16C】如【样文 3-16C】所示

- 按照【样文 3-16C】所示，为【文本 3-16C】中的文本添加拼音，并设置拼音的对齐方式为“左对齐”，偏移量为 3 磅，字体为华文彩云，字号为 14 磅。

【样文 3-16A】

我们把春天吵醒了（节选）

冰心

大雪纷飞。砭骨的朔风，扬起大地上尖刀般的沙土……我们心里带着永在的春天，成群结队地在祖国的各个角落里，去吵醒季候上的春天。

我们在矿山里开出了春天，在火炉里炼出了春天，在盐场上晒出了春天，在纺机上织出了春天，在沙漠的铁路上筑起了春天，在汹涌的海洋里捞出了春天，在鲜红的唇上唱出了春天，在挥舞的笔下写出了春天……。

春天揉着眼睛坐起来了，脸上充满了惊讶的微笑："几万年来，都是我睡足了，飞出冬天的洞穴，用青青的草色，用潺潺的解冻的河流，用万紫千红的香花……来触动你们，唤醒你们。如今一切都翻转了，伟大呵，你们这些建设社会主义的人们！"

春天，驾着呼啸的春风，拿起招展的春幡，高高地飞起了。哗啦啦的春幡吹卷声中，大地上一切都惊醒了。

冰心(1900－1999)籍贯福建福州长乐横岭村人，原名为谢婉莹，笔名为冰心，取"一片冰心在玉壶"为意。被称为"世纪老人"。现代著名女作家诗人、翻译家、儿童文学家。代表作《寄小读者》，诗集《繁星》、《春水》等。冰心的创作具有独特的艺术风格，这就是：温柔亲切的感情、微带忧郁的色彩、含而不露的手法、清新秀丽的语言。曾任中国民主促进会中央名誉主席，中国文联副主席，中国作家协会名誉主席、顾问，中国翻译工作者协会名誉理事等职。

【样文 3-16B】

- It hurts to love someone and not be loved in return. But what is more painful is to love someone and never find the courage to let that person know how you feel.
- A sad thing in life is when you meet someone who means a lot to you, only to find out in the end that it was never meant to be and you just have to let go.
- The best kind of friend is the kind you can sit on a porch swing with, never say a word, and then walk away feeling like it was the best conversation you've ever had.

【样文 3-16C】

rì mùcāngshānyuǎn tiānhánbáiwūpín

日暮苍 山 远，天寒白屋贫。

cháiménwénquǎnfèi fēngxuěyè guīrén

柴门闻犬 吠，风 雪 夜归人。

3.17 第 17 题

【操作要求】

打开文档 A3.docx，按下列要求设置、编排文档格式。

一、设置【文本 3-17A】如【样文 3-17A】所示

1．设置字体格式：

- 将文档标题行的字体设置为华文行楷、初号，并为其添加“渐变填充 － 蓝色，强调文字颜色 1，轮廓 － 白色，发光 － 强调文字颜色 2”的文本效果，更改字体颜色为浅蓝色。
- 将文档副标题的字体设置为华文新魏、小三、深蓝色、倾斜。
- 将正文诗词部分的字体设置为华文细黑、三号、紫色，并为其添加“水绿色，5 pt 发光，强调文字颜色 5”和“全映像，4 pt 偏移量”的文本效果。
- 将文档最后两段的字体设置为方正姚体、小四，有着重号。

2．设置段落格式：

- 将文档的标题行和副标题行均设置为居中对齐。
- 将正文中诗词部分左侧缩进 7 个字符，行距为 2 倍行距。
- 将正文最后一段的首行缩进 2 个字符，并设置段落间距为段前 0.5 行、行距为固定值 26 磅。

二、设置【文本 3-17B】如【样文 3-17B】所示

1．拼写检查：改正【文本 3-17B】中拼写错误的单词。

2．设置项目符号或编号：按照【样文 3-17B】为文档段落添加项目符号。

三、设置【文本 3-17C】如【样文 3-17C】所示

- 按照【样文 3-17C】所示，为【文本 3-17C】中的文本添加拼音，并设置拼音的对齐方式为“居中”，偏移量为 2 磅，字体为微软雅黑，字号为 14 磅。

【样文 3-17A】

蝶恋花

晏殊

槛菊愁烟兰泣露，罗幕轻寒，燕子双飞去。

明月不谙离恨苦，斜光到晓穿朱户。

昨夜西风凋碧树，独上高楼，望尽天涯路。

欲寄彩笺兼尺素，山长水阔知何处？

作者介绍

晏殊（991-1055）北宋词人。字同叔。抚州临川（今南昌进贤）人。十四岁以神童入试，赐进士出身，命为秘书省正字，官至右谏议大夫、集贤殿学士、同平章事兼枢密使、礼部刑部尚书、观文殿大学士知永兴军、兵部尚书，封临淄公，谥号元献，世称晏元献。晏殊历任要职，更兼提拔后进，如范仲淹、韩琦、欧阳修等，皆出其门。他以词著于文坛，尤擅小令，风格含蓄宛丽，有《珠玉词》。亦工诗善文，现存不多，大都以典雅华丽见长。

【样文 3-17B】

- It's true that we don't know what we've got until we lose it, but it's also true that we don't know what we've been losing until it arrives.
- It takes only a minute to get a crush on someone, an hour to like someone, and a day to love someone but it takes a lifetime to forget someone.
- Don't go for looks; they can deceive. Don't go for wealth; even that fades away. Go for someone who makes you smile because it takes only a smile to make a dark day seem bright.

【样文 3-17C】

xiàngwǎn yì bú shì　qū chēdēng gǔ yuán
向晚意不适，驱车登古原。

xī yáng wú xiànhǎo　zhǐ shì jìn huánghūn
夕阳无限好，只是近黄昏。

3.18 第 18 题

【操作要求】

打开文档 A3.docx，按下列要求设置、编排文档格式。

一、设置【文本 3-18A】如【样文 3-18A】所示

1．设置字体格式：

- 将文档标题的字体设置为幼圆、一号，并为其添加“填充 - 蓝色，强调文字颜色 1，内部阴影 - 强调文字颜色 1”的文本效果。
- 将正文第 1 段的字体设置为黑体、四号、加粗，并为其添加“紫色，5 pt 发光，强调文字颜色 4”的发光文本效果。
- 将正文第 3、5、7 段的字体设置为华文中宋、小四；将正文第 2、4、6 段的字体设置为华文琥珀、四号，添加紫色的双波浪线下划线。
- 将文档最后一行的字体设置为方正姚体、小四、绿色、倾斜。

2．设置段落格式：

- 将文档的标题行居中对齐，最后一行文本右对齐。
- 将正文中第 1 段设置为首行缩进 2 字符，并设置行距为固定值 24 磅。
- 将正文第 3、5、7 段设置为首行缩进 2 字符，段落间距为段后 1 行，行距为固定值 22 磅。

二、设置【文本 3-18B】如【样文 3-18B】所示

1．拼写检查：改正【文本 3-18B】中拼写错误的单词。

2．设置项目符号或编号：按照【样文 3-18B】为文档段落添加项目符号。

三、设置【文本 3-18C】如【样文 3-18C】所示

- 按照【样文 3-18C】所示，为【文本 3-18C】中的文本添加拼音，并设置拼音的对齐方式为“0-1-0”，偏移量为 1 磅，字体为华文新魏，字号为 11 磅。

【样文 3-18A】

海底地形是全球地质演化的结果，在内外营力的作用下经历漫长的地质历史时期，成为今天的状态。分成大陆边缘、大洋盆地和大洋中脊三个大单元。

大陆边缘

即大陆表面和大洋底面之间存在的一个广阔过渡带，是一个巨大而复杂的斜坡带，是大陆与海洋连接的边缘地带。全球大陆边缘纵延 35 万公里，总面积约为 8000 万平方公里，占全球表面积的 15．9%左右。大陆边缘地形通常又可分为大陆架、大陆坡、大陆隆、海沟和岛屿等次一级地形单元。大陆边缘在整个地球历史中变化最大，地质矿产比较丰富、是开采最有利的地区。

大洋盆地

是海洋的主要部分，地形广阔而平坦，占海洋面积的 45%左右。大洋盆地倾斜度小。大约在 0° 20′ ～0° 40′ 左右，深度从大陆隆起一直可以延伸到 6000 米左右。在宽阔的大洋盆地中，由于没有光线和温度很低，所以大洋深处的海底动物群非常稀少，其洋底沉积物主要是由繁殖在大洋表层上面的浮游生物的钙质和硅质骨骼沉到海底加入软泥中，形成钙质软泥及硅质软泥。在深度大于 4700 米的海底沉积物中，发现了分布广泛、储量很大的锰结核资源。

大洋中脊

大洋底部很重要的地势特征是呈脉状分布的、具有全球规模的海底隆起。它像屹立在大洋底部的巨大山脉，延伸四大洋。这些洋底“山脉”，称为大洋中脊，规模超过陆地最大山谷，其物质组成为硅镁质火山岩。这里有火山、地震活动。

——*摘自《百鸣小知识库》*

【样文 3-18B】

- Dream what you want to dream; go where you want to go; be what you want to be, because you have only one life and one chance to do all the things you wants to do.
- A careless word may kindle strife; a cruel word may wreck a life; a timely word may level stress; a loving word may heal and bless.
- The happiest of people don't necessarily have the best of everything they just make the most of everything that comes along their way.

【样文 3-18C】

wèichéngcháoyǔyìqīngchén kèshèqīngqīngliǔsèxīn

渭城朝雨浥轻尘，客舍青 青柳色新。

quànjūngèngjìnyībēijiǔ xīchūyángguānwúgùrén

劝君更尽一杯酒，西出阳关无故人。

3.19　第 19 题

【操作要求】

打开文档 A3.docx，按下列要求设置、编排文档格式。

一、设置【文本 3-19A】如【样文 3-19A】所示

1．设置字体格式：

- 将文档第 1 行的字体设置为华文楷体、四号、粉红色（RGB：153，51，102），并为其添加“全映像，4 pt 偏移量”的文本效果。
- 将文档标题行的字体设置为华文行楷、一号，并为其添加“填充 － 橄榄色，强调文字颜色 3，轮廓 － 文本 2”的文本效果，并更改字体颜色为金色（RGB：255，204，0）。
- 将正文 1～4 段的字体设置为华文中宋、小四，其中第 2、3、4 自然段每段第 1 句的字体设置为加粗，并为其添加着重号。
- 将正文最后一段的字体设置为方正舒体、四号、水绿色（RGB：75，172，198），并为其添加点式下划线，下划线颜色为标准色中的“橙色”。

2．设置段落格式：

- 将文档的标题设置为居中对齐，第 1 行设置为右对齐。
- 将正文中 1～4 段设置为首行缩进 2 字符，行距为固定值 21 磅。
- 将正文最后一段设置为首行缩进 2 字符，段落间距为段前 0.5 行，行距为固定值 18 磅。

3．首字下沉：

- 将正文第一段设置为首字下沉的格式，下沉行数为 2 行，字体为楷体_GB2312。

二、设置【文本 3-19B】如【样文 3-19B】所示

1．拼写检查：改正【文本 3-19B】中拼写错误的单词。

2．设置项目符号或编号：按照【样文 3-19B】为文档段落添加项目符号。

【样文 3-19A】

人生哲理

知足、知不足、不知足

知足、知不足、不知足，这是一个人应有的态度，应有的觉悟，应有的境界。

知足，就是要知足常乐。我国春秋时期的哲学家、思想家老子曾说：“祸莫大于不知足，咎莫大于欲得，故知足之足，常足矣。”诚然，当今社会竞争激烈，我们不赞同消极的态度，应鼓励积极进取参与竞争，因为只有竞争才能推动社会各方面的快速发展。但当竞争者在竞争过程中遇到困难、挫折、失败而令人烦恼时，千万不能冲动和失去理智，不能去做那些不明智的蠢事。最好是用知足常乐心态去看待问题，这样才会使自己失落的心灵找到平衡点，这时知足常乐的心理状态会帮助你尽快调整心情，冷静地总结失败的教训，从而放下包袱、重拾信心、以力再战。

而知不足，就是要知道自己的不足之处。也就是说，人贵有自知之明。因为楼外有楼、山外有山、天外有天，任何人都不是十全十美的。与那些优秀的人相比，自己总会在某些方面有着这样或那样的不足。一个人要想继续进步和发展，就要学会知不足，善于知不足，就要有自知之明，就要正确评估自己，就要知道自己的长处与短处。只有真正地了解自己，才能发现自身的不足或欠缺，明确自己努力的目标，明确自己继续前进的方向，做到取人之长，补己所短，使自己得以在人生的道路上不断进步，不断地创造出新成绩。

不知足是与知足相对而言的，世界上没有绝对的知足与不知足，两者往往是相互交织、相互作用、相辅相成的，无论是知足还是不知足，都是一种人生的心态。知足能使人安详、平静、达观、洒脱、超然；不知足能使人渴望、激情、拼搏、奋进、登攀。知足者，贵在知不可行而不行。不知足者，

智在知可行而必行。如果知不可行而强行，必无功而返；如果知可行而不行，则会错失良机。在现实生活中，一个人能够知足地对待名利，又能不知足地对待事业，知足就会成为不知足的辅助和铺垫，不知足就成了知足的凝聚，这是人生境界升华。

知足、知不足、不知足，说起来容易，做起来却很难，需要我们用心去体会，用智慧去把握，用行动去实践。一个人如果能够设身处地地做到知足、知不足、不知足，人生则会更精彩、更美丽，事业则会更顺利、更辉煌。

【样文 3-19B】

★ We Are Responsible for Our Life. And nobody else. Although all success requires the assistance and cooperation of others, our success can never be left to anyone else. Luck is not a strategy.

★ Life is short. Whether we live 20 years or 100, our lives pass quickly. All the more reason to spend our life doing what we love. Since we never know how much time we have left, we should live each day as if it is our last—for it just may be.

★ You Can't Learn Less. We can only add to our knowledge. We don't have to give some of it up in exchange for new knowledge. Our ability to absorb and retain knowledge may just be unlimited.

3.20 第 20 题

【操作要求】

打开文档 A3.docx，按下列要求设置、编排文档格式。

一、设置【文本 3-20A】如【样文 3-20A】所示

1．设置字体格式：

- 将文档第 1 行的字体设置为幼圆、小四、绿色（RGB：153，204，0），并为其添加“橙色，5 pt 发光，强调文字颜色 6”的发光文本效果。
- 将文档标题行的字体设置为华文中宋、一号，并为其添加“填充 － 橙色，强调文字颜色 6，渐变轮廓 － 强调文字颜色 6”的文本效果。
- 将正文第 1 段的字体设置为方正姚体、四号。
- 将正文第 2～6 段的字体设置为微软雅黑、小四、玫瑰红色（RGB：255，124，128），并为其添加粗虚下划线。

2．设置段落格式：

- 将文档的标题行设置为居中对齐，第 1 行设置为右对齐。
- 将正文中第 1 段设置为首行缩进 2 字符，行距为 1.5 倍行距。
- 将正文第 2～6 段设置为首行缩进 2 字符，段落间距为段前段后各 1 行，行距为固定值 26 磅，左、右各缩进 2 个字符。

3．首字下沉：

- 将正文第 1 段设置为首字下沉的格式，下沉行数为 2 行，字体为黑体。

二、设置【文本 3-20B】如【样文 3-20B】所示

1．拼写检查：改正【文本 3-20B】中拼写错误的单词。

2．设置项目符号或编号：按照【样文 3-20B】为文档段落添加项目符号。

【样文 3-20A】

健康小知识

秋季蔬菜的药用价值

秋季饮食的原则是以甘平为主，即多吃有清肝作用的食物，少食酸性食物。具有甘平清肝功能的食物丰富多彩，诸如豆芽菜、菠菜、胡萝卜、菜花、芹菜等等，吃法也是多种多样的。

豆芽中的叶绿素可以防治直肠癌，其中含水量丰富的天门冬氨酸，能使机体大大减少乳酸的堆积，从而有利于消除疲劳。中医认为，豆芽味甘性凉，有清热解毒、利湿通下等作用。

菠菜中胡萝卜素的含量大大高于其他蔬菜，抗坏血酸虽低于辣椒却高于西红柿，菠菜所含的具有止血作用的维生素 K 是叶菜中最高的；丰富的核黄素，又有防止口角溃疡、唇炎、舌炎、皮炎的作用。

胡萝卜以炖食最好，炒食为良。炖食能保持胡萝卜素 93%以上，炒食也可保持胡萝卜素 80%以上，而生食、凉拌，人体仅能吸收 10%。

菜花含有丰富的维生素类物质，其维生素 C 的含量突出，比常见的大白菜、黄豆芽菜含量要高 3—4 倍，比柑橘的含量要多出 2 倍。中医素来有色白入肺之说。秋天是呼吸道感染疾患多发季节，洁白的菜花无疑是一种适时的保健蔬菜。

莴笋中的含碘量高，这对人体的基础代谢和体格发育会产生有利影响。莴笋叶的营养远远高于莴笋茎，秋季爱患咳嗽的人多吃莴笋叶可平咳。

【样文 3-20B】

- 🕮 It Takes a Long Time to Build a Good Reputation and Only a Short While to Ruin It. Trust and credibility is built slowly but can be lost almost instantly.
- 🕮 If You Don't Believe in Yourself, No One Else Will. People don't respect or follow anyone who doesn't have confidence in themselves. I think the Universe tends to trust us to the degree we trust ourselves.
- 🕮 We Can Accomplish Anything We Want, Just Not EVERYTHING We Want. It's too big a world. There are too many options, too many things and only a certain amount of time.

第四单元　文档表格的创建与设置

4.1　第 1 题

【操作要求】

打开文档 A4.docx，按下列要求创建、设置表格如【样文 4-1】所示。

1. **创建表格并自动套用格式**：在文档的开头创建一个 3 行 7 列的表格，并为新创建的表格自动套用“中等深浅网格 1 - 强调文字颜色 4”的表格样式。

2. **表格的基本操作**：将表格中“车间”单元格与其右侧的单元格合并为一个单元格；将“第四车间”一行移至“第五车间”一行的上方；删除“不合格产品（件）”列右侧的空列，将表格各行与各列均平均分布。

3. **表格的格式设置**：将表格中包含数值的单元格设置为居中对齐；为表格的第 1 行填充标准色中的“橙色”底纹，其他各行填充粉红色（RGB：255，153，204）底纹；将表格的外边框线设置为 1.5 磅的双实线，横向网格线设置为 0.5 磅的点划线，竖向网格线设置为 0.5 磅的细实线。

【样文 4-1】

一月份各车间产品合格情况

车间	总产品数（件）	不合格产品（件）	合格率（%）
第一车间	4856	12	99.75%
第二车间	6235	125	97.99%
第三车间	4953	88	98.22%
第四车间	5364	55	98.97%
第五车间	6245	42	99.32%

4.2　第 2 题

【操作要求】

打开文档 A4.docx，按下列要求创建、设置表格如【样文 4-2】所示。

1. 创建表格并自动套用格式：在文档的开头创建一个 4 行 6 列的表格，并为新创建的表格自动套用“浅色网格 - 强调文字颜色 5”的表格样式。

2. 表格的基本操作：在表格的最右侧插入一空列，并在该列的第 1 个单元格中输入文本“备注”，其他单元格中均输入文本“已结算”；根据窗口自动调整表格，设置表格的行高为固定值 1 厘米；将单元格“12 月 22 日”和“差旅费”分别与其下方的单元格合并为一个单元格。

3. 表格的格式设置：为表格的第 1 行填充茶色（RGB：196，188，150）的底纹，文字对齐方式为“水平居中”；其他各行单元格中的字体均设置为方正姚体、四号，对齐方式为“中部右对齐”；将表格的外边框线设置为 1.5 磅、深蓝色的单实线，所有内部网格线均设置为 1 磅粗的点划线。

【样文 4-2】

第四季度部门费用管理

日期	费用科目	说明	金额	备注
10 月 2 日	办公费	购买圆珠笔 20 支	270	已结算
10 月 5 日	宣传费	制作宣传画报	900	已结算
11 月 8 日	通讯费	购买电话卡	100	已结算
11 月 15 日	交通费	出差	2800	已结算
11 月 18 日	办公费	购买记事本 10 本	300	已结算
12 月 22 日	差旅费	交通	520	已结算
		住宿	180	已结算

4.3　第 3 题

【操作要求】

打开文档 A4.docx，按下列要求创建、设置表格如【样文 4-3】所示。

1. **创建表格并自动套用格式：**在文档的开头创建一个 5 行 5 列的表格，并为新创建的表格以“流行型”为样式基准，自动套用“中等深浅网格 3 - 强调文字颜色 3”的表格样式。

2. **表格的基本操作：**将表格中的第 1 行（空行）拆分为 1 行 7 列，并依次输入相应的内容；根据窗口自动调整表格后平均分布各列，将第 1 行的行高设置为 1.5 厘米；将“7”一行移至“8”一行的上方。

3. **表格的格式设置：**将表格第 1 行的字体设置为华文新魏，字号为三号，并为其填充浅青绿色（RGB：102，255，255）底纹，文字对齐方式为“水平居中”；其他各行单元格中的字体均设置为华文细黑、深蓝色，对齐方式为“靠下居中对齐”；将表格的外边框线设置为 1.5 磅的单实线，第 1 行的下边框线设置为橙色的双实线。

【样文 4-3】

第一学期成绩表

学号	姓名	数学	语文	自然	地理	历史
1	李艳	65	75	60	62	68
2	张萌	68	72	65	60	25
3	许新新	25	60	48	70	59
4	陈小平	59	60.5	60	60	80
5	宋远宏	80	61	60	63	60
6	方雅	60	85	60	64	61
7	万华	80	70	80	70	59
8	杨玲	61	62	60	60	60
9	严靓靓	60	60	60	60	70
10	陈江平	70	63	58	60	80

4.4 第 4 题

【操作要求】

打开文档 A4.docx，按下列要求创建、设置表格如【样文 4-4】所示。

1. **创建表格并自动套用格式**：在文档的开头创建一个 7 行 5 列的表格，并为新创建的表格自动套用“彩色网格 - 强调文字颜色 2”的表格样式。

2. **表格的基本操作**：将“2010 年至 2011 年财务情况分析报告”表格中“利润”行下方的空行删除；将表格中“可比产品成本降低率”一行与“利润”一行的位置互换；将除表头行以外的所有行平均分布高度；将“定额资产”所在单元格与其前方的单元格合并为一个单元格。

3. **表格的格式设置**：将表格中除第 1 个单元格之外的各单元格均设置为水平居中格式；将表格中所有带文本的单元格的底纹设置为酸橙色（RGB：205，255，50），所有空白单元格的底纹设置为天蓝色（RGB：200，255，255）；将表格的所有边框线设置为【样文 4-4】所示的线型，线宽为 2.25 磅。

【样文 4-4】

2010 年至 2011 年财务情况分析报告

金额 项目		计划与实际			本期与上年同期		
		计划	实际	增减	本期	上年同期	增减
利润							
可比产品成本降低率							
定额资产	平均余额						
	资金率						
	周转天数						

4.5 第 5 题

【操作要求】

打开文档 A4.docx，按下列要求创建、设置表格如【样文 4-5】所示。

1. 创建表格并自动套用格式：在文档的开头创建一个 5 行 5 列的表格，并为新创建的表格以“简明型 3”为样式基准，自动套用“中等深浅网格 1”的表格样式。

2. 表格的基本操作：将表格中“上午”行下方的一空行删除，将表格中“星期四”一列移到“星期五”一列的前面；将表格中第 1 列的宽度调整为 3 厘米，并将其他各列平均分布宽度；将单元格“上午”与其下方的三个单元格合并为一个单元格，将单元格“下午”与其下方的两个单元格合并为一个单元格。

3. 表格的格式设置：将表格中所有单元格的对齐方式均设置为“水平居中”格式；将表格中第 1 行的字体均设置为微软雅黑、五号、加粗；将表格中第 1、3、5 列的底纹设置为天蓝色（RGB：180，220，230），将表格中第 2、4、6 列的底纹设置为浅绿色（RGB：230，240，220）；将表格的外边框线设置为【样文 4-5】所示的线型，所有内部网格线均设置为 1 磅的单实线。

【样文 4-5】

初三年级课程表

科目 日程	**星期一**	**星期二**	**星期三**	**星期四**	**星期五**
上　午	语文	数学	英语	化学	英语
	数学	语文	数学	物理	化学
	英语	物理	化学	数学	语文
	数学	化学	语文	英语	体育
下　午	化学	英语	物理	历史	英语
	物理	美术	英语	语文	数学
	政治	地理	计算机	音乐	物理

4.6　第 6 题

【操作要求】

打开文档 A4.docx，按下列要求创建、设置表格如【样文 4-6】所示。

1. **创建表格并自动套用格式**：在文档的开头创建一个 4 行 5 列的表格，并为新创建的表格自动套用“彩色列表 - 强调文字颜色 3”的表格样式。

2. **表格的基本操作**：将表格中“规格”单元格与其左侧的单元格合并为一个单元格；将“刨花板”一行移至“进口三合板”一行的上方；将表格各列平均分布，删除“进口三合板”行下面的空行。

3. **表格的格式设置**：将表格中除第 1 行和第 1 列的单元格设置为居中对齐；将表格第 1 行的字体设置为华文宋体，字号为小三，并为其填充“浅色下斜线”图案样式，颜色为水绿色（RGB：75，172，198）；将表格的外边框线设置为【样文 4-6】所示的线型，颜色为标准色中的“深蓝”色，所有内部网格线均设置为 0.5 磅、红色的双实线。

【样文 4-6】

部分装修材料价格表

商品名称	规格	单位	最高价格	最低价格
防水板	9.5A	B 厂	21	19.5
防水板	12A	A 厂	22	20.4
刨花板	1220×2440×1	A 厂	35	30
进口三合板	1220×2440×3	C 厂	45	43
耐火石膏板	9.5A	B 厂	12.5	11.98
耐火石膏板	12A	C 厂	14	12
水泥压力板	4mm	B 厂	48	43
水泥压力板	5mm	C 厂	55	49.5

4.7　第 7 题

【操作要求】

打开文档 A4.docx，按下列要求创建、设置表格如【样文 4-7】所示。

1. **创建表格并自动套用格式**：在文档的开头创建一个 5 行 6 列的表格，并为新创建的表格自动套用“彩色网格 - 强调文字颜色 5”的表格样式。

2. **表格的基本操作**：将表格中“类别”单元格与其右侧的单元格合并为一个单元格，删除“KGX”行下面的空行；将表格中“页数”一列与“单价”一列的位置互换；将表格第 1 行的行高设置为 1 厘米，其他各行的行高设置为 0.7 厘米，第 2 列的列宽设置为 3 厘米。

3. **表格的格式设置**：将整个表格中的文字对齐方式为“水平居中”；为表格的第 1 行填充标准色中的“橙色”底纹，为表格第 1 列（除“名称”单元格）和第 2 列（除“类别”单元格）填充标准色中的“浅绿”色底纹，将数值区域单元格的字体设置为 Arial，并为其填充淡紫色（RGB：178，161，199）的底纹；将表格的外边框线设置为【样文 4-7】所示的线型，颜色为标准色中的“蓝色”，将数值区域的上边框线和左侧边框线设置为 0.75 磅、红色的双实线。

【样文 4-7】

某出版社上半年出版图书情况

名称	类别	单价	页数	册数
HLBT	儿童读物	1000	56	10.5
RL	时尚杂志	12000	68	12.7
KGX	历史文化	2500	123	11.2
TSSC	历史文化	3400	215	20.5
XBZG	儿童读物	5000	53	7.5
GSH	时尚杂志	8500	75	6.5
JHY	风景名胜	13000	143	15.6
SRF	天文地理	5400	452	21.8
DUJ	儿童读物	6200	68	13.6
LIM	天文地理	7500	324	18.5
YLB	风景名胜	4500	256	14.7
ZG	历史文化	3800	405	19.7

4.8　第 8 题

【操作要求】

打开文档 A4.docx，按下列要求创建、设置表格如【样文 4-8】所示。

1. **创建表格并自动套用格式**：在文档的开头创建一个 6 行 5 列的表格，并为新创建的表格以“精巧型 2”为样式基准，自动套用“中等深浅网格 1 - 强调文字颜色 4”的表格样式。

2. **表格的基本操作**：将“合计”所在单元格与其下面的单元格合并为一个单元格，将表格中的第 1 列（空列）拆分为 6 行 1 列，并依次输入相应的内容；根据窗口自动调整表格后平均分布各列，设置表格的行高为固定值 1 厘米；将“浮动工资”一列移至“书报费”一列的前方。

3. **表格的格式设置**：将整个表格的字体设置为华文琥珀，字号为五号，文字对齐方式为“水平居中”，并为第 1 行填充金色（RGB：255，204，0）底纹；为表格第 2、4、6 行填充“浅色下斜线”的图案样式，第 3、5 行填充“浅色上斜线”的图案样式，样式颜色均为粉红色（RGB：255，153，204）；将表格的外边框线设置为深蓝色的双波浪线，第 1 行的下边框线设置为浅蓝色的双实线，其他内网格线均为无。

【样文 4-8】

某培训中心员工月收入统计

记录号	姓名	单位名称	基本工资	生活补贴	浮动工资	书报费	合计
1	杨明	劳资科	2110.00	135.20	321.12	33.5	2599.82
2	江华	企管办	2110.00	137.20	221.12	23.5	2491.82
3	刘珍	财务科	1110.00	125.20	235.00	43.5	1513.7
4	张晓	培训部	2138.00	153.12	335.00	33.5	2659.62
5	孙雅	计算中心	1134.00	173.12	135.00	13.5	1455.62

4.9 第 9 题

【操作要求】

打开文档 A4.docx，按下列要求创建、设置表格如【样文 4-9】所示。

1. **创建表格并自动套用格式**：在文档的开头创建一个 4 行 4 列的表格，并为新创建的表格自动套用“中等深浅底纹 1 - 强调文字颜色 1”的表格样式。

2. **表格的基本操作**：将“客户购货订单表”表格中的第 1 列（空列）删除；将表格中“备注”一行与“总购货额”一行的位置互换；将表格的行高设置为 1 厘米，列宽设置为 2.3 厘米；将“地址”右侧的三单元格合并为一个单元格，分别将“总积分额”、“总购货额”、“累计总价”、“备注”后面的五个单元格合并为一个单元格。

3. **表格的格式设置**：将整个表格的字体设置为微软雅黑，字号为五号，文字对齐方式为“水平居中”；为表格的第 1、2 行填充浅蓝色（RGB：131，211，253）底纹，第 3、4、5、6、7 行填充浅绿色（RGB：156，226，173）底纹，第 8、9、10、11 行填充浅黄色（RGB：249，217，140）底纹；将表格的外边框线设置为【样文 4-9】所示的线型，第 2 行和第 7 行的下边框线设置为深蓝色、2.25 磅的实线。

【样文 4-9】

客户购货订单表

姓名		编号		电话	
邮编		地址			
货品名称	货品编号	数量	价格（元）	购货额(元)	累计额(元)
总积分额					
总购货额					
累计总价					
备注					

4.10 第 10 题

【操作要求】

打开文档 A4.docx，按下列要求创建、设置表格如【样文 4-10】所示。

1. **创建表格并自动套用格式**：在文档的开头创建一个 3 行 6 列的表格，并为新创建的表格以“列表型 7”为样式基准，自动套用“浅色列表 - 强调文字颜色 2”的表格样式。

2. **表格的基本操作**：将表格中“菊花”行下方的一空行删除，将表格中“2009 年”一列移到“2010 年”一列的前面；分别将单元格“2007 年”、“2008 年”、“2009 年”、“2010 年”与其下面的空单元格合并为一个单元格；将表格中第 1 行的高度调整为 1.5 厘米，并将其他各行的高度均设置为 0.8 厘米。

3. **表格的格式设置**：将表格中除第 1 个单元格以外所有单元格的对齐方式均设置为“水平居中”格式；将表格中第 1 行和第 1 列的字体均设置为隶书、小四、加粗，并为其填充绿色（RGB：153，204，0）底纹；将表格中数值区域的单元格字体均设置为 Arial、小四，并为其填充浅橙色（RGB：250，191，143）底纹；将表格的外边框线设置为褐色（RGB：153，51，0）、1.5 磅的双实线，横向网格线设置为【样文 4-10】所示的线型，颜色为标准色中的“浅蓝”色、宽度为 1 磅，竖向网格线设置为紫色、1 磅的点划线，第 1 个单元格的斜线为红色的双点划线。

【样文 4-10】

花卉养植面积统计表（单位：亩）

年份 品种	2007 年	2008 年	2009 年	2010 年
郁金香	40	49	57	55
百合	37	40	44	48
吊兰	49	55	66	72
菊花	53	62	56	59
月季	63	73	64	66
水仙	19	25	31	31
迎春	48	53	58	64

4.11 第 11 题

【操作要求】

打开文档 A4.docx，按下列要求创建、设置表格如【样文 4-11】所示。

1．**创建表格并自动套用格式**：在文档的开头创建一个 3 行 6 列的表格，并为新创建的表格自动套用“中等深浅网格 1 - 强调文字颜色 6”的表格样式。

2．**表格的基本操作**：将“第四季度”列右侧的空列删除；将“第二季度”一列移至“第三季度”一列的左侧；将“类别”单元格与其右侧的单元格合并为一个单元格；将表格各行、各列平均分布。

3．**表格的格式设置**：将表格中包含数值的单元格对齐方式设置为“水平居中”；为表格的第 1 行填充标准色中的“浅绿”色底纹，其他各行填充浅黄色（RGB：255，255，153）底纹；将表格的外边框线设置为 1.5 磅、标准色中的“深蓝”色的单实线，所有内部网格线均设置为 1 磅、标准色中“深蓝”色的点划线。

【样文 4-11】

家电部全年销售额

类别	第一季度	第二季度	第三季度	第四季度	总计
电冰箱	155000	254500	344800	165400	919700
彩电	358500	285400	221500	274800	1140200
洗衣机	95800	103500	184600	255100	639000
空调	84600	75400	364500	122000	646500
总计	693900	718800	1115400	817300	

4.12　第 12 题

【操作要求】

打开文档 A4.docx，按下列要求创建、设置表格如【样文 4-12】所示。

1. **创建表格并自动套用格式**：在文档的开头创建一个 3 行 5 列的表格，并为新创建的表格自动套用“浅色网格 - 强调文字颜色 4”的表格样式。

2. **表格的基本操作**：在表格的“姓名”列右侧插入一空列，并在该列的第 1 个单元格中输入文本“性别”，其他单元格中均输入文本“女”；将“李梅”单元格与其右侧的单元格合并为一个单元格；将表格除“学号”列以外的其他各列平均分布。

3. **表格的格式设置**：为表格的第 1 行填充浅青绿色（RGB：93，213，255）底纹，文字对齐方式为“水平居中”；为表格其他各行填充浅橙色（RGB：251，212，180）底纹，各单元格中的字体设置为华文楷体，对齐方式为“中部两端对齐”；将表格的外边框线设置为 1.5 磅、标准色中“深红”色的双实线，所有内部网格线均设置为 1 磅粗的点划线。

【样文 4-12】

文秘专业学生信息表

学号	姓名	性别	年龄	民族	专业
201011800501	李梅	女	20	汉族	文秘
201011800502	王乐乐	女	20	满族	文秘
201011800503	韩小会	女	19	汉族	文秘
201011800504	崔红雪	女	20	汉族	文秘
201011800505	许新燕	女	19	回族	文秘

4.13　第 13 题

【操作要求】

打开文档 A4.docx，按下列要求创建、设置表格如【样文 4-13】所示。

1. **创建表格并自动套用格式**：在文档的开头创建一个 4 行 4 列的表格，并为新创建的表格以“典雅型”为样式基准，自动套用“中等深浅网格 3 - 强调文字颜色 2”的表格样式。

2. **表格的基本操作**：将表格中的第 1 列（空行）拆分为 7 行 1 列，并依次输入相应的内容；将“英语”列移至“计算机操作”列的左侧；根据窗口自动调整表格后平均分布各列，将第 1 行的行高设置为 1 厘米。

3. **表格的格式设置**：将表格第 1 行的字体设置为方正姚体，字号为小四，并为其填充玫瑰红（RGB：244，116，128）底纹，文字对齐方式为“水平居中”；其他各行单元格中的字体均设置为华文细黑，颜色为标准色中的“红色”，对齐方式为“靠下居中对齐”；将表格的外边框线设置为 1.5 磅的双实线，横向网格线设置为 1 磅的细实线，竖向网格线设置为 1 磅的点划线。

【样文 4-13】

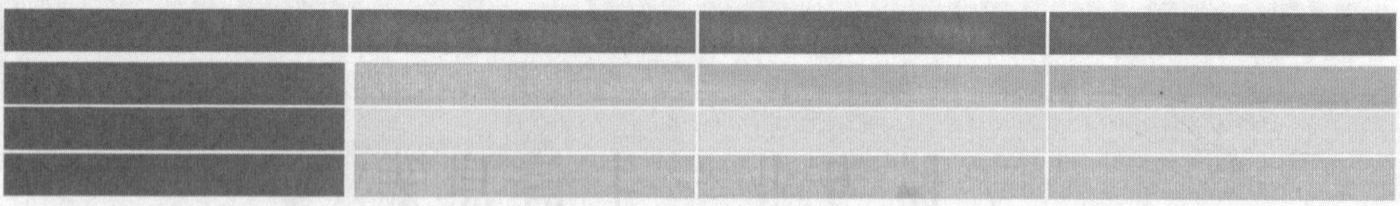

青年教师第一期岗位培训班成绩单

学号	姓名	英语	计算机操作	网络技术	BASIC 语言
1	林小华	66	92	75	85
2	王梅	85	88	78	75
3	李华丽	84	80	68	80
4	王德军	90	84	79	79
5	刘鹏	78	89	85	80
6	陈飞	80	85	78	82

4.14　第 14 题

【操作要求】

打开文档 A4.docx，按下列要求创建、设置表格如【样文 4-14】所示。

1．**创建表格并自动套用格式**：在文档的开头创建一个 6 行 5 列的表格，并为新创建的表格以“专业型”为样式基准，自动套用“彩色列表 - 强调文字颜色 4”的表格样式。

2．**表格的基本操作**：将表格中“冲压车间”行下方的空行删除；将表格中“冲压车间”一行与“拉丝车间”一行的位置互换；将“实际发生值”单元格与其右侧的单元格合并为一个单元格；根据内容自动调整表格，将表格中除表头行以外的所有行分配高度。

3．**表格的格式设置**：将表格中表头行各单元格对齐方式设置为“水平居中”，其他行单元格对齐方式设置为“中部两端对齐”；将表格中所有带文本的单元格的底纹设置为浅黄色（RGB：255，204，102），所有空白单元格的底纹设置为淡紫色（RGB：255，204，255）；将表格的外边框线设置为 3 磅粗的如【样文 4-14】所示的线形，内部网格线设置为 1 磅粗的点划线。

【样文 4-14】

公司工序废品率统计

<table>
<tr><td rowspan="2">数据统计
车间名称</td><td colspan="3">实际发生值</td><td rowspan="2">与上月相比</td><td rowspan="2">目标值（%）</td><td rowspan="2">与目标值比</td></tr>
<tr><td>生产总数量</td><td>报废数量</td><td>报废率</td></tr>
<tr><td>装配车间</td><td></td><td></td><td></td><td></td><td></td><td></td></tr>
<tr><td>注塑车间</td><td></td><td></td><td></td><td></td><td></td><td></td></tr>
<tr><td>拉丝车间</td><td></td><td></td><td></td><td></td><td></td><td></td></tr>
<tr><td>冲压车间</td><td></td><td></td><td></td><td></td><td></td><td></td></tr>
</table>

4.15 第 15 题

【操作要求】

打开文档 A4.docx，按下列要求创建、设置表格如【样文 4-15】所示。

1. **创建表格并自动套用格式**：在文档的开头创建一个 6 行 5 列的表格，并为新创建的表格以“网页型 1”为样式基准，自动套用“彩色底纹 - 强调文字颜色 3”的表格样式。

2. **表格的基本操作**：将表格中“幼师 VS 计算机 8:30AM”列右侧的空列删除；将表格中“第 2 节”一行移到“第 3 节”一行的上面；将表格中“第 4 节”单元格和“总分”单元格右侧的空单元格拆分为 2 行 2 列，并依次输入相应的数值；根据窗口自动调整表格后，将第 1 列的宽度调整为 2.5 厘米，将其他各列平均分布宽度。

3. **表格的格式设置**：将表格中所有单元格的对齐方式均设置为“水平居中”；将表格中第 1 行和第 1 列的中文字体均设置为黑体，西文字体均设置为 Times New Roman，颜色为标准色中的“蓝色”，字号为小四；将表格中第 1 行和第 1 列的底纹设置为浅黄色（RGB：255，255，153），其他各单元格的底纹设置为淡紫色（RGB：204，192，217）；将表格的外边框线设置为 0.5 磅粗的如【样文 4-15】所示的线型，所有内部网格线均设置为 0.5 磅的双实线。

【样文 4-15】

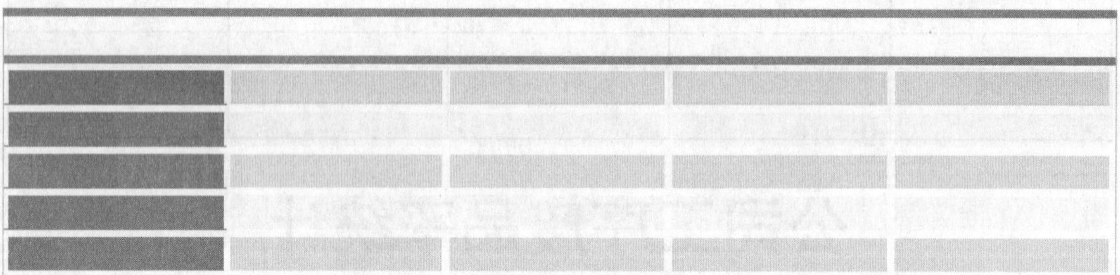

学校篮球比赛统分表

班级 / 得分	幼师 VS 计算机 8:30AM		计算机 VS 电子商务 10:20AM		化工 VS 数控 16:00AM	
第 1 节	12	23	17	16	22	20
第 2 节	18	16	17	26	21	26
第 3 节	13	18	22	16	23	14
第 4 节	22	23	18	15	18	17
总分	65	80	74	73	84	77
胜出	计算机		计算机		化工	

4.16　第 16 题

【操作要求】

打开文档 A4.docx，按下列要求创建、设置表格如【样文 4-16】所示。

1．**创建表格并自动套用格式**：在文档的开头创建一个 6 行 6 列的表格，并为新创建的表格以“列表型 2”为样式基准，自动套用“浅色列表 - 强调文字颜色 3”的表格样式。

2．**表格的基本操作**：将表格中“006”单元格与其右侧的单元格合并为一个单元格；将“005”一行与“003”一行的位置互换；将表格中“评委 3”列左侧的空列删除，并平均分布各列。

3．**表格的格式设置**：将整个表格中的文字对齐方式为“水平居中”；将表格第 1 行的字体设置为华文楷体，字号为四号，并为其填充浅绿色（RGB：204，255，153）底纹；其他行的字体设置为 Arial，并为其填充浅橙色（RGB：255，204，153）底纹；将表格的外边框线设置为【样文 4-16】所示的线型，颜色为粉红色（RGB：255，51，153），第 1 行的下边框线设置为浅蓝色的三实线，其他内部网格线均设置为紫色的虚线。

【样文 4-16】

演讲比赛决赛成绩表

选手编号	评委 1	评委 2	评委 3
001	97.5	95.5	94.5
002	96.0	95.8	96.5
003	98.5	95.5	94.8
004	95.0	95.4	96.5
005	95.5	96.3	94.5
006	96.6	97.8	95.5

4.17 第 17 题

【操作要求】

打开文档 A4.docx，按下列要求创建、设置表格如【样文 4-17】所示。

1. 创建表格并自动套用格式：在文档的开头创建一个 5 行 3 列的表格，并为新创建的表格自动套用“中等深浅网格 1 - 强调文字颜色 5”的表格样式。

2. 表格的基本操作：将表格中“U 盘”单元格与其右侧的单元格合并为一个单元格，在“扫描仪”行下面插入一空行，并依次输入相应的内容；将表格中“MP4”一行与“MP3”一行的位置互换；将表格第 1 行的行高设置为 1 厘米，其他各行平均分布行高，第 2 列的列宽设置为 3 厘米，其他各列的列宽设置为 2.3 厘米。

3. 表格的格式设置：将整个表格中的文字对齐方式为“水平居中”；将表格第 1 行的字体设置为微软雅黑、小四、加粗，并为其填充“30%”的图案样式，颜色为标准色中的“浅蓝”色，将表格其他行的字体设置为华文隶书、小四，并为其填充浅橙色（RGB：255，204，153）的底纹；将表格的外边框线设置为 1.5 磅、红色的三实线，将表格的内部网格线均设置为 0.5 磅、深绿色（RGB：0，102，0）的三实线。

【样文 4-17】

一季度数码产品销售情况表

类别	编号	标价	总数量	已售出量
相机	XJ201001	￥1500	100	48
U 盘	UP201002	￥80	90	80
MP3	MB201003	￥80	50	40
MP4	MA201004	￥200	85	65
扫描仪	SM201006	￥2230	80	50
摄像机	SX201005	￥3500	40	10
打印机	DY201007	￥1450	58	22

4.18 第 18 题

【操作要求】

打开文档 A4.docx，按下列要求创建、设置表格如【样文 4-18】所示。

1．创建表格并自动套用格式：在文档的开头创建一个 3 行 5 列的表格，并为新创建的表格自动套用“彩色网格 - 强调文字颜色 4”的表格样式。

2．表格的基本操作：将表格中“蔬菜名称”单元格右侧的空白单元格拆分为 1 行 4 列，并依次输入相应的内容；设置表格第 1 行的行高为 1.3 厘米，第 1 列的列宽为 2.5 厘米，平均分布其他各行各列；将“萝卜”一行移至“黄瓜”一行的上方。

3．表格的格式设置：将表格第 1 行的字体设置为华文琥珀、小四、水平居中，并为其填充浅黄色（RGB：255，204，102）底纹；将表格第 1 列（除“蔬菜名称”单元格）的字体设置为隶书、四号、中部两端对齐，并为其填充淡紫色（RGB：255，153，255）底纹；将表格数值区域的字体设置为华文彩云、小四、加粗、水平居中，并为其填充浅绿色（RGB：153，255，204）底纹；将表格的外边框线设置为【样文 4-18】所示的线型，颜色为浅蓝色（RGB：204，236，255）；内部横向网格线为 1.5 磅的【样文 4-18】所示线型，竖向网格线为 0.75 磅的双实线，颜色均为标准色中的“深红”色。

【样文 4-18】

蔬菜种植面积统计表（单位：亩）

蔬菜名称	2007 年	2008 年	2009 年	2010 年
番茄	15	10	14	20
萝卜	8	20	20	8
黄瓜	14	5	15	15
大白菜	18	6	10	22
小白菜	16	15	9	20
芹菜	10	15	25	20

4.19 第 19 题

【操作要求】

打开文档 A4.docx，按下列要求创建、设置表格如【样文 4-19】所示。

1．创建表格并自动套用格式：在文档的开头创建一个 4 行 6 列的表格，并为新创建的表格自动套用“彩色列表”的表格样式。

2．表格的基本操作：将表格中“学历”单元格与其左侧的空白单元格合并为一个单元格，在“姓名”列的左侧插入一空列，并依次输入相应的内容；将表格中“工龄”一列移至“学历”一列的右侧；根据窗口自动调整表格后平均分布各行各列。

3．表格的格式设置：将整个表格的字体设置为华文楷体，字号为小三，文字对齐方式为“水平居中”；为表格的第 1 行和第 1 列填充淡紫色（RGB：255，153，255）底纹，第 2、4、6 行（每行的第 1 个单元格除外）填充标准色中的“橙色”底纹，第 3、5、7 行（每行的第 1 个单元格除外）填充标准色中的“浅绿”色底纹；将表格的上、下外边框线设置为 2.25 磅、深蓝色的实线，左右外边框线为无，第 1 行的下边框线和第 1 列的右边框线设置为 1.5 磅、深红色的点划线，将“001”至“006”单元格和“姓名”至“工龄”单元格的内部网格线设置为无。

【样文 4-19】

某大学毕业答辩考评员信息表

编号	姓名	性别	年龄	学历	工龄
001	李红梅	女	29	本科	4
002	王宇彤	男	32	硕士	5
003	段晓峰	男	28	本科	2
004	齐帅	男	40	硕士	10
005	王琳	女	38	硕士	9
006	薛萍	女	48	硕士	19

4.20 第 20 题

【操作要求】

打开文档 A4.docx，按下列要求创建、设置表格如【样文 4-20】所示。

1．**创建表格并自动套用格式**：在文档的开头创建一个 4 行 6 列的表格，并为新创建的表格以“网页型 1”为样式基准，自动套用“浅色网格 - 强调文字颜色 1”的表格样式。

2．**表格的基本操作**：将表格中“联系方式”行下面的空行删除，将表格中“其他信息”一行与“联系方式”一行的位置互换；分别将单元格“基本资料”、“联系方式”、“其他信息”与其右侧的三个单元格合并为一个单元格；将表格最后一行的行高设置为 1.7 厘米，其他各行的行高设置为 0.9 厘米。

3．**表格的格式设置**：将表格中第 1、4、7 行的字体设置为幼圆、加粗、居中对齐，并为其填充黄色底纹；将表格的外边框线设置为 2.25 磅、蓝色（RGB：0，0，204）的实线，将第 4 行的上边框线和第 7 行的上边框线设置为【样文 4-20】所示的线型，颜色为蓝色（RGB：0，0，204）；将表格中其他网格线设置为 1.5 磅、深绿色（RGB：0，102，0）的实线。

【样文 4-20】

<table>
<tr><td></td><td></td><td></td><td></td><td></td><td></td></tr>
<tr><td></td><td></td><td></td><td></td><td></td><td></td></tr>
<tr><td></td><td></td><td></td><td></td><td></td><td></td></tr>
<tr><td></td><td></td><td></td><td></td><td></td><td></td></tr>
</table>

足球俱乐部 VIP 客户登记表

<table>
<tr><td colspan="4">基本资料</td></tr>
<tr><td>姓名</td><td>性别</td><td></td><td>生日</td></tr>
<tr><td>公司名称</td><td></td><td>职务</td><td></td></tr>
<tr><td colspan="4">联系方式</td></tr>
<tr><td>办公电话</td><td></td><td>手机号码</td><td></td></tr>
<tr><td>QQ 号码</td><td></td><td>E-mail</td><td></td></tr>
<tr><td colspan="4">其他信息</td></tr>
<tr><td colspan="4">您是通过何种方式了解足球俱乐部？□朋友介绍　□网络　□广告
希望俱乐部活动的频率？□每周一次　□每周两次　□一月一次</td></tr>
</table>

第五单元　文档的版面设置与编排

5.1　第 1 题

【操作要求】

打开文档 A5.docx，按下列要求设置、编排文档的版面如【样文 5-1】所示。

1. 页面设置：

- 自定义纸张大小为宽 20 厘米、高 25 厘米，设置页边距为上、下各 1.8 厘米，左、右各 2 厘米。
- 按样文所示，为文档添加页眉文字和页码，并设置相应的格式。

2. 艺术字设置：

- 将标题“画鸟的猎人”设置为艺术字样式“填充　-　橙色，强调文字颜色 6，暖色粗糙棱台”；字体为华文行楷，字号为 44 磅；文字环绕方式为“嵌入型”，并为其添加映像变体中的“紧密映像，8 pt 偏移量”和转换中“停止”弯曲的文本效果。

3. 文档的版面格式设置：

- **分栏设置**：将正文除第 1 段以外的其余各段均设置为两栏格式，栏间距为 3 字符，显示分隔线。
- **边框和底纹**：为正文的最后一段添加双波浪线边框，并填充底纹为图案样式 10%。

4. 文档的插入设置：

- **插入图片**：在样文中所示位置插入图片 C:\2010KSW\DATA2\pic5-1.jpg，设置图片的缩放比例为 45%，环绕方式为“紧密型环绕”，并为图片添加“剪裁对角线，白色”的外观样式。
- **插入尾注**：为第 2 行“艾青”两个字插入尾注“艾青（1910-1996）：现、当代诗人，浙江金华人。”

【样文 5-1】

散文欣赏 **第 1 页**

画鸟的猎人

艾青[i]

一个人想学打猎，找到一个打猎的人，拜他做老师。他向那打猎的人说：“人必须有一技之长，在许多职业里面，我所选中的是打猎，我很想持枪到树林里去，打到那我想打的鸟。”

于是打猎的人检查了那个徒弟的枪，枪是一支好枪，徒弟也是一个有决心的徒弟，就告诉他各种鸟的性格和有关瞄准与射击的一些知识，并且嘱咐他必须寻找各种鸟去练习。

那个人听了猎人的话，以为只要知道如何打猎就已经能打猎了，于是他持枪到树林。但当他一进入树林，走到那里，还没有举起枪，鸟就飞走了。

艾青

于是他又来找猎人，他说：“鸟是机灵的，我没有看见它们，它们先看见我，等我一举起枪，鸟早已飞走了。”

猎人说：“你是想打那不会飞的鸟吗？”

他说：“说实在的，在我想打鸟的时候，要是鸟能不飞该多好呀！”

猎人说：“你回去，找一张硬纸，在上面画一只鸟，把硬纸挂在树上，朝那鸟打——你一定会成功。”

那个人回家，照猎人所说的做了，试验着打了几枪，却没有一枪能打中。他只好再去找猎人。他说：“我照你说的做了，但我还是打不中画中的鸟。”猎人问他是什么原因，他说：“可能是鸟画得太小，也可能是距离太远。”

那猎人沉思了一阵向他说：“对你的决心，我很感动，你回去，把一张大一些的纸挂在树上，朝那纸打——这一次你一定会成功。”

那人很担忧地问：“还是那个距离吗？”

猎人说：“由你自己去决定。”

那人又问：“那纸上还是画着鸟吗？”

猎人说：“不。”

那人苦笑了，说：“那不是打纸吗？”

猎人很严肃地告诉他说：“我的意思是，你先朝着纸只管打，打完了，就在有孔的地方画上鸟，打了几个孔，就画几只鸟——这对你来说，是最有把握的了。”

---

i 艾青（1910-1996）：现、当代诗人，浙江金华人。

5.2 第2题

【操作要求】

打开文档 A5.docx，按下列要求设置、编排文档的版面如【样文 5-2】所示。

1. 页面设置：

- 设置纸张大小为信纸，将页边距设置为上、下各 2.5 厘米，左、右各 3.5 厘米。
- 按样文所示，在文档的页眉处添加页眉文字，页脚处添加页码，并设置相应的格式。

2. 艺术字设置：

- 将标题“大熊湖简介”设置为艺术字样式“填充 － 红色，强调文字颜色 2，暖色粗糙棱台”；字体为黑体，字号为 48 磅，文字环绕方式为“嵌入型”；为艺术字添加“红色，8 pt 发光，强调文字颜色 2”的发光文本效果。

3. 文档的版面格式设置：

- **分栏设置：**将正文第 4 段至结尾设置为栏宽相等的三栏格式，显示分隔线。
- **边框和底纹：**为正文的第 1 段添加 1.5 磅、深红色、单实线边框，并为其填充天蓝色（RGB：100，255，255）底纹。

4. 文档的插入设置：

- **插入图片：**在样文中所示位置插入图片 C:\2010KSW\DATA2\pic5-2.jpg，设置图片的缩放比例为 55%，环绕方式为“四周型环绕”，并为图片添加“棱台矩形”的外观样式。
- **插入尾注：**为正文第 6 段的“钻石”两个字插入尾注“钻石：是指经过琢磨的金刚石，金刚石是一种天然矿物，是钻石的原石。”

【样文 5-2】

湖泊之最

大熊湖简介

大熊湖（Great Bear Lake）位于加拿大西北地区，是该地区第一大湖，也是北美第四大湖和世界第八大湖。因湖区栖息众多北极熊而命名。湖形不规则，长约 322 公里，宽约 40～177 公里，湖面面积 31,153 平方公里，总水量为 2,236 立方公里，平均深度是 72 米，最深处达 446 米。湖岸线长达 2,719 公里，集水区总面积有 114,717 平方公里。

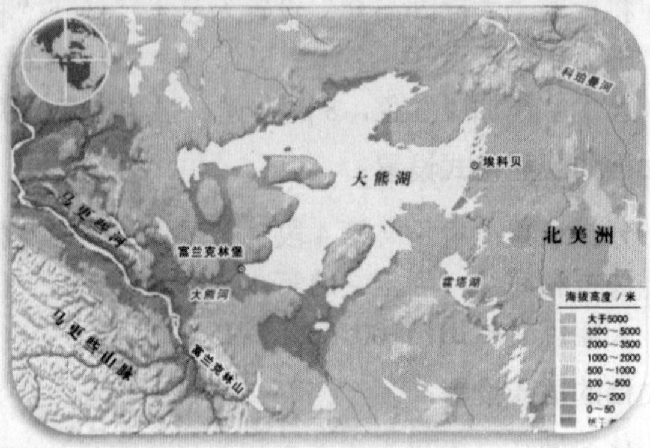

大熊湖好似一个真正的地中海，其长与宽包括了好几个纬度。湖的形状很不规则，中央部分由两个夹岬角扼住，北面扩开，像个三角形大喇叭。总体形状差不多是一张皮撑开、没有头的大反刍动物的兽皮。

大熊湖的水温在各个大湖中是最低的，一年中有 8—9 个月是封冻期，7 月中旬以后始可通航。大熊湖的支流不多，湖水向西经过大熊河流向麦肯锡河，由于气候严寒，大熊河附近很荒凉。

矿产

大熊湖的东岸有个雷钉港的居民点，曾经是加拿大有名的镭产区。20 世纪初东岸地区发现沥青铀矿，1930 年开始开采，从矿砂中提炼镭、铀，并有银、铜、钴、铅等副产品。埃科贝（镭锭港）为采矿中心，也是湖区最大居民点。

钻石[i]

图腾港，位于大熊湖南的小镇，在一般的地图上，根本就无法找到它的位置。图腾港附近一带的峡谷，埋藏着一些东西晶莹闪烁的矿物，至少有二三十亿年的历史，人类给它一个名字：钻石。

植物

大熊湖岸边上并不缺绿色植物，已无积雪的山丘上分布着苏格兰松之类的含松脂的林木。这些树有 40 米高，提供了堡垒居民整个冬天的烤火木材。树木那长着柔软枝条的粗树干呈很有特色的浅灰色。

[i] 钻石：是指经过琢磨的金刚石，金刚石是一种天然矿物，是钻石的原石。

第 1 页

5.3　第 3 题

【操作要求】

打开文档 A5.docx，按下列要求设置、编排文档的版面如【样文 5-3】所示。

1. 页面设置：

- 设置纸张的方向为横向，设置页边距为预定义页边距“窄”。
- 按样文所示，在文档的页眉处添加页眉文字和页码，并设置相应的格式。

2. 艺术字设置：

- 将标题“味精食用不当易中毒”设置为艺术字样式“填充 - 蓝色，强调文字颜色 1，内部阴影 - 强调文字颜色 1”；字体为华文琥珀，字号为 55 磅，文字环绕方式为“顶端居中，四周型文字环绕”；为艺术字添加“平行，离轴 2 左”三维旋转的文本效果。

3. 文档的版面格式设置：

- **分栏设置：**将正文第 2 段至结尾设置为栏宽相等的两栏格式，不显示分隔线。
- **边框和底纹：**为正文的最后两段添加 1.5 磅、浅蓝色、双实线、带阴影的边框，并为其填充图案样式 10%的底纹。

4. 文档的插入设置：

- **插入图片：**在样文中所示位置插入图片 C:\2010KSW\DATA2\pic5-3.jpg，设置图片的缩放比例为 75%，环绕方式为“四周型环绕”，并为图片添加“柔化边缘椭圆”的外观样式。
- **插入尾注：**为正文第 1 段的“味精”两个字插入尾注“味精：是调味料的一种，主要成分为谷氨酸钠。”

【样文 5-3】

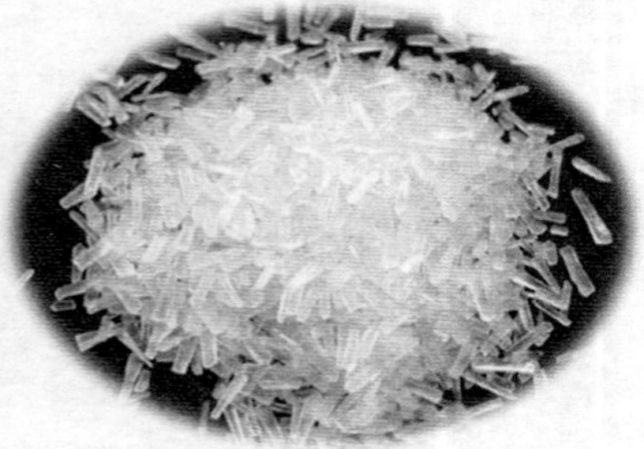

味精食用不当易中毒

味精[1]对于改变人体细胞的营养状况，治疗神经衰弱等都有一定的辅助治疗作用。然而，若使用不当也会产生不良后果，使味精失去调味意义，或对人体健康产生负作用。为此，请您在使用味精时注意以下几点。

一忌：低、高温使用

烹调菜肴时，如果在菜肴温度很高的时投入味精就会发生化学变化，使味精变成焦谷氨酸钠。这样，非但不能起到调味作用，反而会产生轻微的毒素，对人体健康不利。科学实验证明，在 70℃ - 90℃的温度下，味精的溶解度最好。

温度低时味精不易溶解。如果您想吃拌菜需要放味精提鲜时，可以把味精用温开水化开，晾凉后浇在凉菜上。

二忌：用于酸、碱性食物

在碱性溶液中，味精会起化学变化，产生一种具有不良气味的谷氨酸二钠。所以烹制碱性食物时，不要放味精。如鱿鱼是用碱发制的，就不能加味精。

味精在酸性菜肴中不易溶解，酸度越高越不易溶解，效果也越差。

三忌：用于甜口菜肴

凡是甜口菜肴如“冰糖莲子”、“番茄虾仁”都不应加味精。甜菜放味精非常难吃，既破坏了鲜味，又破坏了甜味。

四忌：投放过量

过量的味精会产生一种似咸非咸、似涩非涩的怪味，使用味精并非多多益善。

五忌：用于炒黄菜

炒黄菜即炒鸡蛋。鸡蛋本身含有许多谷氨酸，炒鸡蛋时一般都要放一些盐，而盐的主要成分是氯化钠，经加热后，谷氨酸与氯化钠这两种物质会产生新的物质——谷氨酸钠，即味精的主要成份，使鸡蛋呈现很纯正的鲜味。炒鸡蛋加味精如同画蛇添足，加多了反而不美。

> **小贴士：**
>
> 每日食用味精不可过量。一般情况下，每人每天食用味精不宜超过 6 克，否则，就可能产生头痛、恶心、发热等症状；过量食用味精也可能导致高血糖。老年人及患有高血压、肾炎、水肿等疾病的病人应慎重食用。

[1] 味精：是调味料的一种，主要成分为谷氨酸钠。

5.4　第 4 题

【操作要求】

打开文档 A5.docx，按下列要求设置、编排文档的版面如【样文 5-4】所示。

1. 页面设置：

- 自定义纸张大小为宽 20 厘米、高 29 厘米，设置页边距为上、下各 2.8 厘米，左、右各 3.4 厘米。
- 按样文所示，在文档的页眉处添加页眉文字和页码，并设置相应的格式。

2. 艺术字设置：

- 将标题“神奇的纳米材料”设置为艺术字样式“填充 － 紫色，强调文字颜色 4，外部阴影 - 强调文字颜色 4，软边缘棱台”；字体为华文新魏、加粗，字号为 48 磅，文本填充为预设颜色中“熊熊火焰”的效果，类型为“射线”，方向为“中心辐射”；文字环绕方式为“嵌入型”。

3. 文档的版面格式设置：

- **分栏设置：**将正文第 2～5 段设置为偏右的两栏格式，显示分隔线。
- **边框和底纹：**为正文的第 1 段添加 0.75 磅、深红色、双波浪线的边框，并为其填充玫瑰红色（RGB：255，150，150）的底纹。

4. 文档的插入设置：

- **插入图片：**在样文中所示位置插入图片 C:\2010KSW\DATA2\pic5-4.jpg，设置图片的缩放比例为 35%，环绕方式为“紧密型环绕”，并为图片添加“居中矩形阴影”的外观样式。
- **插入尾注：**为正文第 1 段中的“粒子”两个字添加粗下划线，并插入尾注“粒子：也叫超微颗粒。”

【样文 5-4】

1　　科学前沿

神奇的纳米材料

纳米一般是指尺寸在 1～100nm 间的粒子[i]，是处在原子簇和宏观物体交界的过渡区域，从通常的关于微观和宏观的观点看，这样的系统既非典型的微观系统亦非典型的宏观系统，是一种典型的介观系统，它具有表面效应、体积效应、小尺寸效应和宏观量子隧道效应。当人们将宏观物体细分成超微颗粒（纳米级）后，它将显示出许多奇异的特性，即它的光学、热学、电学、磁学、力学以及化学方面的性质与大块固体时相比将会有显著的不同。

那么，是不是所有的达到纳米级的粒子，就是纳米材料呢？答案是否定的。中国古代安徽墨，其颗粒可以是纳米级的，非常细，从烟道里扫出来后一遍遍地筛，研制出来的墨非常均匀、饱满，写字非常好，这实际就是纳米颗粒，但尺寸小并不一定有特殊效应。一定要有纳米尺寸所具有的与宏观物体不一样的量子效应、表面效应和介面效应，这样才能说这是一个纳米的现象。

纳米材料的表面效应是指纳米粒子的表面原子数与总原子数之比随粒径的变小而急剧增大后所引起的性质上的变化，粒径在 10nm 以下，将迅速增加表面原子的比例。当粒径降到 1nm 时，表面原子数比例达到约 90%以上，原子几乎全部集中到纳米粒子的表面。由于纳米粒子表面原子数增多，表面原子配位数不足和高的表面能，使这些原子易与其它原子相结合而稳定下来，故具有很高的化学活性。

由于纳米粒子体积极小，所包含的原子数很少，相应的质量极小。因此，许多现象就不能用通常有无限个原子的块状物质的性质加以说明，这种特殊的现象通常称之为体积效应。其中有名的久保理论就是体积效应的典型例子。

随着纳米粒子的直径减小，能级间隔增大，电子移动困难，电阻率增大，从而使能隙变宽，金属导体将变为绝缘体。

[i] 粒子：也叫超微颗粒。

5.5 第 5 题

【操作要求】

打开文档 A5.docx，按下列要求设置、编排文档的版面如【样文 5-5】所示。

1. 页面设置：

- 自定义纸张大小为宽 20.5 厘米、高 28 厘米，设置页边距上、下、左、右均为 3 厘米。
- 按样文所示，在文档的页眉处添加页眉文字，页脚处添加页码，并设置相应的格式。

2. 艺术字设置：

- 将标题“端午节的由来”设置为艺术字样式“填充 － 橄榄色，强调文字颜色 3，粉状棱台”；字体为华文中宋、加粗，字号为 50 磅，文字环绕方式为“上下型环绕”，对齐方式为居中；为艺术字添加“紧密映像，4 pt 偏移量”的文本效果。

3. 文档的版面格式设置：

- **分栏设置**：将正文第 2～5 段设置为栏宽相等的三栏格式，不显示分隔线。
- **边框和底纹**：为正文的第 1 段添加 1.5 磅、深绿色（RGB：100，120，50）、双实线边框，并为其填充绿色（RGB：160，200，120）底纹。

4. 文档的插入设置：

- **插入图片**：在样文中所示位置插入图片 C:\2010KSW\DATA2\pic5-5.jpg，设置图片的缩放比例为 30%，环绕方式为“穿越型环绕”，并为图片添加“简单框架，黑色”的外观样式。
- **插入脚注**：为正文第 4 段中的文本“屈原”两个字插入脚注“屈原（前 340—前 278），是我国最早的浪漫主义诗人。”

【样文 5-5】

民俗民风大全

端午节的由来

端午节为每年农历五月初五，又称端阳节、午日节、五月节等；端午节是中国汉族人民纪念屈原的传统节日，更有吃粽子，赛龙舟，挂菖蒲、蒿草、艾叶，熏苍术、白芷，喝雄黄酒的习俗。“端午节”为国家法定节假日之一，并被列入世界非物质文化遗产名录。

“端”字有“初始”的意思，因此“端五”就是“初五”。而按照历法五月正是“午”月，因此“端五”也就渐渐演变成了现在的“端午”。《燕京岁时记》记载：“初五为五月单五，盖端字之转音也。”

据统计端午节的名称在我国所有传统节日中叫法最多，达二十多个，堪称节日别名之最。如端五节、端阳节、重五节、重午节、天中节、夏节、五月节、菖节、蒲节、龙舟节、屈原日、午日节、女儿节、诗人节、龙日、午日、灯节、五蛋节等等。

据说，屈原[1]投汨罗江后，当地百姓闻讯马上划船捞救，一直行至洞庭湖，始终不见屈原的尸体。那时，恰逢雨天，湖面上的小舟一起汇集在岸边的亭子旁。当人们得知是为了打捞贤臣屈大夫时，再次冒雨出动，争相划进茫茫的洞庭湖。为了寄托哀思，人们荡舟江河之上，此后才逐渐发展成为龙舟竞赛。百姓们又怕江河里的鱼吃掉他的身体，就纷纷回家拿来米团投入江中，以免鱼虾糟蹋屈原的尸体，后来就成了吃粽子的习俗。看来，端午节吃粽子、赛龙舟与纪念屈原相关，有唐代文秀《端午》诗为证：“节分端午自谁言，万古传闻为屈原。堪笑楚江空渺渺，不能洗得直臣冤。”。

屈原选择在端午节殉国，把端午节的人文精神提升了。本来这是一个伸张正义的节日，表现的是对龙图腾的崇拜，是出于人们对自然的恐惧；而屈原，赋予了这个节日新的意义，《离骚》是千秋绝妙词，“若无泽畔行吟苦，哪得千秋绝妙词”。这个古老的民族的习惯，因为屈原，得到了新的意义。

[1] 屈原（前 340—前 278），是我国最早的浪漫主义诗人。

-1-

5.6　第 6 题

【操作要求】

打开文档 A5.docx，按下列要求设置、编排文档的版面如【样文 5-6】所示。

1. 页面设置：

- 自定义纸张大小为宽 21 厘米、高 30 厘米，设置页边距为上、下、左、右均为 3 厘米，页眉页边距为 2 厘米。
- 按样文所示，为文档添加页眉文字和页码，并设置相应的格式。

2. 艺术字设置：

- 将标题“地球上北温带与热带分界线——北回归线”设置为艺术字样式“填充 － 蓝色，强调文字颜色 1，金属棱台，映像”；字体为华文行楷，字号为 28 磅；文字环绕方式为“顶端居中，四周型文字环绕”；并为其添加“强烈效果 － 橄榄色，强调颜色 3”的形状样式。

3. 文档的版面格式设置：

- **分栏设置：**将正文前六段设置为栏宽相等的三栏格式，不显示分隔线。
- **边框和底纹：**为正文的最后两段添加 1.5 磅、深蓝色、三实线边框，并为其填充浅蓝色（RGB：198，217，241）的底纹。

4. 文档的插入设置：

- **插入图片：**在样文中所示位置插入图片 C:\2010KSW\DATA2\pic5-6.jpg，设置图片的缩放比例为 50%，环绕方式为“四周型环绕”，并为图片添加“梭台矩形”的外观样式。
- **插入尾注：**为第 3 段的“双子座”三个字插入尾注“双子座的西边是金牛座，东边是比较暗淡的巨蟹座。”

【样文 5-6】

1 宇宙奥秘

地球上北温带与热带分界线——北回归线

北回归线是太阳在北半球能够直射到的离赤道最远的位置，其纬度值为黄赤交角，是一条纬线，大约在北纬 23 度 26 分的地方。

北回归线的位置并非固定不变，只是在北纬 23 度 26 分正负一分的范围内变化。在 1976 年第十六届国际天文学联合会上，决定将 2000 年的回归线位置定为 23 度 26 分 21.448 秒。

北回归线的英文名起源于二千多年前，夏至日太阳直射到此处时，是处在黄道十二宫的巨蟹座位置，从此回归原处，故应称“回归线”而非“北回归线”。由于星体运动，而移动到了双子座[i]的位置。

北回归线是太阳光直射在地球上最北的界线。每年夏至日（6 月 22 日左右）这一天这里能受到太阳光的垂直照射。然后太阳直射点向南移动。北半球北回归线（不包括北回归线）以南至南回归线（不包括南回归线）的区域每年太阳直射两次，获得的热量最多，形成为热带。因此北回归线是热带和北温带的分界线。

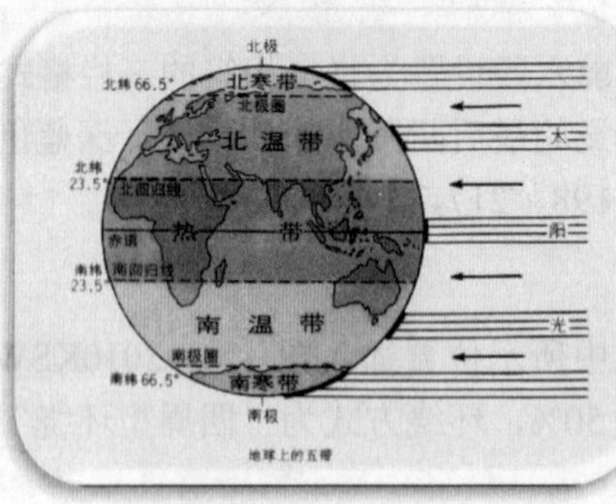

每年夏至日，太阳直射点在北半球的纬度值达到最大，此时正是北半球的盛夏，此后太阳直射点逐渐南移，并始终在北纬 23° 26′度附近和南纬 23° 26′附近的两个纬度圈之间周而复始地循环移动。因此，把这两个纬度圈分别称为北回归线与南回归线。

南、北回归线也是南温带、北温带与热带的分界线；南极圈、北极圈则是 90 度减去回归线的度数的纬度值所构成的纬度圈，是南温带、北温带与南寒带、北寒带的分界线。

北回归线穿过的国家有中国、缅甸、印度、孟加拉、阿曼、阿拉伯联合酋长国、沙特阿拉伯、埃及、利比亚、阿尔及利亚、西撒哈拉、巴哈马、墨西哥等。

北回归线在我国依次自西向东穿过云南，广西，广东，台湾。在我国多地建有北回归线纪念碑、广场、标志塔等纪念建筑。

[i] 双子座的西边是金牛座，东边是比较暗淡的巨蟹座。

5.7　第 7 题

【操作要求】

打开文档 A5.docx，按下列要求设置、编排文档的版面如【样文 5-7】所示。

1. 页面设置：

- 自定义纸张大小为宽 20 厘米、高 30 厘米，设置页边距为上、下各 3 厘米，左、右各 2 厘米。
- 按样文所示，为文档添加页眉文字和页码，并设置相应的格式。

2. 艺术字设置：

- 将标题“沉积岩的形成”设置为艺术字样式“填充 － 蓝色，强调文字颜色 1，塑料棱台，映像”；字体为华文中宋，字号为 40 磅，文字环绕方式为“嵌入型”；为艺术字添加“槽形”转换的文本效果。

3. 文档的版面格式设置：

- **分栏设置：**将正文最后两段设置为两栏格式，第一栏栏宽 17 字符，栏间距 2.2 字符，显示分隔线。
- **边框和底纹：**为正文的第 1 段添加 1.5 磅、紫色、虚线、带阴影的边框，并为其填充“浅色网格”底纹样式，颜色为浅橙色（RGB：251，212，180）。

4. 文档的插入设置：

- **插入图片：**在样文中所示位置插入图片 C:\2010KSW\DATA2\pic5-7.jpg，设置图片的缩放比例为 20%，环绕方式为“四周型环绕”，并为图片添加“映像圆角矩形”的外观样式。
- **插入尾注：**为正文第 1 段的“沉积岩”三个字插入尾注“沉积岩：又称为水成岩，是三种组成地球岩石圈的主要岩石之一（另外两种是岩浆岩和变质岩）。”

【样文 5-7】

第 1 页　　资源地学

沉积岩的形成

沉积岩[1]是由风化的碎屑物和溶解的物质经过搬运作用、沉积作用和成岩作用而形成的。形成过程受到地理环境和大地构造格局的制约。古地理对沉积岩形成的影响是多方面的。最明显的是陆地和海洋，盆地外和盆地内的古地理影响。陆地沉积岩的分布范围比海洋沉积岩的分布范围小；盆地外沉积岩的分布范围或能保存下来的范围，比盆地内沉积岩的分布或能保存下来的范围要小一些。

大地构造环境对沉积岩的形成及其以后的变化有多方面的制约。例如在陆内造山带形成山前粗碎屑砾岩层序；在陆内断陷盆地、洼地和山前拗陷盆地，可形成湖泊、干盐湖或湖沼沉积；在稳定大陆块或克拉通之上的陆表海内，常形成厚度不大的砂质岩或碳酸盐岩组合；在大陆与火山岛弧之间或弧后海沟一带，可形成厚度很大而且包含火山岩和火山碎屑岩的韵律层状沉积岩；在大陆架到深海的斜坡带形成滑塌堆积岩或混杂岩等。古气候对沉积岩的形成的影响在陆地范围内非常明显。在干旱古气候条件下，形成大面积的陆相红色粗细碎屑岩，这是由于沉积物中的氧化铁常氧化为三氧化二铁。潮湿气候条件下，有机质丰富，进入沉积物中使沉积岩颜色成为暗灰或黑色。盐类在炎热干旱气候形成，煤炭在温暖潮湿气候聚集，都说明古气候对沉积岩形成是有制约作用的。生物在地质历史时期的进化，繁盛或衰亡对沉积岩的形成有明显影响，元古宙时期还未出现大量的海生动物群，因此，世界各地的中、晚元古代地层都包含大量叠层石藻灰岩，据认为在显生宙以后大量海生动物出现并以食藻为生，因而叠层石灰岩大为减少。在石炭纪，全球性的植物繁茂，形成了大量煤炭层。

古水动力条件对沉积岩的形成的影响表现为不同的水流条件形成不同的沉积或造成不同的结构构造。山前和河流的水流主要是由高处流向低处的定向水流，常形成分选差的、具单向交错层理的洪积和冲积沉积。在滨海带，潮汐带主要是往复流动的双向水流，常形成分选好的、具鱼骨状交错层理的滨海和潮汐沉积。在海洋中还有风暴流、浊流等深流造成碎屑岩的结构、构造和造岩成分的差异。此外，有些沉积岩形成后还受到地下潜水流的影响，使石灰岩发生白云岩化和硅化等次生变化。此外，冰川和风也可搬运碎屑物，在特定条件下，形成冰碛岩和风成岩。

[1]沉积岩：又称为水成岩，是三种组成地球岩石圈的主要岩石之一（另外两种是岩浆岩和变质岩）。

5.8　第 8 题

【操作要求】

打开文档 A5.docx，按下列要求设置、编排文档的版面如【样文 5-8】所示。

1. 页面设置：

- 自定义纸张大小为宽 20 厘米、高 27 厘米，设置页边距为预定义页边距“适中”。
- 按样文所示，为文档添加页眉文字和页码，并设置相应的格式。

2. 艺术字设置：

- 将标题“清火降暑美食——马蹄”设置为艺术字样式“填充 - 蓝色，强调文字颜色 1，内部阴影 - 强调文字颜色 1”；字体为华文行楷，字号为 36 磅，文字环绕方式为“嵌入型”；为艺术字添加“水绿色，8 pt 发光，强调文字颜色 5”发光的文本效果。

3. 文档的版面格式设置：

- **分栏设置：**将正文第 2 段至结尾设置为偏右的两栏格式，不显示分隔线。
- **边框和底纹：**为正文第 2 段添加 1.5 磅、深红色、点-点-短线的边框，并为其填充“浅色棚架”底纹样式，颜色为淡紫色（RGB：178，161，199）。

4. 文档的插入设置：

- **插入图片：**在样文中所示位置插入图片 C:\2010KSW\DATA2\pic5-8.jpg，设置图片的缩放比例为 35%，环绕方式为“紧密型环绕”，并为图片添加“金属椭圆”的外观样式，更改图片边框颜色为浅绿色（RGB：195，214，155）。
- **插入尾注：**为正文第 1 段的“马蹄”两个字插入尾注“马蹄：又称荸荠，原产于印度。”

【样文 5-8】

清火降暑美食——马蹄

有一种食物既是蔬菜又是水果，口感像雪梨一样爽脆甘甜，它就是马蹄[i]，也叫荸荠或地梨，是一种非常甘甜酥脆的水生蔬菜，可以入菜或当水果吃。

荸荠除含有丰富的水分、淀粉、蛋白质外，还含有钙、磷、维生素 A 原、碳酸及维生素 B1、维生素 B2、维生素 C 等物质。另外，马蹄中含有叫做“荸荠英”的物质，对金黄色葡萄球菌、绿脓杆菌、大肠杆菌等有害细菌有明显的抑制作用。所以，对细菌感染造成的扁桃腺肿痛、咽炎和肺炎咳嗽都有不错的食疗效果。

中医讲马蹄是寒凉食物，降火润喉、清肺祛痰，尤其适合夏季食用。通过营养分析，这些理论也有一定现实依据。在炎热的夏季里，经常吃马蹄可以平衡寒热、生津止渴，尤其是当夏季伤风感冒、发烧时，可以尝试饮用马蹄汁，每天 500 克马蹄榨汁分次饮用。偶尔声音嘶哑、失声也可用鲜榨马蹄汁食疗，效果也非常好。

马蹄中的无机盐含量很高，钾和磷的含量都是同类植物中的佼佼者。磷和钙一样，都是骨骼新陈代谢所必须的营养素，充足适量的磷对骨骼生长和发育都有着不可替代的作用。每百克马蹄中钾的含量可以达到 306 毫克，是典型的高钾低钠食物，可以平衡机体细胞的渗透压，消除水肿，预防免疫力下降诱发的疾病，具有很好的降血压和降血脂作用。马蹄对牙齿骨骼的发育也有很大好处，因此马蹄非常适于儿童食用。

在生活中，马蹄除了可以去皮榨汁饮用外，还可以做非常多的营养佳肴。比如扬菜中的清炖蟹粉狮子头中就有马蹄。另外，马蹄还可以和虾仁一起烹炒家常小菜。

[i]马蹄：又称荸荠，原产于印度。

5.9　第 9 题

【操作要求】

打开文档 A5.docx，按下列要求设置、编排文档的版面如【样文 5-9】所示。

1. 页面设置：

- 自定义纸张大小为宽 21 厘米、高 32 厘米，设置页边距为上、下各 2.5 厘米，左、右各 3 厘米。
- 按样文所示，为文档添加页眉文字和页码，设置字体为宋体、五号、加粗，边框线为 3 磅的实线。

2. 艺术字设置：

- 将标题“热气球”设置为艺术字样式“填充 － 红色，强调文字颜色 2，暖色粗糙棱台”；字体为华文琥珀，字号为 48 磅，文字环绕方式为“嵌入型”；为艺术字添加“停止”转换的文本效果。

3. 文档的版面格式设置：

- **分栏设置：**将正文第 2 段和第 3 段设置为栏宽相等的两栏格式，显示分隔线。
- **边框和底纹：**为正文的第 1 段添加 0.75 磅、紫色、双实线的边框，并为其填充天蓝色（RGB：182，221，232）的底纹。

4. 文档的插入设置：

- **插入图片：**在样文中所示位置插入图片 C:\2010KSW\DATA2\pic5-9.jpg，设置图片的高度为 10 厘米，宽度为 6.5 厘米，环绕方式为“四周型环绕”，并为图片添加“圆形对角，白色”的外观样式，设置“橙色，5 pt 发光，强调文字颜色 6”发光的图片效果。
- **插入脚注：**为正文最后一段中的“热气球”三个字添加波浪线下划线，并插入脚注“热气球的唯一飞行动力是风。”

【样文 5-9】

热气球

热气球是用热空气作为浮升气体的气球。在气囊底部有供热空气加热用的大开口和吊篮。空气加热后密度减小，温度达 100° 时密度约为 0.95kg/m3，是空气的 1/1.3，因此升空不高。现代热气球在吊篮中安装有简单的飞行仪表、燃料罐和喷灯等设备。从地面升空时，点燃喷灯，将空气加热后从气囊底部开口处充入气囊。升空飞行后，控制喷灯的喷油量操纵气球的上升或下降。热气球出现得最早，现今乘热气球飞行已成为人们喜爱的一种航空体育运动。此外，热气球还常用于航空摄影和航空旅游。

热气球最早由中国人发明，称为天灯或孔明灯，约在公元二世纪或三世纪被发明，被用来传递军事信号。知名学者李约瑟也指出，1241 年蒙古人曾经在李格尼兹（Liegnitz）战役中使用过龙形天灯传递信号。而欧洲人到了 1783 年才向空中释放第一个内充热空气的气球。

十八世纪，法国造纸商孟格菲兄弟在欧洲重新发明了热气球。他们受碎纸屑在火炉中不断升起的启发，用纸袋把热气聚集起来做实验，使纸袋能够随着气流不断上升。1783 年 6 月 4 日，孟格菲兄弟在里昂安诺内广场做公开表演，一个圆周为 110 英尺的模拟气球升起，飘然飞行了 1.5 英里。同年 9 月 19 日，在巴黎凡尔赛宫前，孟格菲兄弟为国王、王后、宫廷大臣及 13 万巴黎市民进行了热气球的升空表演。同年 11 月 21 日下午，孟格菲兄弟又在巴黎穆埃特堡进行了世界上第一次载人空中航行，热气球飞行了 25 分钟，在飞越半个巴黎之后降落在意大利广场附近。这次飞行比莱特兄弟的飞机飞行早了整整 120 年。在充气气球方面，法国的罗伯特兄弟是最先乘充满氢气的气球飞上天空的。

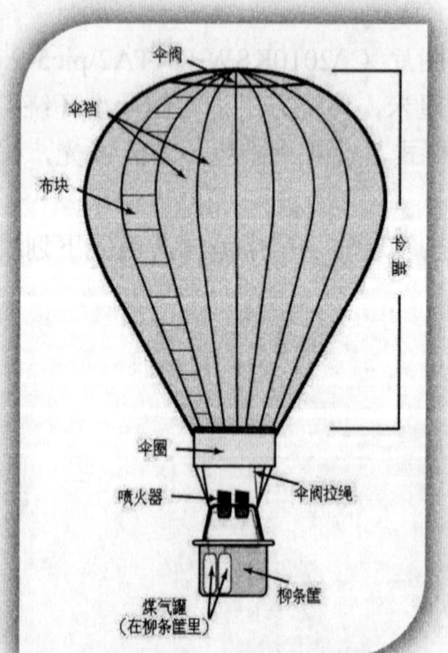

第二次世界大战以后，高科技使球皮材料以及致热燃料得到普及，热气球成为不受地点约束、操作简单而方便的公众体育项目。1978 年 8 月 11 日至 17 日，「双鹰 3 号」成功飞越了大西洋，而在 1981 年它又成功跨越太平洋。1980 年西方的热气球被引入中国。1982 年美国著名刊物《福布斯》杂志创始人福布斯先生驾驶热气球后转摩托车旅游来到中国，自延安到北京，完成了驾球飞临世界每个国家的愿望。

国际航空联合会曾将热气球列为最安全的飞行器。单从数据上看，热气球的安全系数也是相当高的。据了解，全世界约有 2 万个热气球，在欧美等发达国家，热气球更是一项热门的运动，几乎每天都有热气球比赛或活动。随着热气球运动的发展，科技元素也不断地加入热气球运动中，反映在所采用的热气球器具、飞行员的理论实战培训等都有了质的飞跃。

今天，热气球[1]作为一个体育项目正日趋普及，它曾创造上升 34668 公尺高的记录。

[1]热气球的唯一飞行动力是风。

5.10　第 10 题

【操作要求】

打开文档 A5.docx，按下列要求设置、编排文档的版面如【样文 5-10】所示。

1. 页面设置：

- 自定义纸张大小为宽 21 厘米、高 30 厘米，设置页边距为上、下各 2 厘米，左、右各 3 厘米。
- 按样文所示，为文档添加页眉文字和页码，设置字体为华文新魏、四号、浅蓝色。

2. 艺术字设置：

- 将标题“二月二龙抬头的传说”设置为艺术字样式“填充 － 白色，暖色粗糙棱台”；字体为华文中宋，字号为 36 磅，文本填充为预设颜色中“彩虹出岫”的效果，类型为“射线”，方向为“中心辐射”；文字环绕方式为“上下型环绕”，对齐方式为居中；为艺术字添加转换中“桥形”的文本效果。

3. 文档的版面格式设置：

- **分栏设置：**将正文第 1 段和第 2 段设置为栏宽相等的三栏格式，不显示分隔线。
- **边框和底纹：**为正文的第 3 段文字添加 1.5 磅、浅蓝色、双实线边框；并为正文第 4 段和第 5 段填充浅绿色（RGB：214，227，188）的底纹。

4. 文档的插入设置：

- **插入图片：**在样文中所示位置插入图片 C:\2010KSW\DATA2\pic5-10.jpg，设置图片的高度为 5 厘米，宽度为 6.5 厘米，环绕方式为“四周型环绕”，并为图片添加“柔化边缘椭圆”的外观样式。
- **插入脚注：**为正文第 4 段中的文本“武则天”三个字插入脚注“武则天：是中国历史上唯一一个正统的女皇帝。”

【样文 5-10】

二月二龙抬头的传说

二月二龙抬头，汉族民间传统节日农历二月二民谚，流行于全国多数地区；二月二在我国各地的风俗活动不同，又有花朝节、踏青节、挑菜节、春龙节、青龙节、龙抬头日之称。二月二又有关于龙抬头的诸多习俗，诸如撒灰引龙、扶龙、熏虫避蝎、剃龙头、忌针刺龙眼等节俗，故称龙抬头日。

民间传说着二月初一龙睁眼，二月初二龙抬头，二月初三龙出汗。在这个当口，家里主事的女人们，抢在二月初一的头里儿，为家里老老少少脱掉了一头的冬装忙碌。按照老礼儿，初一到初三不能做活儿，不能动用剪刀和针头线脑儿。善良的女人们，尤其是上了年纪的老太太，头几天儿就喊着唬着，全家上上下下的人千万别动刀剪之物，甚至背着家里的老小，把忌讳的东西一堆儿的收了起来。

在我国北方，广泛地流传着这样的一个民间传说：

武则天[1]称帝之后，大唐天下一夕姓武。武则天改国号为周，自称周武皇帝。这在中国封建史上是一次革命，妇女从“三从四德”的闰閫中走上至高无上的宝座，对封建传统无疑是一个震撼。传说中讲，武则天做天子，惹怒了玉皇大帝（中国五千年文明史，男人篡位合乎天理，女人却不行，连天帝也怒了。这实在可以看出男尊女卑是如何根深蒂固）。玉帝传命太白金星，叫他通知四海龙王，三年不得降雨人间，以示对武后的惩罚（群主和神祇们为了自己的尊严和利益，总是将无辜的百姓作为无谓的牺牲品。三年无雨，谁苦？百姓苦！能叫武后饿肚子吗？能叫权臣富豪饿肚子吗？）四海龙王按照玉帝的命令，不但庄稼保不住，老百姓吃水都有困难了。司管天河的玉龙见生灵涂炭，万民悲怆，动了恻隐之心，不顾玉帝的命令，决心拯救人间大众，在天河里喝足了水，布云施雨，普降甘霖。玉龙救了万民，但惹恼了玉帝。玉帝对玉龙说，待至金黄色豆开花，方放他出去。

天下百姓，感激玉龙拯救之恩，决心想法子救出玉龙，便约好天下各处人家，都在二月初二这天爆炒金黄的包谷米子。玉龙见此情景，灵机一动，向天呼叫太白金星，说：“金豆开花了，放我的时候到了，你还敢违抗玉帝圣旨不成了。”太白金星向人间一看，果然遍地金豆开花，于是信以为真。便放玉龙。此后，为了纪念敢违抗天旨普救万民的玉龙，每逢二月二，人们就爆炒金豆。

民间传说，每逢农历二月初二，是天上主管云雨的龙王抬头的日子；从此以后，雨水会逐渐增多起来。因此，这天就叫“春龙节”。我国北方广泛的流传着“二月二，龙抬头；大仓满，小仓流。”的民谚。

[1]武则天：是中国历史上唯一一个正统的女皇帝。

5.11　第 11 题

【操作要求】

打开文档 A5.docx，按下列要求设置、编排文档的版面如【样文 5-11】所示。

1．页面设置：

- 自定义纸张大小为宽 22 厘米、高 26 厘米，设置页边距为上、下各 2 厘米，左、右各 3.5 厘米。
- 按样文所示，为文档添加页眉文字和页码，并设置相应的格式。

2．艺术字设置：

- 将标题“明月夜”设置为艺术字样式“渐变填充　－　蓝色，强调文字颜色 1”；字体为隶书，字号为 48 磅；文字环绕方式为“嵌入型”，并为其添加发光变体中的“蓝色，5 pt 发光，强调文字颜色 1”和转换中“正方形”弯曲的文本效果。

3．文档的版面格式设置：

- **分栏设置：**将正文除第 1 段以外的其余各段均设置为两栏格式，栏间距为 3 字符，显示分隔线。
- **边框和底纹：**为正文的最后一段添加双实线边框，并填充底纹为标准色中的“橙色”。

4．文档的插入设置：

- **插入图片：**在样文中所示位置插入图片 C:\2010KSW\DATA2\pic5-11.jpg，设置图片的缩放比例为 60%，环绕方式为“紧密型环绕”，并为图片添加“圆形对角，白色”的外观样式。
- **插入尾注：**为第 2 行“席慕容”三个字插入尾注“席慕容，女，著名诗人、散文家、画家。”

【样文 5-11】

明月夜

·席慕容[i]·

很晚了，她才和母亲从台北回来。车子开上了乡间那条小路的时候，月亮正从木麻黄的树梢后升了起来，路很暗，一辆车也没有，路两旁的木麻黄因而显得更加高大茂密。

一直沉默着的母亲忽然问她：

“你大概不会记得了吧？那时候，你还太小，我们住在四川乡下，家在一个山坡上，种着很多松树，月亮升起来的时候，就像今天晚上这样……”。

那么，妈妈，那多年来的幻象竟然是真实的了!

她怎么会不记得呢？心里总有着一轮满月冉冉升起，映着坡前的树影又黑又浓密，记得很清楚的是一个山坡，有月亮，有树，却一直想不起来会在哪里见过，一直不知道那是个什么样的地方？

"你大概不会记得的了，你那时候应该只有两三岁，还老是要我抱的年纪。"

那么，妈妈，那必定是在一个满月的夜晚了，在家门前的山坡上，年轻的妇人抱着幼儿，静静地站立着。

那夜，一轮皓月正从松树后面冉冉升起，山风拂过树林，拂过妇人清凉圆润的臂膀。在她怀中，孩子正睁大着眼睛注视着夜空，在小小漆黑的双眸里，反映着如水的月光。

原来，就是那样的一种月色，从此深植过她的心中，每个月圆的晚上，总会给她一种似曾相识的感觉，给她一种恍惚的乡愁。在她的画里，也因此而反复出现一轮极圆极满的皓月，高高地挂在天上，在画面下方，总是会添上一丛又一丛浓密的树影。

妈妈，生命应该就是这样了吧？在每一个时刻里都会有一种埋伏，却要等待几十年之后才能够得到答案，要在不经意的回顾里才会恍然，恍然于生命中种种曲折的路途，种种美丽的牵绊。

到家了，她把车门打开，母亲吃力地支着拐杖走出车外，月光下，母亲满头的白发特别耀眼。

月色却依然如水，晚风依旧清凉。

---

[i] 席慕容，女，著名诗人、散文家、画家。

5.12　第 12 题

【操作要求】

打开文档 A5.docx，按下列要求设置、编排文档的版面如【样文 5-12】所示。

1．页面设置：

- 设置纸张大小为信纸，将页边距设置为上、下各 3 厘米，左、右各 3.7 厘米。
- 按样文所示，在文档的页眉处添加页眉文字，页脚处添加页码，并设置相应的格式。

2．艺术字设置：

- 将标题“乌镇简介”设置为艺术字样式“填充 － 橄榄色，强调文字颜色 3，粉状棱台”；字体为华文琥珀，字号为 44 磅，文字环绕方式为“嵌入型”；为艺术字添加映像变体中的“紧密映像，接触”和转换中“朝鲜鼓”弯曲的文本效果。

3．文档的版面格式设置

- **分栏设置：**将正文第 3、4 段设置为栏宽相等的三栏格式，显示分隔线。
- **边框和底纹：**为正文的第 2 段添加 1.5 磅、标准色中的“浅绿”色、双实线边框，并为其填充浅橙色（RGB：251，212，180）底纹。

4．文档的插入设置：

- **插入图片：**在样文中所示位置插入图片 C:\2010KSW\DATA2\pic5-12.jpg，设置图片的缩放比例为 50%，环绕方式为“四周型环绕”，并为图片添加“柔化边缘矩形”的外观样式。
- **插入尾注：**为正文第 1 段的“古镇”两个字插入尾注“古镇，一般指有着百年以上历史的，供集中居住的建筑群。”

【样文 5-12】

江南水乡

乌镇简介

乌镇是江南六大名镇之一，是个具有六千余年悠久历史的古镇[i]，曾名乌墩和青墩，全镇辖 13 个社区居委会和 18 个行政村。乌镇地处浙江省桐乡市北端，西临湖州市，北界江苏吴江县，为二省三市交界之处。乌镇原以市河（车溪）为界，分为乌青二镇，河西为乌镇，属湖州府乌程县；河东为青镇，属嘉兴府桐乡县。解放后，市河以西的乌镇划归桐乡县，才统称乌镇。陆上交通有县级公路姚震线贯穿镇区，经姚震公路可与省道盐湖公路、国道 320 公路、318 公路、沪杭高速公路相衔接。乌镇距桐乡市区 13 公里，距周围嘉兴、湖州、吴江三市分别为 27 公里、45 公里和 60 公里，距杭州、苏州均为 80 公里，距上海 140 公里。

乌镇是典型的江南水乡古镇，素有“鱼米之乡，丝绸之府”之称。一条流水贯穿全镇，它以水为街，以岸为市，两岸房屋建筑全面向河水，形成了水乡迷人的风光。水中不时有乌篷船依呀往返，岸边店铺林立叫卖声不绝于耳。

乌镇十字形的内河水系将全镇划分为东南西北四个区块，当地人分别称之为“东栅、南栅、西栅、北栅”。

2001 年，乌镇保护开发东栅工程东栅景区正式对外开放，以其原汁原味的水乡风貌和深厚的文化底蕴，一跃成为中国著名的古镇旅游胜地。传承千年的历史文化，淳朴秀美的水乡风景，风味独特的美食佳肴，缤纷多彩的民俗节日……深厚的人文积淀和亘古不变的生活方式使乌镇成为了东方古老文明的活化石。智慧的传承伴随脉脉书香，在乌镇展现出一幅迷人的历史画卷。开放以来，乌镇每年吸引二百多万海内外游客前来观光游览，成为浙江省年接待外宾数量最多的单个景点。已成功接待了江泽民、吴邦国、温家宝、钱其琛、李岚清、乔石、李瑞环、李鹏等众多党和国家领导人以及 APEC 会议嘉宾。被国家旅游局评为首批 AAAA 级景区，获得联合国颁发的“2003 年亚太地区遗产保护杰出成就奖”。

[i] 古镇，一般指有着百年以上历史的，供集中居住的建筑群。

第 1 页

5.13　第 13 题

【操作要求】

打开文档 A5.docx，按下列要求设置、编排文档的版面如【样文 5-13】所示。

1. 页面设置：

- 设置纸张的方向为横向，设置页边距为预定义页边距“适中”。
- 按样文所示，在文档的页眉处添加页眉文字和页码，并设置相应的格式。

2. 艺术字设置：

- 将标题“维生素吃多了没什么好处”设置为艺术字样式“填充 － 红色，强调文字颜色 2，暖色粗糙棱台”；字体为华文彩云，字号为 48 磅，文字环绕方式为“顶端居右，四周型文字环绕”；为艺术字添加三维旋转中“极右极大透视”和“橄榄色，5 pt 发光，强调文字颜色 3”的发光文本效果。

3. 文档的版面格式设置

- **分栏设置：**将正文第 3、4、5、6 段设置为栏宽相等的两栏格式，不显示分隔线。
- **边框和底纹：**为正文的第 1 段添加 0.75 磅、标准色中的“浅绿”色、三细实线、带阴影的边框，并为其填充图案样式 12.5%的底纹。

4. 文档的插入设置：

- **插入图片：**在样文中所示位置插入图片 C:\2010KSW\DATA2\pic5-13.jpg，设置图片的缩放比例为 50%，环绕方式为“四周型环绕”，并为图片添加“映像圆角矩形”的外观样式。
- **插入尾注：**为正文第 1 段的“维生素”三个字插入尾注“维生素又名维他命，即维持生命的物质。”

【样文 5-13】

维生素吃多了没什么好处

一直以来我们对维生素[i]都有很严重的误解，很多人认为维生素吃得越多对我们的健康越有利，其实这是严重的误区，近两年来关于维生素对身体危害性的报道还有很多：比如常年摄入高剂量的维生素D会增加老年女性的骨折率；服用维生素B12 加叶酸会增加患肺癌的几率等等。维生素能预防疾病的观点几乎被颠覆。

有关维生素的利与弊，学术界仍在探索。但如果能遵循以下 4 个准则来看待维生素的话，我们也就没必要在彷徨中等待最终学术结论。

维生素更像是把双刃剑。虽然目前多数的研究成果都揭示了服用维生素的弊端，但是支持维生素能预防疾病这一传统理论的报道也有不少，比如多补充维生素 B6 可以降低患肺癌的风险。还有不少人群研究结果是吃维生素跟喝凉白开一样——没啥作用。所以，综合起来看，我们既不能把口服维生素制剂一竿子打死，也不能盲目地把它作为延年益寿的保养良方。

维生素是利是弊——取决于你的身体状态。比如说同样是叶酸，老年人长期服用可能会增加死亡率，而年轻的怀孕女性服用却对身体和婴儿有好处。

维生素对健康有损害——高剂量是关键因素。许多关于维生素的研究都指出那些因为服用某种维生素而对身体造成不良影响的人群，他们摄取的维生素比一般情况下都要高出许多。可惜的是，我们到底每天应该摄入多少维生素才合适，至今也没有定论。

自然饮食更健康。建议大家还是应该注重饮食均衡，用肉蛋蔬果中天然的营养物质来满足身体的日常需求，尽量不要长期服用额外的维生素药剂。如果存在某种维生素缺乏或身体有特殊需要的情况，也应当遵从医嘱，小心不要补过量。

[i] 维生素又名维他命，即维持生命的物质。

5.14　第 14 题

【操作要求】

打开文档 A5.docx，按下列要求设置、编排文档的版面如【样文 5-14】所示。

1. 页面设置：

- 自定义纸张大小为宽 20 厘米、高 26 厘米，设置页边距为上、下各 2 厘米，左、右各 2.4 厘米。
- 按样文所示，在文档的页眉处添加页眉文字，页脚处添加页码，并设置相应的格式。

2. 艺术字设置：

- 将标题“麦冬”设置为艺术字样式“填充 － 水绿色，透明强调文字颜色 5，浅色棱台”；字体为隶书，字号为 60 磅，文本填充为预设颜色中“红日西斜”的效果，类型为“线性”，方向为“线性向上”；文字环绕方式为“顶端居中，四周型文字环绕”。

3. 文档的版面格式设置：

- **分栏设置**：将正文第 3、4 段设置为栏宽相等的两栏格式，不显示分隔线。
- **边框和底纹**：为正文的第 1 段添加 1.5 磅、标准色中的“绿色”、双实线的边框，并为其填充浅绿色（RGB：194，214，155）的底纹。

4. 文档的插入设置：

- **插入图片**：在样文中所示位置插入图片 C:\2010KSW\DATA2\pic5-14.jpg，设置图片的缩放比例为 90%，环绕方式为“四周型环绕”，并为图片添加“棱台矩形”的外观样式。
- **插入尾注**：为正文第 3 段中的“《神农本草经》”添加着重号，并插入脚注“《神农本草经》简称《本草经》或《本经》，是中国现存最早的药物学专著。”

【样文 5-14】

科学普及

麦冬

提起麦冬，多数人就会想到一颗颗白白胖胖，形如纺锤的中药材，这种中药材就是来自也称为麦冬的植物。秋天，麦冬又会为您献上美丽的花儿，淡淡的紫色，颇让人喜欢。

麦冬（Ophiopogon Japonicus），根有须，像麦，叶似韭菜，且冬天并不凋枯，故而得名，也称为麦门冬，为百合科植物，属多年生常绿草本植物。叶丛生，暗绿色，长条形，四季葱郁，迎风飘逸长，10月中开花，花淡紫色，总状花序，花梗从叶丛中抽出，每束10-20朵小花，浅紫色，淡雅美丽。花谢后结豌豆状的果实，成熟时为紫色或蓝黑色，内有种子，种子球形，一串串，甚是好看。

麦冬是我国第一部药物学著作《神农本草经》[1]记载的上品药物，同时，也是一直被人们称为生于阶沿，用为上品的养生佳品。我们所熟悉那枣核形的药材，则是来自于其的肉质块茎。麦冬在河南禹州被人民称为“禹韭”。

禹韭之名的来历有这样一个传说：大禹治水成功后，地里的庄稼丰收了，老百姓产的粮食吃不完，大禹就命令把剩余的粮食倒进河中，河中便长出了一种草，即麦冬。人们称此草“禹余粮”，由于此草产于禹州，叶窄而细长，形似韭菜，故叫做“禹韭”、“禹葭”。此草具有“滋阴生津、润肺止咳、清心除烦”的功效，故又被称为“不死药”。现代研究结果表明，麦冬能改善心肌收缩力，对心肌细胞具有保护作用，由它作为主要成分的生脉散药剂，在一定程度上能达到“生脉”或“复脉”的效果。

麦冬原产我国，分布于长江流域地区，多生于海拔2000米以下山坡林下或溪旁。喜温暖，稍耐寒；喜湿润，喜半阴及通风好的环境；宜肥沃而排水好的土壤。具有较强抗旱抗涝功能，四季常绿、生命力强、繁殖容易，是理想的观叶地面覆盖植物，可广泛用于校园、公园、住宅小区、林地、河滩等地的地被绿化，也可作花坛、花境或组合盆栽的镶边材料，或者盆栽观赏。

[1] 《神农本草经》简称《本草经》或《本经》，是中国现存最早的药物学专著。

5.15　第 15 题

【操作要求】

打开文档 A5.docx，按下列要求设置、编排文档的版面如【样文 5-15】所示。

1．页面设置：

- 自定义纸张大小为宽 20.1 厘米、高 27.6 厘米，设置页边距为上、下各 2.5 厘米，左、右各 3 厘米。
- 按样文所示，在文档的页眉处添加页眉文字和页码，并设置相应的格式。

2．艺术字设置：

- 将标题“人类寿命无上限”设置为艺术字样式“渐变填充 – 紫色，强调文字颜色 4，映像”；字体为华文隶书，字号为 45 磅，文字环绕方式为“嵌入型”，为艺术字添加棱台中的“柔圆”和转换中“停止”弯曲的文本效果。

3．文档的版面格式设置

- **分栏设置：**将正文第 2、3、4 段设置为偏左的两栏格式，不显示分隔线。
- **边框和底纹：**为正文的第 1 段添加 1.5 磅、浅橙色（RGB：250，191，143）、三细实线边框，并为其填淡紫色（RGB：204，192，217）底纹。

4．文档的插入设置：

- **插入图片：**在样文中所示位置插入图片 C:\2010KSW\DATA2\pic5-15.jpg，设置图片的缩放比例为 60%，环绕方式为“四周型环绕”，并为图片添加“居中矩形阴影”的外观样式。
- **插入脚注：**为正文第 3 段中的文本“中风”两个字插入脚注“中风也叫脑卒中，是中医学对急性脑血管疾病的统称。”

【样文 5-15】

人类寿命无上限

研究人员认为，人类最大寿命目前正稳步地延长，而且并没有一定的限制。以前，科学家们认为人类生命的极限为 120 岁，无人能够超越这一界限。然而，美国研究人员认为，人的寿命正在延长，表明人类的寿命可能是没有上限的。

美国加利福尼亚大学的研究人员对瑞典在过去 240 年中的出生和死亡情况进行了分析。研究人员发现，仍然健在的寿星的年龄呈现出一个不断上升的趋势。例如，生于 1756 年卒于 1857 年的最老寿星为 101 岁，而生于 1884 年卒于 1993 年的最老的寿星年龄为 109 岁。在 19 世纪 60 年代最老的寿星卒于 101 岁，这一记录到 20 世纪 60 年代缓慢上升至 105 岁。但在此后的 40 年中，这一记录迅速上升，到 20 世纪的 90 年代已上升至 108 岁。

加州大学教授威尔茅斯指出，环境卫生的改善、公共卫生质量的提高以及供水安全度的增高对于延长人类的寿命起到了促进作用。他说，如今的老人在儿童时期不像上几代的儿童那样体弱多病，他们都是得益于此，而这一变化发生在 80-100 年之前，1970 年以后，寿命延长的趋势开始加快。这与人类在某些医疗实践方面所取得的突破密不可分，如人们对于心脏病和中风[1]的了解及治疗。

威尔茅斯否认了以前所谓的人类寿命无法超过 120 岁的理论。他说，想估算出一个确定的寿命上限是没有科学根据的，不管是 115 岁还是 120 岁，都是一些科学家在以讹传讹。威尔茅斯指出，研究表明人类的最长寿命正在发生改变。寿命在生理学上并不是一个不变的常数，它是否能够无限制地延长下去目前还很难说，而且也没有迹象表明寿命延长的趋势正在减缓。在时间的长河中，人类正在不断打破生命的极限。

[1]中风也叫脑卒中，是中医学对急性脑血管疾病的统称。

5.16　第 16 题

【操作要求】

打开文档 A5.docx，按下列要求设置、编排文档的版面如【样文 5-16】所示。

1．**页面设置：**

- 自定义纸张大小为宽 22 厘米、高 30 厘米，设置页边距为上、下各 2.5 厘米，左、右各 3 厘米。
- 按样文所示，为文档添加页眉文字和页码，并设置相应的格式。

2．**艺术字设置：**

- 将标题“初识凝结水”设置为艺术字样式“填充 - 水绿色，透明强调文字颜色 5，浅色棱台”；字体为华文琥珀，字号为 44 磅；文字环绕方式为“嵌入型”，并为其添加发光变体中的“水绿色，5 pt 发光，强调文字颜色 5”和转换中“腰鼓”弯曲的文本效果。

3．**文档的版面格式设置：**

- **分栏设置：**将正文最后两段设置为三栏格式，栏间距为 2 字符，显示分隔线。
- **边框和底纹：**为正文的第 1 段添加 2.25 磅、浅青绿色（RGB：172，237，246）、虚线边框，并为其填充淡紫色（RGB：255，204，255）底纹。

4．**文档的插入设置：**

- **插入图片：**在样文中所示位置插入图片 C:\2010KSW\DATA2\pic5-16.jpg，设置图片的缩放比例为 40%，环绕方式为“紧密型环绕”，并为图片添加“圆形对角，白色”的外观样式。
- **插入尾注：**为第 3 段“油茶”两个字插入尾注“油茶：因其种子可榨油（茶油）供食用，故名。”

【样文 5-16】

初识凝结水

"蒹葭苍苍，白露为霜。所谓伊人，在水一方。"寥寥八字便勾勒出一个苍凉幽缈的深秋清晨时空背景，从而引出后面脍炙人口的诗句来。文人墨客喜用"露"托物寄情，因其纯洁无暇，便有了"垂绥饮清露，流响出疏桐"；因其稍纵即逝，便有"譬如朝露，去日苦多"；因其恰得时宜，便有"清风玉露一相逢，便胜却人间无数"。

露其实是自然界的一种普遍现象，实质是凝结水的一种。所谓凝结水是指当物体表面温度低于周围大气中水蒸气形成露珠时候的温度时，大气中汽态水在物体表面凝结形成的水源。其在我们生活中无处不在，小到随口对着玻璃哈气而形成的小水珠，大到清晨数平方公里植被叶片茎干上形成的露珠，都有凝结水的身影。这看似简单的气态和液态的转换，在人类的活动和自然环境中却有着很广的应用。

人类生产生活中利用蒸汽凝结水进行火力发电、原油分离等活动，凝结水的应用最大程度的回收了系统的热能，从而节能降耗，创造经济效益。科研中也常用到蒸发凝结水进行科学化验。农业生产中常常利用农作物凝结水量小、附着表面时间长的特点采用傍晚喷洒农药、寒露季节采摘油茶[1]等。

自然环境中，特别是在干旱、半干旱地区的生态系统，凝结水同样扮演着非常重要的角色。凝结水不但对积累的大气降尘有巩固作用，而且附着在土壤表层补充水分和减少了土壤的蒸发损失，在岩石土层中能促进岩石的风化作用，加剧半干旱地区喀什特地貌的形成和发展。对于植被而言，已有的研究表明凝结水可以通过湿润植物的叶表帮助克服干旱胁迫、提高光合强度。降低植物蒸腾或其他因素引起的水分亏缺等方式的作用，维持植物生长、有机物合成与代谢从而促使植物正常生长。干旱雨水资源短缺，露水发生频次和持续时间均超过降水，露水便成为重要的水资源和湿度来源，所以不少学者认为露水是干旱区域植物生存的主要水资源或者是植物生长唯一的液态水资源，足见其重要性。

凝结水犹如一个谜团，古人阅其表将之比作天上来水，寓之情赋予其丰富的情感；而今随着认识的不断深入，我们正扒开它那萦绕的迷雾，凝结水相关研究也正从自然学科方向逐步拓展到研究城市热岛效应和酸沉降等热点领域之中。在全球化水资源短缺的今天，如果这类水资源能合理利用起来，那么也将为人类活动和生态系统保护提供一个重要水资源利用途径。

[1]油茶：因其种子可榨油（茶油）供食用，故名。

5.17　第 17 题

【操作要求】

打开文档 A5.docx，按下列要求设置、编排文档的版面如【样文 5-17】所示。

1．页面设置：

- 自定义纸张大小为宽 21.5 厘米、高 27.5 厘米，将页边距设置为上、下各 2 厘米，左、右各 3.5 厘米。
- 按样文所示，在文档的页眉处添加页眉文字，页脚处添加页码，并设置页眉、页脚边框为深红色。

2．艺术字设置：

- 将标题“广州亚运会”设置为艺术字样式“填充 - 红色，强调文字颜色 2，粗糙棱台”；字体为华文新魏，字号为 60 磅，文字环绕方式为“顶端居中，四周型文字环绕”；为艺术字添加“棱纹”的棱台效果。

3．文档的版面格式设置：

- **分栏设置**：将正文第 4 段至结尾设置为偏左的两栏格式，显示分隔线。
- **边框和底纹**：为正文第 1 段添加 1.5 磅、深蓝色、双实线边框，并为其填充深红色底纹。

4．文档的插入设置：

- **插入图片**：在样文中所示位置插入图片 C:\2010KSW\DATA2\pic5-17.jpg，设置图片的缩放比例为 40%，环绕方式为“紧密型环绕”，并为图片添加“映像棱台，黑色”的外观样式。
- **插入尾注**：为正文第 2 段的“亚奥理事会”五个字插入尾注“亚奥理事会：于 1982 年 11 月 16 日成立，总部设在科威特。”

【样文 5-17】

亚运会之最

广州亚运会

2010 年广州亚运会暨第 16 届亚运会于 2010 年 11 月 12 日至 27 日在中国广州进行，广州是中国第二个取得亚运会主办权的城市。北京曾于 1990 年举办第 11 届亚运会。广州亚运会设 42 项比赛项目，是亚运会历史上比赛项目最多的一届。广州还在亚运会后举办了第 10 届残疾人亚运会。

2004 年 3 月共有四座城市申办亚运会：广州、吉隆坡、首尔、安曼；但之后其他三个申办城市相继决定退出竞逐。2004 年 7 月 1 日，亚奥理事会[i]宣布广州获得第 16 届亚运会主办权。

广州亚运会除了有 28 项奥运会比赛项目，该届亚运会还有 14 项非奥运会项目的正式比赛项目，其中包括新增设的围棋、武术、龙舟、藤球、板球等中国传统项目。

2010 年 11 月 13 日，在刚刚结束的体育舞蹈探戈单项决赛中，冠军由中国选手沈宏/梁瑜洁获得，十分钟前两人刚获得华尔兹舞单项冠军，而为了更好的视觉效果，梁瑜洁已经把白色舞衣换成红色舞衣迎接这历史性时刻的到来。同时，这也是中国军团亚运会上的第 1000 枚金牌。在此前的 9 届亚运会上，中国选手已经获得了 991 枚金牌。

2006 年 11 月 26 日，第 16 届亚运会组委会在广州中山纪念堂，举行 2010 年亚运会会徽发布仪式，由广州设计师张强设计的象征“羊城”广州的会徽设计方案成为 2010 年广州亚运会会徽。该会徽设计以柔美上升的线条，构成了一个造型酷似火炬的五羊外形轮廓，构图以抽象和具象相合，灵动、飘逸中不失稳重，象征着亚运会的圣火熊熊燃烧、永不熄灭。既体现了广州的城市象征，又表达了广州人民的美好愿望，并且表现了运动会应有的动感。

广州亚运会的吉祥物有五个，为历届亚运会中数量最多的吉祥物。“五羊”是广州市最为知名的标志，广州也被称为“羊城”，以五只羊作为吉祥物，充分体现了东道国、主办城市的历史底蕴、精神风貌和文化魅力。这五只羊有着与北京奥运会吉祥物“北京欢迎你”类似的名字，形象是运动时尚的五只羊，分别取名“阿祥”、“阿和”、“阿如”、“阿意”和“乐羊羊”，合起来就是“祥和如意乐洋洋”，表达了广州亚运会将给亚洲人民带来“吉祥、和谐、幸福、圆满和快乐”的美好祝愿，同时也传达了本届运动会“和谐、激情”的理念。

亚运会之最：广州亚运会已正式举行，但广州亚运会已有多项纪录入选中国世界纪录协会亚运会之最、中国之最、世界之最。

[i] 亚奥理事会：于 1982 年 11 月 16 日成立，总部设在科威特。

1

5.18 第 18 题

【操作要求】

打开文档 A5.docx，按下列要求设置、编排文档的版面如【样文 5-18】所示。

1. **页面设置：**

- 自定义纸张大小为宽 20 厘米、高 28 厘米，设置页边距为上、下各 1.8 厘米，左、右各 3 厘米。
- 按样文所示，在文档的页眉处添加页眉文字和页码，设置字体为华文琥珀、小四、浅蓝色，边框线为 1.5 磅的虚线。

2. **艺术字设置：**

- 将标题“赛里木湖”设置为艺术字样式“渐变填充 - 蓝色，强调文字颜色 1，轮廓 - 白色，发光 - 强调文字颜色 2”；字体为华文行楷，字号为 80 磅，文字环绕方式为“嵌入型”；为艺术字添加“内部左侧”的阴影文本效果。

3. **文档的版面格式设置：**

- **分栏设置：**将正文第 1～4 段设置为偏右的两栏格式，显示分隔线。
- **边框和底纹：**为正文最后两段添加 0.75 磅、橙色、双波浪线的边框，并为其填充水绿色（RGB：182，221，232）的底纹。

4. **文档的插入设置：**

- **插入图片：**在样文中所示位置插入图片 C:\2010KSW\DATA2\pic5-18.jpg，设置图片的缩放比例为 40%，环绕方式为“四周型环绕”，并为图片添加“柔化边缘矩形”的外观样式。
- **插入尾注：**为正文最后一段的“蒙古族”三个字插入尾注“蒙古族：是中国北方主要民族之一，也是蒙古国的主体民族。”

【样文 5-18】

中国湖泊

赛里木湖

赛里木湖，古称“净海”，位于中国新疆博尔塔拉州博乐市境内的北天山山脉中，紧邻伊犁州霍城县，是一个风光秀美的高山湖泊。湖面海拔2071.9 米，东西长 30 公里，南北宽 25 公里，面积 453 平方公里平均水深 46.4 米，最深处达 106 米，蓄水量 210 亿立方米。

赛里木湖是中国新疆维吾尔自治区西部湖泊，是天山博乐霍洛山脉的断隔湖。海拔 2073 米，面积 454 平方公里，最深处可达 92 米。湖四周是倾斜低岸，水草丰美，为优良牧场。无大河注入湖内，流域内也少冰川和永久积雪，湖水主要来源为雨水补给和地下水。20 世纪 50 年代曾测得赛里木湖东侧水位明显上涨，原因可能为湖盆的抬升运动。湖水于 12 月下旬封冻，冰厚 1～2 米，次年 5 月份解冻。

赛里木湖湖滨水草丰富，为优良牧场。每年入冬，这里雪涌水凝，略呈椭圆形的湖面镶在冰山雪原之中，宛若洁白松软的丝绵上搁置着一块碧绿的翡翠。到了夏季，湖畔林茂涧清，草茂花繁，辽阔的草原上，幕帐点点，炊烟袅袅，牛羊成群，牧马奔驰，构成了一幅动人的牧场风景画。

环湖气候湿润，年均降水量近 400 毫米，年均气温 1.1 摄氏度，冬季较长，夏季凉爽，春秋相连。湖周植被以草原和森林广布为特征。云杉林是湖周主要森林，树干笔直、苍劲挺拔，层层叠叠，织成塔林。林荫之内，伴有桦林、花楸、山楂等树种；林下浅草平铺，野菇丛生；林中还栖息马鹿、雪鸡、金雕、啄木鸟等异兽珍禽，湖中天鹅、斑头雁、白眉鸭等水禽畅游嬉戏。

凄美传说

赛里木湖传说是由一对为爱殉情的年轻的蒙古族[i]恋人的泪水汇集而成的。在很久很久以前，在还没有赛里木湖的时候，这里是一个盛开鲜花的美丽草原。草原上，有一位叫切丹的姑娘与叫做雪得克的蒙古族青年男子彼此深深相爱，可是凶恶的魔鬼贪婪切丹姑娘的美色，将切丹抓入魔宫，切丹誓死不从，伺机逃出魔宫，在魔鬼的追赶下，切丹被迫跳进一个深潭。当雪得克勇拼后赶来相救时发现切丹已经死去，万分悲痛中也跳入潭中殉情而死，刹时，潭里涌出滚滚涛水，于是，这对恋人的真诚至爱和悲痛泪水，化成了赛里木湖。

[i]蒙古族：是中国北方主要民族之一，也是蒙古国的主体民族。

5.19　第 19 题

【操作要求】

打开文档 A5.docx，按下列要求设置、编排文档的版面如【样文 5-19】所示。

1．**页面设置：**

- 定义纸张大小为信纸，设置页边距为上、下各 2.5 厘米，左、右各 3 厘米。
- 按样文所示，在文档的页眉处添加页眉文字，页脚处添加页码，页眉文字的字体设置为宋体、五号、蓝色。

2．**艺术字设置：**

- 将标题“迎春花的美丽传说”设置为艺术字样式“填充 - 橙色，强调文字颜色 6，渐变轮廓 - 强调文字颜色 6”；字体为微软雅黑，字号为 48 磅；环绕方式为“顶端居中，四周型文字环绕”，并为其添加发光变体中的“橙色，5 pt 发光，强调文字颜色 6”和转换中“逆时针”弯曲的文本效果。

3．**文档的版面格式设置：**

- **分栏设置：**将正文第 2 段至结尾设置为栏宽相等的两栏格式，显示分隔线。
- **边框和底纹：**为正文的最后一段添加 3 磅、淡紫色（RGB：178，161，199）虚线边框，并为其填充酸橙色（RGB：225，239，49）的底纹。

4．**文档的插入设置：**

- **插入图片：**在样文中所示位置插入图片 C:\2010KSW\DATA2\pic5-19.jpg，设置图片的缩放比例为 25%，环绕方式为“嵌入型”，并为图片添加“旋转，白色”的外观样式。
- **插入脚注：**为正文第 3 段的“舜”字插入脚注“舜：三皇五帝之一，名重华，字都君，生于姚墟，故姚姓。”

【样文 5-19】

中国名贵花卉

迎春花的美丽传说

迎春，拂去隆冬雪，弄作满枝黄。明花出枯萎，东风第一香。也因其是春来第一花，是以颇得古文人青睐。宋时刘敞就有贬迎春花一诗云：“秾李繁桃刮眼明，东风先入九重城。黄花翠蔓无人愿，浪得迎春世上名。”

相传，很早很早以前，地上一片洪水，庄稼淹了，房子塌了，老百姓只好聚在山顶上。天地间整天混混沌沌，连春秋四季也分不清。

那时候的帝王叫舜[1]，舜叫大臣鲧带领人们治水，治了几年，水越来越大。鲧死了，他的儿子禹又挑起了治水的重担。禹带领人们察找水路的时候，在涂山遇到了一位姑娘，这姑娘给他们烧水做饭

，帮他们指点水源。大禹感激这个姑娘，这姑娘也很喜欢禹，两人就成亲了。禹因为忙着治水，他们相聚了几天就分手了。临走时，姑娘把禹送了一程又一程。当来到一座山岭上时，禹就对她说：“送到什么时候也得分别啊！我不治好水是不会回头的。”姑娘两眼吟泪看着禹说：“你走吧，我就站在这里，要一直看到你治平洪水，回到我的身边。”大禹临别，把束腰的荆藤解下来，递给姑娘。姑娘摸着那条荆藤腰带，说：“去吧，我就站在这里等，一直等到荆藤开花，洪水停流，人们安居乐业时，我们再团聚。”大禹离别姑娘，就带领人们踏遍九州，开挖河道。几年以后，江河疏通，洪水归海，庄稼出土，杨柳发芽了，人民终于安居了。大禹高高兴兴连夜赶回来找心爱的姑娘。他远远看见姑娘手中举着那束荆藤，正立在那高山上等他，可是，当他到眼前一看，原来那姑娘早已变成石像了。

原来，自大禹走后，姑娘就每天立在这山岭上张望。不管刮风下雨，天寒地冻，从来没走开。后来，草锥子穿透她的双脚，草籽儿在她身上发了芽，生了根，她还是手举荆藤张望。天长日久，姑娘就变成了一座石像，她的手和荆藤长在一起了，她的血浸着荆藤。不知过了多久，荆藤竟然变水青、变嫩，发出了新的枝条。禹上前呼唤着心爱的姑娘，泪水落大石像上，霎时间那荆藤上竟开出了一朵朵金黄的小花儿。

荆藤开花了，洪水消除了。大禹为了纪念姑娘的心意，就给这荆藤花儿起个名叫“迎春花”。

[1]舜：三皇五帝之一，名重华，字都君，生于姚墟，故姚姓。

1/1

5.20 第 20 题

【操作要求】

打开文档 A5.docx，按下列要求设置、编排文档的版面如【样文 5-20】所示。

1. **页面设置：**

- 自定义纸张大小为宽 21.5 厘米、高 29 厘米，设置页边距上、下、左、右均为 2.5 厘米。
- 按样文所示，在文档的页眉处添加页眉文字，页脚处添加页码，设置文字颜色为深蓝色，边框线为深红色的双波浪线。

2. **艺术字设置：**

- 将标题“增强免疫力三法”设置为艺术字样式“渐变填充 - 紫色，强调文字颜色 4，映像”；字体为方正姚体，字号为 55 磅，文字环绕方式为“顶端居中，四周型文字环绕”；为艺术字添加透视中“靠下”的阴影文本效果。

3. **文档的版面格式设置：**

- **分栏设置：**将正文第 3～10 段设置为两栏格式，其中第 1 栏宽度为 15 字符，间距为 5 字符，显示分隔线。
- **边框和底纹：**为正文的第 1 段添加 3 磅、粉红色（RGB：220，20，134）如【样文 5-20】所示线型的边框，并为其填充淡紫色（RGB：204，192，217）底纹。

4. **文档的插入设置：**

- **插入图片：**在样文中所示位置插入图片 C:\2010KSW\DATA2\pic5-20.jpg，设置图片的缩放比例为 85%，环绕方式为“穿越型环绕”，并为图片添加“金属椭圆”的外观样式。
- **插入尾注：**为正文第 1 段的“免疫系统”四个字插入尾注“免疫系统：是人体抵御病原菌侵犯最重要的保卫系统。”

【样文 5-20】

生活小常识

增强免疫力三法

免疫力就是人体对各种疾病的抵抗力。这些抵抗力来自于体内的免疫系统[i]，如白血球、抗体、巨噬细胞等。免疫系统实力越强，遭受疾病侵袭的几率就越小。这就是有的人抗病（免疫力强），有的人不抗病（免疫力弱）的原因。

那么，如何增强免疫力呢？最好的办法是借助外力，以下三项措施值得你经常注意为之：

一、助本食物

最新研究表明，草本类食物在增强免疫力方面独具魅力，其主要有三大功能：一是均衡人体，调节内分泌腺，使内分泌功能保持正常，从而稳定免疫系统；二是具有自然清功，可清潜入体内的汞、砷、镉、铅等有害物，保护免疫系统；三是提供维生素、矿物质以及其他特殊养分，营养免疫系统。临床已证实，山楂、生姜对心病有治疗作用，橘子、香菇等在抗肿瘤与毒物方面很有优势，大豆、人参、甘草、丝瓜都是提升免疫功能的佳品。

二、借助睡眠

人们都知道睡眠是消除疲劳、增进生命活力的一种休息方式。其实，睡眠与人体免疫力密切相关。

睡眠增强免疫力的观点也得到俄罗斯医学专家的认同。他们对感冒病人的研究表明，凡是患感冒后立即卧床休息或睡眠者，其发烧、头痛、疲乏、鼻塞等症状可在一天内缓解，若继续工作或活动则可使病情迁延，感冒后继续工作一天，病程可延长三天，继续工作两天则迁延三天以上。原因何在？其奥妙在于睡眠时人体会产生一种称为胞壁酸的睡眠因子，此因子促使白血球增多、巨噬细胞活跃，肝脏解毒功能增强，从而将侵入的细菌和病毒消灭。

三、助光

合理晒太阳也是增强免疫力的一大举措。日光中的紫外线光束能刺激人体皮肤中的T—脱氢胆固醇，使其转化成维生素D3。切莫小看这种极其普通的维生素，专家称：“身体中通过紫外线A光束产生的维生素D3，是太阳送给人类的最大礼物”，每天只需 0.009毫克就可使免疫力增加一倍，尤其是在结核病乃至癌症的预防方面功不可没。

据专家测量，晒太阳 30 分钟，血液中就可以增加 0.25 毫克维生素 D3。资料显示，维生素 D3 可减少乳腺癌、肠癌、白血病、淋巴癌等病的发病危险。

[i]免疫系统：是人体抵御病原菌侵犯最重要的保卫系统。

第六单元　电子表格工作簿的操作

6.1　第 1 题

【操作要求】

在 Excel 2010 中打开文件 A6.xlsx，并按下列要求进行操作。

一、设置工作表及表格，结果如【样文 6-1A】所示

1. 工作表的基本操作：

- 将 Sheet1 工作表中的所有内容复制到 Sheet2 工作表中，并将 Sheet2 工作表重命名为“销售情况表”，将此工作表标签的颜色设置为标准色中的“橙色”。
- 在“销售情况表”工作表中，将标题行下方插入一空行，并设置行高为 10；将“郑州”一行移至“商丘”一行的上方；删除第 G 列（空列）。

2. 单元格格式的设置：

- 在“销售情况表”工作表中，将单元格区域 B2:G3 合并后居中，字体设置为华文仿宋、20 磅、加粗，并为标题行填充天蓝色（RGB：146，205，220）底纹。
- 将单元格区域 B4:G4 的字体设置为华文行楷、14 磅、白色，文本对齐方式为居中，为其填充红色（RGB：200，100，100）底纹。
- 将单元格区域 B5:G10 的字体设置为华文细黑、12 磅，文本对齐方式为居中，为其填充玫瑰红色（RGB：230，175，175）底纹；并将其外边框设置为粗实线，内部框线设置为虚线，颜色均为深红色。

3. 表格的插入设置：

- 在“销售情况表”工作表中，为“0”（C7）单元格插入批注“该季度没有进入市场”。
- 在“销售情况表”工作表中表格的下方建立如【样文 6-1A】下方所示的“常用根式”公式，并为其应用“强烈效果 - 蓝色，强调颜色 1”的形状样式。

二、建立图表，结果如【样文 6-1B】所示

- 使用“销售情况表”工作表中的相关数据在 Sheet3 工作表中创建一个三维簇状柱形图。
- 按【样文 6-1B】所示为图表添加图表标题及坐标标题。

三、工作表的打印设置

- 在“销售情况表”工作表第 8 行的上方插入分页符。

- 设置表格的标题行为顶端打印标题，打印区域为单元格区域 A1:G16，设置完成后进行打印预览。

【样文 6-1A】

利达公司2010年度各地市销售情况表（万元）					
城市	第一季度	第二季度	第三季度	第四季度	合计
郑州	266	368	486	468	1588
商丘	126	148	283	384	941
漯河	0	88	276	456	820
南阳	234	186	208	246	874
新乡	186	288	302	568	1344
安阳	98	102	108	96	404

$$\frac{-b \pm \sqrt{b^2 - 4ac}}{2a}$$

【样文 6-1B】

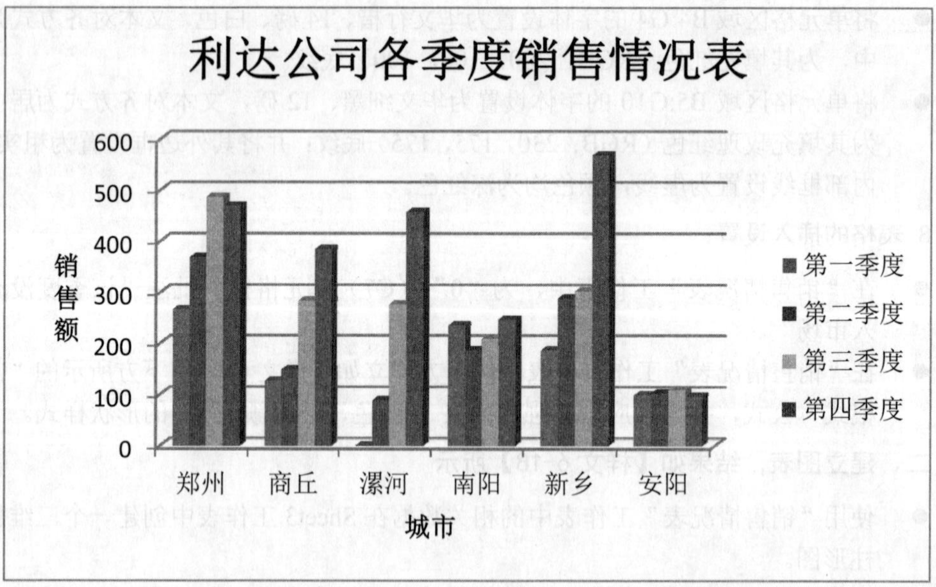

6.2　第2题

【操作要求】

在 Excel 2010 中打开文件 A6.xlsx，并按下列要求进行操作。

一、设置工作表及表格，结果如【样文 6-2A】所示

1. 工作表的基本操作：

- 将 Sheet1 工作表中的所有内容复制到 Sheet2 工作表中，并将 Sheet2 工作表重命名为“收支统计表”，将此工作表标签的颜色设置为标准色中的“绿色”。
- 在“收支统计表”工作表中，在“有线电视”所在行的上方插入一行，并输入样文中所示的内容；将“餐费支出”行上方的一行（空行）删除；设置标题行的行高为 30。

2. 单元格格式的设置：

- 在“收支统计表”工作表中，将单元格区域 A1:E1 合并后居中，设置字体为华文行楷、22 磅、浅绿色，并为其填充深蓝色底纹。
- 将单元格区域 A2:E2 的字体设置为华文楷体、14 磅、加粗。
- 将单元格区域 A2:A9 的底纹设置为橙色。设置整个表格中文本的对齐方式均为水平居中、垂直居中。
- 将单元格区域 A2:E9 的外边框设置为紫色的粗虚线，内部框线设置为蓝色的细虚线。

3. 表格的插入设置：

- 在“收支统计表”工作表中，为“345”（D7）单元格插入批注“本月出差”。
- 在“收支统计表”工作表中表格的下方建立如【样文 6-2A】下方所示的公式，并为其应用“细微效果 - 红色，强调颜色 2”的形状样式。

二、建立图表，结果如【样文 6-2B】所示

- 使用“收支统计表”工作表中的“项目”和“季度总和”两列数据在 Sheet3 工作表中创建一个分离型圆环图。
- 按【样文 6-2B】所示为图表添加图表标题及数据标签。

三、工作表的打印设置

- 在“收支统计表”工作表第 6 行的上方插入分页符。
- 设置表格的标题行为顶端打印标题，打印区域为单元格区域 A1:E18，设置完成后进行打印预览。

【样文 6-2A】

第三季度个人收支表				
项目	七月份	八月份	九月份	季度总和
房租	400	400	400	1200
电话费	84.3	48.7	97	230
水电气费	48.4	78.6	57.1	184.1
有线电视	15	15	15	45
坐车花费	183.4	160	345	688.4
零散花费	671	783	685	2139
餐费支出	900	1104	1400	1235

$$D=\frac{\sqrt{a^2+b^2}}{\overline{x_1}}$$

【样文 6-2B】

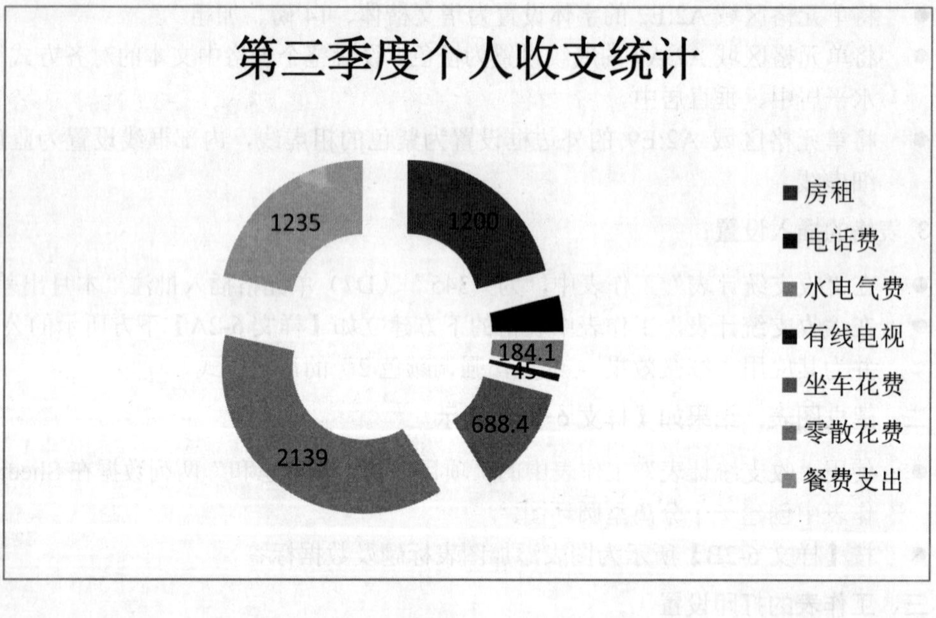

6.3　第 3 题

【操作要求】

在 Excel 2010 中打开文件 A6.xlsx，并按下列要求进行操作。

一、设置工作表及表格，结果如【样文 6-3A】所示

1. 工作表的基本操作：

- 将 Sheet1 工作表中的所有内容复制到 Sheet2 工作表中，并将 Sheet2 工作表重命名为“客户订单查询表”，将此工作表标签的颜色设置为标准色中的“紫色”。
- 在“客户订单查询表”工作表中，将“10005”一行移至“10006”一行的上方，将“E”列（空列）删除；设置标题行的行高为 33，整个表格的列宽均为 10。

2. 单元格格式的设置：

- 在“客户订单查询表”工作表中，将单元格区域 A1:E1 合并后居中，设置字体为华文彩云、26 磅、加粗、橙色（RGB：226，110，10），并为其填充图案样式 6.25%灰色底纹。
- 将单元格区域 A2:E2 的字体设置为华文细黑，居中对齐，并为其填充橙色（RGB：226，110，10）底纹。
- 将单元格区域 A3:E9 的底纹设置为浅橙色（RGB：250，190，140）。设置整个表格中文本的对齐方式均为水平居中、垂直居中。
- 设置单元格区域 D3:E9 中的数据小数位数只显示 1 位。
- 将单元格区域 A2:E9 的外边框设置为深蓝色的双实线，内部框线设置为浅蓝色的细实线。

3. 表格的插入设置：

- 在“客户订单查询表”工作表中，为“0.0”（E5）单元格插入批注“未付定金”。
- 在“客户订单查询表”工作表中表格的下方建立如【样文 6-3A】下方所示的公式，并为其应用“彩色填充 - 橙色，强调颜色 6”的形状样式。

二、建立图表，结果如【样文 6-3B】所示

- 使用“客户订单查询表”工作表中的相关数据在 Sheet3 工作表中创建一个三维簇状条形图。
- 按【样文 6-3B】所示为图表添加图表标题及坐标标题。

三、工作表的打印设置

- 在“客户订单查询表”工作表第 6 行的上方插入分页符。
- 设置表格的标题行为顶端打印标题，设置完成后进行打印预览。

【样文 6-3A】

客户订单表

订单编号	客户姓名	所在城市	订单金额	预付
10001	张豪	上海	9108.0	4554.0
10002	杨晴	成都	3096.0	1548.0
10003	胡宏明	杭州	7102.1	0.0
10004	贺开琪	北京	5917.5	2958.8
10005	袁吉	广州	3692.0	1846.0
10006	孙红平	重庆	5752.8	2876.4
10007	田云飞	昆明	3129.6	1564.8

$$\lim_{n\to\infty}\left(1+\frac{1}{n}\right)^n$$

【样文 6-3B】

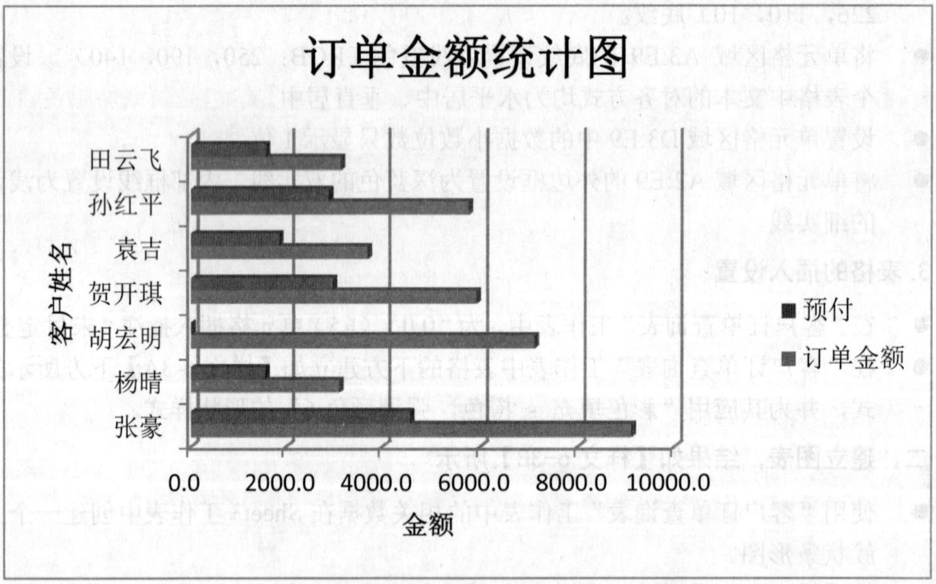

6.4　第 4 题

【操作要求】

在 Excel 2010 中打开文件 A6.xlsx，并按下列要求进行操作。

一、设置工作表及表格，结果如【样文 6-4A】所示

1. 工作表的基本操作：

- 将 Sheet1 工作表中的所有内容复制到 Sheet2 工作表中，并将 Sheet2 工作表重命名为“预算统计表”，将此工作表标签的颜色设置为标准色中的“黄色”。
- 在“预算统计表”工作表中，在标题行的下方插入一空行，并设置行高为 12；将“2008 年”一列移至“2009 年”一列的前方；设置整个表格的列宽为 10。

2. 单元格格式的设置：

- 在“预算统计表”工作表中，将单元格区域 B2:F3 合并后居中，设置字体为华文新魏、20 磅、绿色，将底纹填充为“细 水平 剖面线”图案样式，图案颜色为标准色中的黄色。
- 将单元格区域 B4:B11 的字体设置为方正姚体、14 磅、深红色，并为其添加淡紫色（RGB：200，190，210）底纹。
- 设置整个表格中文本的对齐方式均为水平居中、垂直居中。
- 为单元格区域 B2:F3 添加红色、双实线外边框，为其他单元格添加黑色、粗虚线边框线。

3. 表格的插入设置：

- 在“预算统计表”工作表中表格的下方建立如【样文 6-4A】下方所示的公式，并为其应用“浅色 1 轮廓，彩色填充 - 橄榄色，强调颜色 3”的形状样式。
- 在“预算统计表”工作表中表格的下方插入基本循环型的 SmartArt 图形，颜色为“彩色范围 - 强调文字颜色 2 至 3”，并为其添加“优雅”的三维效果。

二、建立图表，结果如【样文 6-4B】所示

- 使用“预算统计表”工作表中的相关数据在 Sheet3 工作表中创建一个折线图。
- 按【样文 6-4B】所示为图表添加图表标题，并在底部显示图例。

三、工作表的打印设置

- 在“预算统计表”工作表第 6 行的下方插入分页符。
- 设置表格的标题行为顶端打印标题，打印区域为单元格区域 A1:H32，设置完成后进行打印预览。

【样文 6-4A】

预算执行情况统计表				
部门	2008年	2009年	2010年	2011年
科技部	4545	5755	5654	8895
学生部	4554	5686	5566	8889
教务处	5022	7885	4555	7784
办公室	1222	7485	4465	6855
教材科	2333	7885	4545	4578
德育处	4566	5478	6745	4587
教育处	3545	2566	4568	7889

$$P=\sqrt{\frac{1}{T}\int_0^T p^2(t)\mathrm{d}t}$$

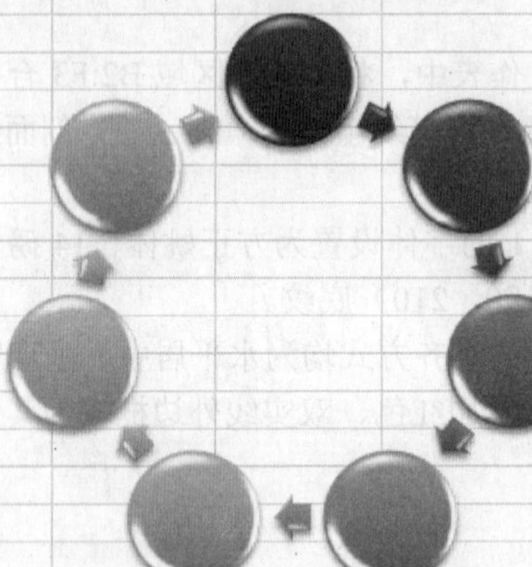

【样文 6-4B】

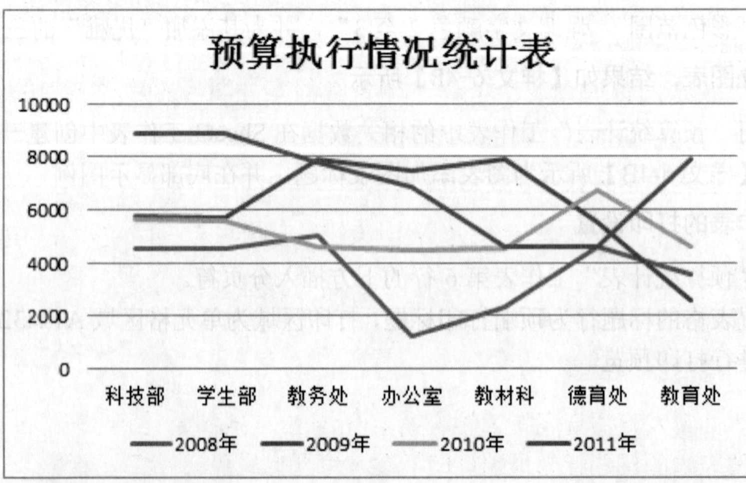

6.5 第 5 题

【操作要求】

在 Excel 2010 中打开文件 A6.xlsx，并按下列要求进行操作。

一、设置工作表及表格，结果如【样文 6-5A】所示

1. 工作表的基本操作：

- 将 Sheet1 工作表中的所有内容复制到 Sheet2 工作表中，并将 Sheet2 工作表重命名为“儿童发育调查表”，将此工作表标签的颜色设置为标准色中的“深红”色。
- 在“儿童发育调查表”工作表中，将“2 月”一行移至“3 月”一行的上方，将“G”列（空列）删除；将表格第 1 列（B 列）的宽度设置为 11，并自动调整整个表格的行高。

2. 单元格格式的设置：

- 在“儿童发育调查表”工作表中，将单元格区域 B2:J2 合并后居中，设置字体为华文行楷、24 磅、天蓝色（RGB：180，220，230），并为其填充深紫色（RGB：85，65，105）底纹。
- 分别将单元格区域 B3:B5、C3:F3、G3:J3 均设置为合并后居中格式。
- 将单元格区域 B3:J5 的字体设置为方正姚体、14 磅，并为其填充淡紫色（RGB：205，190，220）底纹。
- 将单元格区域 B6:J13 的对齐方式设置为水平居中，字体为华文行楷、14 磅、白色，并为其填充紫色的底纹。
- 将单元格区域 B2:J2 的外边框设置为黑色的粗实线；将单元格区域 B3:J13 除上边框之外的外边框线设置为深蓝色的粗实线，内边框线设置为黄色的细实线。

3. 表格的插入设置：

- 在“儿童发育调查表”工作表中，为“60.00”（E10）单元格插入批注“此处数据有误，请核实。”
- 在“儿童发育调查表”工作表中表格的下方插入图片 C:\2010KSW\DATA2\pic6-5.jpg，并为其应用“矩形投影”的形状样式。

二、建立图表，结果如【样文 6-5B】所示

- 使用“儿童发育调查表”工作表中的相关数据在 Sheet3 工作表中创建一个簇状圆柱图。
- 按【样文 6-5B】所示为图表添加图表标题，并在底部显示图例。

三、工作表的打印设置

- 在“儿童发育调查表”工作表第 10 行的上方插入分页符。
- 设置表格的标题行为顶端打印标题，设置完成后进行打印预览。

【样文 6-5A】

农村儿童出生至一周岁身体发育情况调查								
时间	男				女			
	体重（公斤）		身高（厘米）		体重（公斤）		身高（厘米）	
	平均值	标准差	平均值	标准差	平均值	标准差	平均值	标准差
初生-7天	3.85	0.38	50.45	1.70	3.56	0.36	49.70	1.70
1月	5.12	0.65	58.50	2.30	4.86	0.60	52.70	2.30
2月	6.50	0.68	64.50	2.30	5.95	0.61	59.00	2.20
3月	6.98	0.75	66.50	2.20	6.45	0.72	63.30	2.20
4月	7.54	0.78	60.00	2.20	7.00	0.77	63.96	2.20
6月	7.98	0.84	69.20	2.30	7.37	0.81	64.80	2.20
8月	8.38	0.89	70.30	2.40	7.81	0.86	66.80	2.30
10月	8.92	0.94	71.00	2.60	8.37	0.92	69.40	2.40

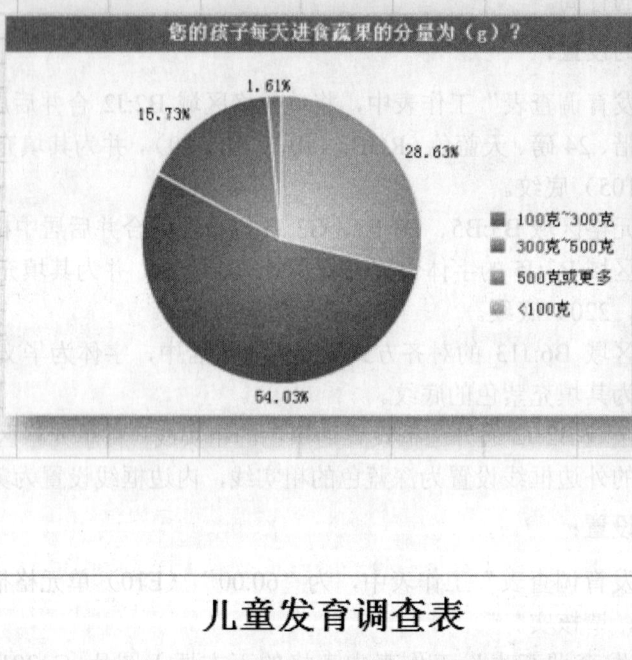

【样文 6-5B】

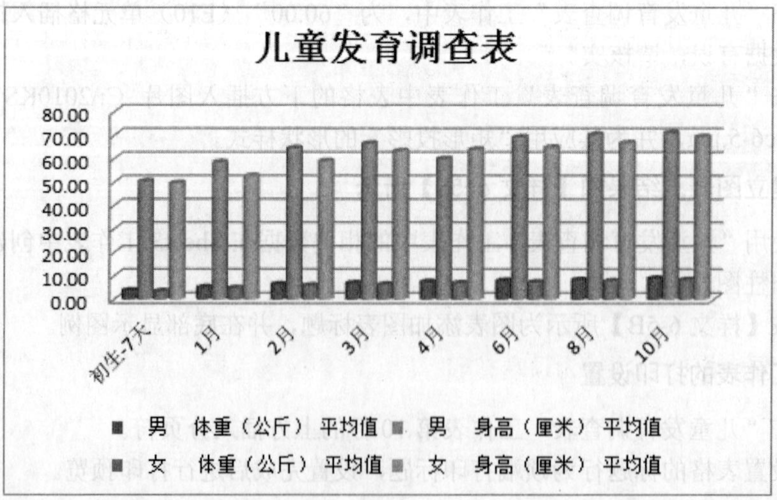

6.6　第 6 题

【操作要求】

在 Excel 2010 中打开文件 A6.xlsx，并按下列要求进行操作。

一、设置工作表及表格，结果如【样文 6-6A】所示

1. 工作表的基本操作：

- 将 Sheet1 工作表中的所有内容复制到 Sheet2 工作表中，并将 Sheet2 工作表重命名为“物业费用表”，将此工作表标签的颜色设置为标准色中的“紫色”。
- 在“物业费用表”工作表中，将“取暖费”一列与“天然气费”一列互换位置；删除第 G 列（空列）；将表格标题行的行高设置为 25，并自动调整表格除标题行以外单元格的列宽。

2. 单元格格式的设置：

- 在“物业费用表”工作表中，将单元格区域 B2:I2 合并后居中，字体设置为黑体、18 磅、加粗，并为标题行填充绿色（RGB：153，204，0）底纹。
- 将单元格区域 B3:I3 的字体设置为华文细黑、12 磅、黄色，文本对齐方式为居中，为其填充粉红色（RGB：153，51，102）底纹。
- 将单元格区域 B4:I16 的字体设置为方正姚体、12 磅，文本对齐方式为居中，为其填充浅蓝色（RGB：131，211，253）底纹，并将其内部框线设置为紫色的细实线。
- 将整个表格的外边框设置为褐色（RGB：102，51，0）的粗实线。

3. 表格的插入设置：

- 在“物业费用表”工作表中，为“600”（H14）单元格插入批注“取暖费最高”。
- 在“物业费用表”工作表中表格的下方建立如【样文 6-6A】下方所示的公式，并为其应用“中等效果 - 水绿色，强调颜色 5”的形状样式。

二、建立图表，结果如【样文 6-6B】所示

- 使用“物业费用表”工作表中的相关数据在 Sheet3 工作表中创建一个堆积柱形图。
- 按【样文 6-6B】所示为图表添加图表标题及坐标标题。

三、工作表的打印设置

- 在“物业费用表”工作表第 7 行的上方插入分页符。
- 设置表格的标题行为顶端打印标题，打印区域为单元格区域 A1:I22，设置完成后进行打印预览。

【样文 6-6A】

业主物业费用统计表							
单元	门牌号	户主	水费	电费	天然气费	取暖费	物业管理费
一	101	陈东	80	52	30	200	60
三	403	李伟峰	100	60	45	500	80
一	201	刘建	50	40	21	180	40
二	202	孙淼	88	53	39	360	44
一	103	刘源	75	55	42	360	51
四	302	董建光	63	41	20	270	29
二	102	谢新	45	33	18	120	18
三	201	沈叙	30	20	12	100	15
二	202	卢华	65	50	35	300	28
三	301	陆伟	28	19	10	260	24
四	204	林志强	77	65	50	600	65
一	401	杜彭飞	46	32	22	300	41
二	402	陈俊	53	41	31	370	30

$$\tan\theta = \frac{\sin\theta}{\cos\theta}$$

【样文 6-6B】

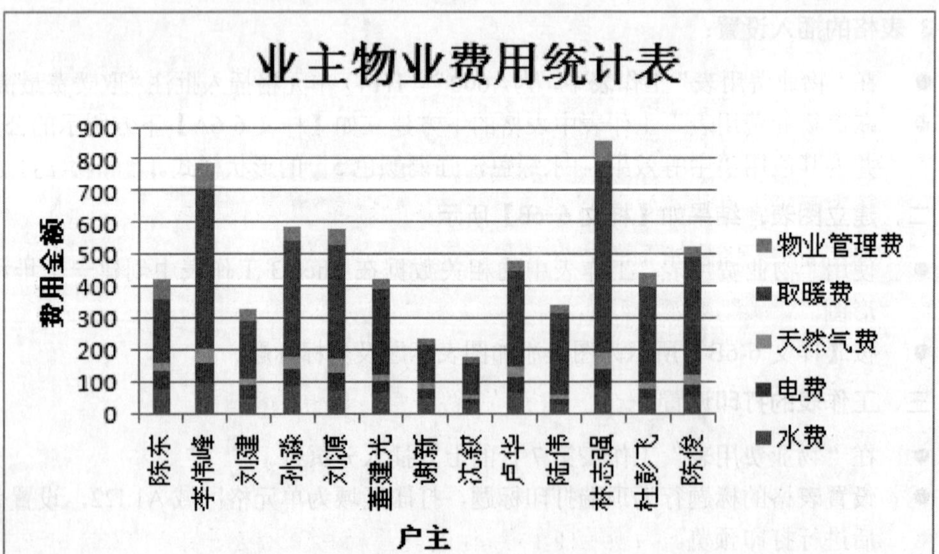

6.7　第 7 题

【操作要求】

在 Excel 2010 中打开文件 A6.xlsx，并按下列要求进行操作。

一、设置工作表及表格，结果如【样文 6-7A】所示

1. 工作表的基本操作：

- 将 Sheet1 工作表中的所有内容复制到 Sheet2 工作表中，并将 Sheet2 工作表重命名为“产品促销表”，将此工作表标签的颜色设置为标准色中的“深红”色。
- 在“产品促销表”工作表中，将“摄像头”一行移至“U 盘”一行的上方，将“微波炉”行上方的一行（空行）删除，设置标题行的行高为 35。

2. 单元格格式的设置：

- 在“产品促销表”工作表中，将单元格区域 B2:G2 合并后居中，设置字体为华文琥珀、24 磅、标准色中的深蓝色，并为其填充图案样式中“细 对角线 剖面线”底纹，颜色为标准色中的绿色。
- 将单元格区域 B3:G3 的字体设置为华文新魏、16 磅，文本的对齐方式为水平居中，并为其填充粉红色（RGB：255，153，204）底纹。
- 将单元格区域 D4:D15 和 F4:G15 的文本对齐方式均设置为水平居中。将单元格区域 B4:G15 的字体设置为华文中宋、灰色-25%（RGB：192，192，192），并为其填充紫色底纹。
- 将整个表格的外边框设置为红色的粗点划线，内部框线设置为浅蓝色的双实线。

3. 表格的插入设置：

- 在“产品促销表”工作表中，为“5.1-5.7”（E14）单元格插入批注“促销时间最长”。
- 在“产品促销表”工作表中表格的下方建立如【样文 6-7A】下方所示的公式，并为其应用“强烈效果 - 橄榄色，强调颜色 3”的形状样式。

二、建立图表，结果如【样文 6-7B】所示

- 使用“产品促销表”工作表中的“名称”和“数量”两列数据在 Sheet3 工作表中创建一个分离型三维饼图。
- 按【样文 6-7B】所示为图表添加图表标题，并显示相应的数值。

三、工作表的打印设置

- 在“产品促销表”工作表第 9 行的上方插入分页符。
- 设置表格的标题行为顶端打印标题，打印区域为单元格区域 A1:G21，设置完成后进行打印预览。

【样文 6-7A】

某电器城促销产品清单					
名称	型号	数量	促销时间	原价	促销价
手机	FTR	150	5.1-5.3	780	650
数码相机	AHY	110	4.28-4.30	1288	1166
笔记本电脑	SWF	60	5.1-5-4	5999	4999
摄像头	MHY	150	4.27-5.2	100	88
U盘	ERF	500	5.1-5.6	199	120
MP3	HIJN	300	5.1-5.3	350	299
电视机	BGY	160	4.28-4.30	680	520
洗衣机	MJU	140	5.1-5-4	2099	1899
浴霸	CUF	50	5.1-5.6	299	199
空调机	HDO	180	4.27-5.2	2599	2399
微波炉	TMH	200	5.1-5.7	528	488
热水器	DWA	180	4.27-5.2	2299	2099

$$P=\sqrt{\frac{v^2}{x^2}\left\{\frac{t^2+a^3}{5}\right\}}$$

【样文 6-7B】

6.8　第 8 题

【操作要求】

在 Excel 2010 中打开文件 A6.xlsx，并按下列要求进行操作。

一、设置工作表及表格，结果如【样文 6-8A】所示

1. 工作表的基本操作：

- 将 Sheet1 工作表中的所有内容复制到 Sheet2 工作表中，并将 Sheet2 工作表重命名为“中文系成绩表”，将此工作表标签的颜色设置为粉红色（RGB：255，153，204）。
- 在“中文系成绩表”工作表中，在“2009007”所在行的上方插入一行，并输入样文中所示的内容，将“F”列（空列）删除，设置标题行的行高为 30，整个表格的列宽均为 9。

2. 单元格格式的设置：

- 在“中文系成绩表”工作表中，将单元格区域 A1:I1 合并后居中，设置字体为方正舒体、18 磅、加粗、深紫色（RGB：102，0，102），并为其填充图案样式中“对角线 剖面线”底纹，颜色为标准色中的浅蓝色。
- 将单元格区域 A2:I2 的字体设置为华文中宋、13 磅，居中对齐，并为其填充浅黄色（RGB：255，255，153）底纹。
- 将单元格区域 A3:I12 的字体设置为华文行楷，居中对齐，并为其填充淡紫色（RGB：255，204，255）底纹。
- 将单元格区域 A2:I12 的上下边框设置为深红色的粗实线，内部框线设置为红色的细虚线。

3. 表格的插入设置：

- 在“中文系成绩表”工作表中，为“王辉”（B3）单元格插入批注“总成绩最高”。
- 在“中文系成绩表”工作表中表格的下方插入图片 C:\2010KSW\DATA2\pic6-8.jpg，设置图片的缩放比例为 200%，并为其应用“复杂框架，黑色”的形状样式。

二、建立图表，结果如【样文 6-8B】所示

- 使用“中文系成绩表”工作表中相关数据在 Sheet3 工作表中创建一个簇状条形图。
- 按【样文 6-8B】所示为图表添加图表标题及坐标标题。

三、工作表的打印设置

- 在“中文系成绩表”工作表第 8 行的上方插入分页符。
- 设置表格的标题行为顶端打印标题，打印区域为单元格区域 A1:I26，设置完成后进行打印预览。

【样文 6-8A】

中文系2010年成绩统计表								
学号	姓名	英语	哲学	体育	计算机	古代文学	当代文学	西方文学
2009001	王辉	80	88	86	82	90	87	85
2009002	宋玉	85	78	80	86	77	89	83
2009003	李建国	75	77	75	72	70	80	71
2009004	张桓	90	85	80	86	79	83	80
2009005	袁莉莉	84	70	77	65	77	80	78
2009006	刘敏	75	75	86	80	80	82	77
2009007	苏惠	89	80	90	70	86	75	72
2009008	程微微	83	82	83	76	88	83	68
2009009	段可	77	85	80	79	83	86	90
2009010	孙鹏	70	77	84	73	80	88	78

【样文 6-8B】

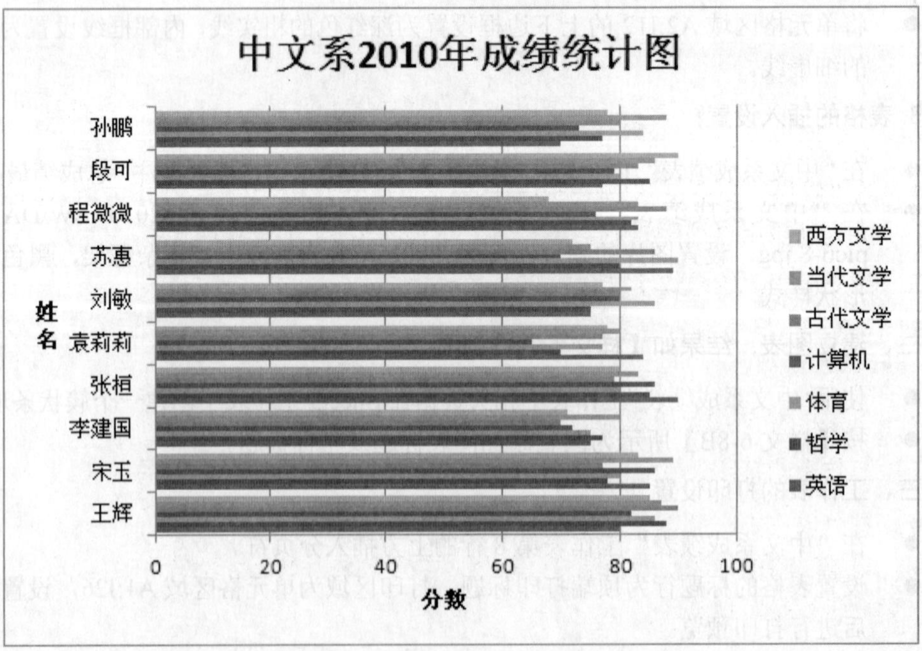

6.9 第 9 题

【操作要求】

在 Excel 2010 中打开文件 A6.xlsx，并按下列要求进行操作。

一、设置工作表及表格，结果如【样文 6-9A】所示

1. 工作表的基本操作：

- 将 Sheet1 工作表中的所有内容复制到 Sheet2 工作表中，并将 Sheet2 工作表重命名为“农作物产量表”，将此工作表标签的颜色设置为金色（RGB：255，204，0）。
- 在“农作物产量表”工作表中标题行的下方插入一空行，并设置行高为 10，将“E”列（空列）删除，并自动调整表格除标题行以外单元格的列宽。

2. 单元格格式的设置：

- 在“农作物产量表”工作表中，将单元格区域 B2:J3 合并后居中，设置字体为华文彩云、18 磅、加粗、白色，并为其填充粉红色（RGB：153，51，102）底纹。
- 将单元格区域 B4:J4 和 B5:C13 的字体设置为华文琥珀、深蓝色、水平居中，并为其添加浅橙色（RGB：250，191，143）底纹。
- 将单元格区域 D5:J13 的字体设置为微软雅黑、居中对齐，并为其添加浅绿色底纹。
- 为单元格区域 B2:J13 的外边框设置为浅蓝色的粗点划线；内部横向框线设置为双实线，内部竖向框线设置为粗虚线，颜色均为白色。

3. 表格的插入设置：

- 在“农作物产量表”工作表中，为“15000”（J6）单元格插入批注“人口总数最多”。
- 在“农作物产量表”工作表中表格的下方建立如【样文 6-9A】下方所示的公式，并为其应用“细微效果 - 水绿色，强调颜色 5”的形状样式。

二、建立图表，结果如【样文 6-9B】所示

- 使用“农作物产量表”工作表中的相关数据在 Sheet3 工作表中创建一个簇状圆锥图。
- 按【样文 6-9B】所示为图表添加图表标题，并在顶部显示图例。

三、工作表的打印设置

- 在“农作物产量表”工作表第 11 行的上方插入分页符。
- 设置表格的标题行为顶端打印标题，打印区域为单元格区域 A1:J18，设置完成后进行打印预览。

【样文 6-9A】

各地全年农作物产量表								
所属地区	省市名称	根茎类作物	花生	油菜籽	芝麻	纤维植物	总产量	人口
华东地区	安徽	1532	1423.7	1452	1752	1234	7393.7	1100
华北地区	河北	1834	1441.5	1133.1	1804	1234	7446.6	15000
华中地区	河南	1243.5	1857.5	1357	1342	1523	7323	2500
华中地区	湖南	1234.3	1627	1234	1523	1428.9	7047.2	2000
华东地区	江苏	1845	1327.8	1852.4	1201.2	1309	7535.4	1800
华中地区	江西	1735.7	1543	1142	1522.3	1234	7177	6400
华东地区	山东	1587	1852	1408.8	1432	1825	8104.8	8000
华北地区	山西	1357	1675	1204	1523	1759	7518	11000
华东地区	浙江	1573	1742	1520	1540	1423	7798	7500

$$\bigcup_{n=1}^{m}(X_n \cap Y_n)$$

【样文 6-9B】

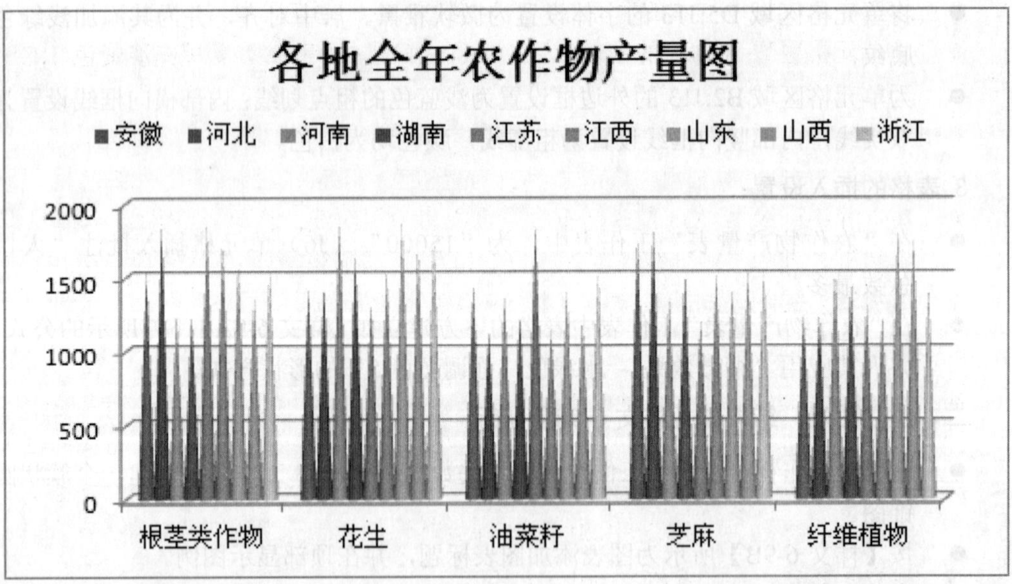

6.10　第 10 题

【操作要求】

在 Excel 2010 中打开文件 A6.xlsx，并按下列要求进行操作。

一、设置工作表及表格，结果如【样文 6-10A】所示

1. 工作表的基本操作：

- 将 Sheet1 工作表中的所有内容复制到 Sheet2 工作表中，并将 Sheet2 工作表重命名为“花店进货情况表”，将此工作表标签的颜色设置为浅绿色（RGB：102，255，153）。
- 在“花店进货情况表”工作表中标题行的下方插入一空行，并设置行高为 5；将“六月份”一列移至“五月份”一列的后面；将表格标题行的行高设置为 33，从“品种”一行至“星辰花”一行的行高均设置为 20，设置整个表格的列宽为 10。

2. 单元格格式的设置：

- 在“花店进货情况表”工作表中，将单元格区域 A1:G1 合并后居中，设置字体为华文楷体、22 磅、加粗、深蓝色，并为其填充斜下的天蓝色（RGB：147，206，221）和浅橙色（RGB：252，213，180）的渐变底纹。
- 设置整个表格中文本的对齐方式均为水平居中、垂直居中。
- 将单元格区域 A3:G3 的字体设置为幼圆、12 磅、加粗，并为其填充淡紫色（RGB：255，204，255）底纹。
- 将单元格区域 A4:G11 的字体设置为华文行楷、14 磅、深红色，并为其填充图案样式中“25% 灰色”底纹，颜色为橄榄色（RGB：155，187，89）。
- 将单元格区域 A3:G3 的外边框设置为黑色的粗实线；将单元格区域 A4:G11 除上边框之外的外边框线设置为黑色的粗虚线，内部框线设置为蓝色（RGB：0，0，255）的细虚线。

3. 表格的插入设置：

- 在“花店进货情况表”工作表中，为“玫瑰”（A5）单元格插入批注“此花上半年进货数量最多”。
- 在“花店进货情况表”工作表中表格的下方插入堆积维恩图的 SmartArt 图形，颜色为“彩色 - 强调文字颜色”，并为其添加“卡通”的三维效果。

二、建立图表，结果如【样文 6-10B】所示

- 使用“花店进货情况表”工作表中的相关数据在 Sheet3 工作表中创建一个三维折线图。
- 按【样文 6-10B】所示为图表添加图表标题，并为其填充“细微效果 - 紫色，强调颜色 4”的形状样式。

三、工作表的打印设置

- 在“花店进货情况表”工作表第 8 行的下方插入分页符。
- 设置表格的标题行为顶端打印标题，打印区域为单元格区域 A1:G29，设置完成后进行打印预览。

【样文 6-10A】

某花店上半年进货情况统计表

品种	一月份	二月份	三月份	四月份	五月份	六月份
百合	874	587	754	578	843	457
玫瑰	755	860	625	674	753	738
郁金香	584	478	842	785	843	684
康乃馨	689	683	781	587	702	752
勿忘我	548	578	842	658	654	802
天堂鸟	638	548	685	643	587	651
满天星	825	387	567	824	674	578
星辰花	684	725	587	785	435	734

【样文 6-10B】

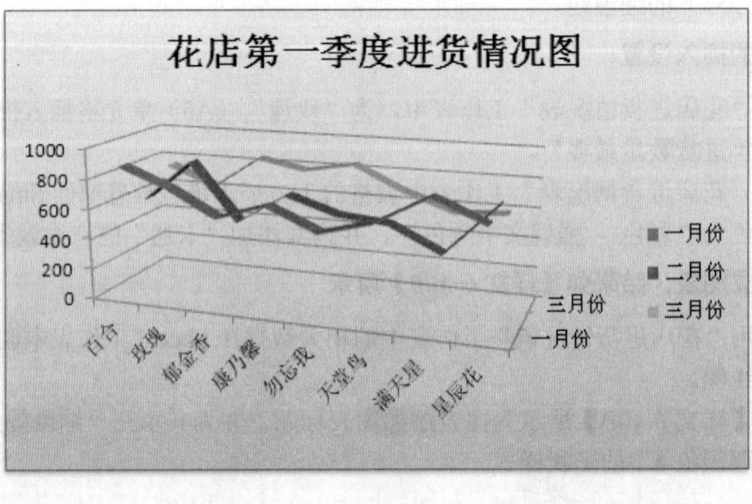

6.11　第 11 题

【操作要求】

在 Excel 2010 中打开文件 A6.xlsx，并按下列要求进行操作。

一、设置工作表及表格，结果如【样文 6-11A】所示

1．工作表的基本操作：

- 将 Sheet1 工作表中的所有内容复制到 Sheet2 工作表中，并将 Sheet2 工作表重命名为“期末成绩表”，将此工作表标签的颜色设置为标准色中的“紫色”。
- 在“期末成绩表”工作表中，在“宋国强”所在行的上方插入一行，并输入样文中所示的内容，将“E”列（空列）删除，设置标题行的行高为 25。

2．单元格格式的设置：

- 在“期末成绩表”工作表中，将单元格区域 A1:H1 合并后居中，字体设置为华文行楷、22 磅、红色，并为标题行填充天蓝色（RGB：204，255，255）底纹。
- 将单元格区域 A2:H2 的字体设置为方正姚体、14 磅、蓝色，文本对齐方式为居中，并为其填充标准色中的橙色底纹。
- 将单元格区域 A3:H12 的字体设置为华文细黑、12 磅，文本对齐方式为居中，为其填充浅橙色（RGB：252，213，180）底纹。
- 将单元格区域 A2:H12 的外边框和内部框线均设置为虚线，颜色为灰色-50%（RGB：128，128，128）。

3．表格的插入设置：

- 在“期末成绩表”工作表中，为“472”（H11）单元格插入批注“总分最高”。
- 在“期末成绩表”工作表中表格的下方建立如【样文 6-11A】下方所示的公式，形状样式为“中等效果 - 紫色，强调颜色 4”，并为其添加预设中“预设 7”的形状效果。

二、建立图表，结果如【样文 6-11B】所示

- 使用“期末成绩表”工作表中的相关数据在 Sheet3 工作表中创建一个簇状圆柱图。
- 按【样文 6-11B】所示为图表添加图表标题及坐标标题。

三、工作表的打印设置

- 在“期末成绩表”工作表第 8 行的上方插入分页符。
- 设置表格的标题行为顶端打印标题，打印区域为单元格区域 A1:H18，设置完成后进行打印预览。

【样文 6-11A】

学生期末成绩表

学号	姓名	语文	数学	英语	信息技术	体育	总分
1	钱小果	98	82	80	88	95	443
2	王梅	89	90	85	95	92	451
3	李牧	85	88	90	94	90	447
4	唐琳	94	88	85	93	88	448
5	宋国强	95	90	94	89	90	458
6	郭剑锋	96	92	88	94	96	466
7	许明	90	94	85	90	93	452
8	张平	92	95	93	88	96	464
9	王光明	94	99	95	89	95	472
10	韩越	94	92	88	93	90	457

$$\lim_{x \to 0} \frac{\sin x}{x} = 1$$

【样文 6-11B】

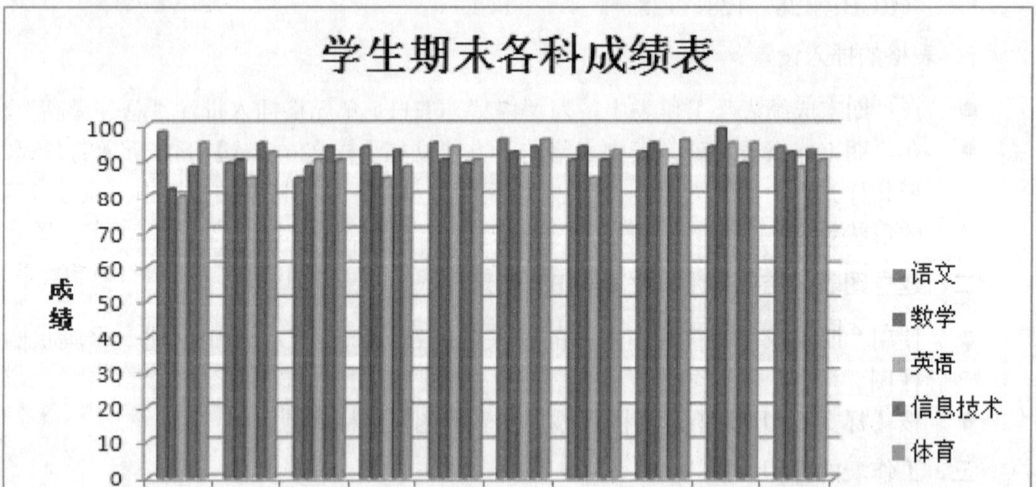

6.12　第 12 题

【操作要求】

在 Excel 2010 中打开文件 A6.xlsx，并按下列要求进行操作。

一、设置工作表及表格，结果如【样文 6-12A】所示

1. 工作表的基本操作：

- 将 Sheet1 工作表中的所有内容复制到 Sheet2 工作表中，并将 Sheet2 工作表重命名为“仓库库存情况表”，将此工作表标签的颜色设置为标准色中的“红色”。
- 在“仓库库存情况表”工作表中，将标题行下方插入一空行，并设置行高为 10，将“簸箕”一行移至“扫帚”一行的上方，将“黑板擦”行上方的一行（空行）删除。

2. 单元格格式的设置：

- 在“仓库库存情况表”工作表中，将单元格区域 A1:G2 合并后居中，设置字体为华文隶书、22 磅、绿色，并为其填充粉红色（RGB：255，153，204）底纹。
- 将单元格区域 A3:G3 的字体设置为黑体、12 磅、深红色。
- 将单元格区域 A3:A13 的底纹设置为粉红色（RGB：255，153，204），将单元格区域 B3:G13 的底纹设置为浅绿色（RGB：204，255，153）。设置整个表格中文本的对齐方式均为水平居中、垂直居中。
- 将单元格区域 A1:G13 的外边框设置为深蓝色的粗实线，内部框线设置为紫色的细虚线。

3. 表格的插入设置：

- 在“仓库库存情况表”工作表中，为“2”（G10）单元格插入批注“剩余数量最少”。
- 在“仓库库存情况表”工作表中表格的下方插入 SmartArt 图形（棱锥图中的基本棱锥图），颜色为“彩色 - 强调文字颜色”，并为其添加“嵌入”的三维效果。

二、建立图表，结果如【样文 6-12B】所示

- 使用“仓库库存情况表”工作表中的相关数据在 Sheet3 工作表中创建一个三维簇状柱形图。
- 按【样文 6-12B】所示为图表添加图表标题及坐标标题。

三、工作表的打印设置

- 在“仓库库存情况表”工作表第 10 行的上方插入分页符。
- 设置表格的标题行为顶端打印标题，打印区域为单元格区域 A1.G32，设置完成后进行打印预览。

【样文 6-12A】

学校仓库库存情况表

品名	单位	入库时间	单价（元）	入库数量	出库数量	剩余数量
笔记本	个	4月5日	3	50	40	10
碳素笔	支	4月5日	2	50	40	10
A4纸	包	4月5日	80	10	5	5
服装	套	4月10日	150	50	35	15
簸箕	个	4月10日	15	50	46	4
扫帚	个	4月10日	20	100	90	10
黑板擦	个	4月10日	3	80	78	2
订书机	个	4月20日	10	40	20	20
计算器	个	4月20日	10	20	15	5
日历	个	4月20日	12	60	50	10

【样文 6-12B】

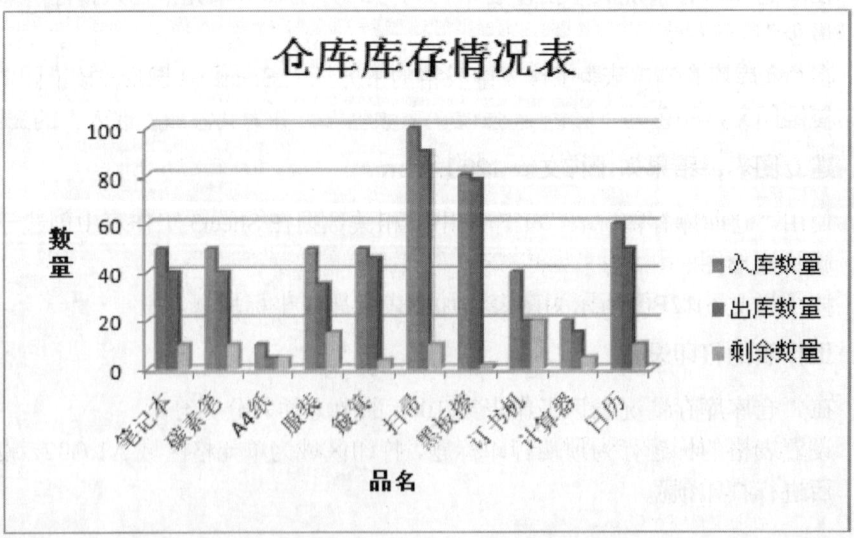

6.13 第 13 题

【操作要求】

在 Excel 2010 中打开文件 A6.xlsx，并按下列要求进行操作。

一、设置工作表及表格，结果如【样文 6-13A】所示

1．工作表的基本操作：

- 将 Sheet1 工作表中的所有内容复制到 Sheet2 工作表中，并将 Sheet2 工作表重命名为“工资核算表”，将此工作表标签的颜色设置为标准色中的“橙色”。
- 在“工资核算表”工作表中，将“5”一行移至“6”一行的上方，将“F”列（空列）删除；设置标题行的行高为 30，整个表格的列宽均为 8。

2．单元格格式的设置：

- 在“工资核算表”工作表中，将单元格区域 B2:I2 合并后居中，设置字体为华文琥珀、24 磅、青色（RGB：0，255，204），并为其填充蓝色底纹。
- 将单元格区域 B3:I3 的字体设置为华文细黑、12 磅、加粗、蓝色，并为其填充图案样式 6.25%灰色底纹。
- 将单元格区域 B4:I12 的底纹设置为淡紫色（RGB：255，204，255），设置整个表格中文本的对齐方式均为水平居中、垂直居中。
- 设置单元格区域 E4:I12 中的数据为货币类型，货币符号为“￥”，小数位数为 0。
- 将单元格区域 B3:I12 的外边框设置为蓝色粗实线，内部框线设置为蓝色细实线。

3．表格的插入设置：

- 在“工资核算表”工作表中，为“￥2,475”（I9）单元格插入批注“实发工资最少者”。
- 在“工资核算表”工作表中表格的下方建立如【样文 6-13A】下方所示的公式，形状样式为“细微效果 - 紫色，强调颜色 4”，并为其添加棱台中“艺术装饰”的形状效果。

二、建立图表，结果如【样文 6-13B】所示

- 使用“工资核算表”工作表中的相关数据在 Sheet3 工作表中创建一个三维簇状柱形图，并为其应用“样式 26”的图表样式。
- 按【样文 6-13B】所示为图表添加图表标题，并靠上显示图例。

三、工作表的打印设置

- 在“工资核算表”工作表第 8 行的上方插入分页符。
- 设置表格的标题行为顶端打印标题，打印区域为单元格区域 B2:I16，设置完成后进行打印预览。

【样文 6-13A】

工资核算表							
编号	姓名	部门	基本工资	补助	加班费	扣款	实发工资
1	王永新	财务部	￥2,500	￥200	￥300	￥125	￥2,875
2	林琳	行政部	￥2,200	￥200	￥200	￥85	￥2,515
3	王平	财务部	￥2,500	￥200	￥300	￥125	￥2,875
4	李丽	技术部	￥2,600	￥200	￥500	￥125	￥3,175
5	陈永	技术部	￥2,600	￥200	￥500	￥125	￥3,175
6	吕薇薇	行政部	￥2,200	￥200	￥200	￥125	￥2,475
7	李晶丽	财务部	￥2,500	￥200	￥300	￥85	￥2,915
8	石勇顺	工程部	￥2,600	￥500	￥500	￥93	￥3,507
9	王学民	工程部	￥2,600	￥500	￥500	￥93	￥3,507

$$f(x)=\begin{cases}-x, & x<0\\ x, & x\geq 0\end{cases}$$

【样文 6-13B】

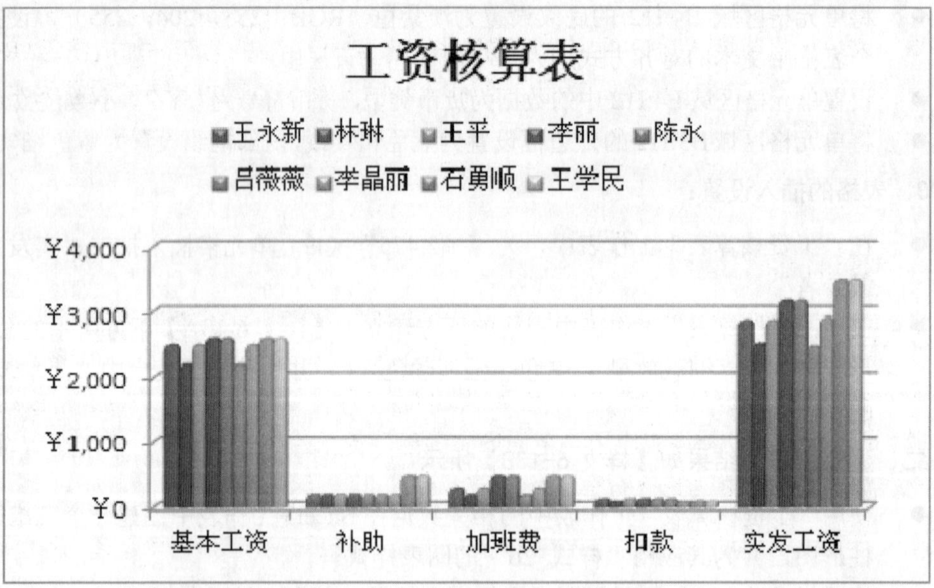

6.14　第 14 题

【操作要求】

在 Excel 2010 中打开文件 A6.xlsx，并按下列要求进行操作。

一、设置工作表及表格，结果如【样文 6-14A】所示

1．工作表的基本操作：

- 将 Sheet1 工作表中的所有内容复制到 Sheet2 工作表中，并将 Sheet2 工作表重命名为“销售量统计表”，将此工作表标签的颜色设置为标准色中的“浅蓝”色。
- 在“销售量统计表”工作表中，将“F”列（空列）删除；在“南街农贸市场”所在行的上方插入一行，并输入样文中所示的内容；将第一列（A 列）的列宽设置为 16。

2．单元格格式的设置：

- 在“销售量统计表”工作表中，将单元格区域 A1:H1 合并后居中，设置字体为华文隶书、22 磅、橙色，并为其填充标准色中绿色底纹。
- 将单元格区域 A2:A3、B2:H2 合并单元格；将单元格区域 A2:H3 的字体设置为黑体、12 磅、紫色、居中对齐，并填充浅绿色（RGB：204，255，204）底纹。
- 将单元格区域 A4:H9 的字体设置为华文新魏、12 磅，并为其添加橄榄色（RGB：216，228，188）底纹。将单元格区域 B4:H9 中文本的对齐方式设置为水平居中、垂直居中。
- 将单元格区域 A1:H9 的外边框设置为橙色的双实线，内部框线设置为橙色（RGB：226，107，10）的细实线。

3．表格的插入设置：

- 在“销售量统计表”工作表中，为“34000”（E7）单元格插入批注“水果销量最多”。
- 在“销售量统计表”工作表中表格的下方插入图片 C:\2010KSW\DATA2\pic6-14.jpg，并为其应用“金属圆角矩形”的图片样式。

二、建立图表，结果如【样文 6-14B】所示

- 使用“销售量统计表”工作表中的相关数据在 Sheet3 工作表中创建一个三维堆积条形图。
- 按【样文 6-14B】所示为图表添加图表标题，并将图表区的宽度设置为 130%。

三、工作表的打印设置

- 在“销售量统计表”工作表第 7 行的下方插入分页符。
- 设置表格的标题行为顶端打印标题，打印区域为单元格区域 A1:H30，设置完成后进行打印预览。

【样文 6-14A】

市场农产品销售量统计表							
市场名称	市场农产品销售量（吨）						
	粮食	食用油	蔬菜	水果	肉类	禽蛋	水产品
北街农贸市场	36000	360	72000	18000	7200	360	600
南街农贸市场	40000	400	80000	20000	8000	400	660
玉华小区农贸市场	50000	420	75000	22000	7500	350	650
开发区农贸市场	45000	500	82000	34000	6800	420	620
百姓农贸市场	42000	350	48000	32000	9000	480	520
中山路农贸市场	35000	400	79000	25000	4800	380	500

【样文 6-14B】

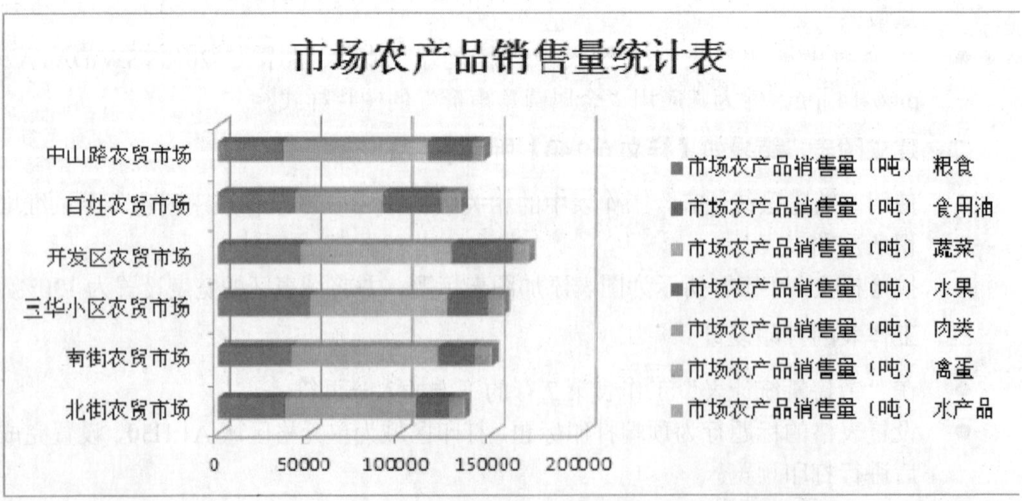

6.15　第 15 题

【操作要求】

在 Excel 2010 中打开文件 A6.xlsx，并按下列要求进行操作。

一、设置工作表及表格，结果如【样文 6-15A】所示

1. 工作表的基本操作：

- 将 Sheet1 工作表中的所有内容复制到 Sheet2 工作表中，并将 Sheet2 工作表重命名为“车辆费用统计表”，将此工作表标签的颜色设置为标准色中的“黄色”。
- 在“车辆费用统计表”工作表中，将“5 月 8 日”一行移至“5 月 15 日”一行的上方，将“C”列（空列）删除；设置“日期”所在行的行高为 25，整个表格的列宽均为 11。

2. 单元格格式的设置：

- 在“车辆费用统计表”工作表中，将单元格区域 A1:G1 合并后居中，设置字体为华文隶书、28 磅、浅蓝色，并为其填充黄色底纹。
- 将单元格区域 A2:A11 的字体设置为华文中宋、12 磅，并为其填充粉红色（RGB：255，153，204）底纹。
- 设置整个表格中文本的对齐方式均为水平居中、垂直居中。
- 将单元格区域 A1:G11 的外边框设置为绿色的粗实线，内部框线设置为浅绿色的细实线。

3. 表格的插入设置：

- 在“车辆费用统计表”工作表中，为“0”（C6）单元格插入批注“今日车辆状态良好”。
- 在“车辆费用统计表”工作表中表格的下方建立如【样文 6-15A】下方所示的公式，形状样式为“彩色填充 - 蓝色，强调颜色 1”，并为其添加发光中“蓝色，5 pt 发光，强调文字颜色 1”。

二、建立图表，结果如【样文 6-15B】所示

- 使用“车辆费用统计表”工作表中的相关数据在 Sheet3 工作表中创建一个折线图。
- 按【样文 6-15B】所示为图表添加图表标题及坐标标题。

三、工作表的打印设置

- 在“车辆费用统计表”工作表第 7 行的上方插入分页符。
- 设置表格的标题行为顶端打印标题，打印区域为单元格区域 A1:G15，设置完成后进行打印预览。

【样文 6-15A】

五月份车辆费用统计表						
日期	加油费（元）	维修费（元）	洗车费（元）	过路费（元）	停车费（元）	合计（元）
5月2日	200	150	20	15	10	395
5月5日	300	100	20	5	10	435
5月8日	220	50	20	15	5	310
5月15日	300	0	20	30	10	360
5月20日	250	30	20	5	10	315
5月21日	200	100	20	5	10	335
5月22日	100	50	20	5	10	185
5月25日	250	80	20	15	2	367
5月30日	400	120	20	20	15	575

$$(\log_a x)'=\frac{1}{x\ln a}$$

【样文 6-15B】

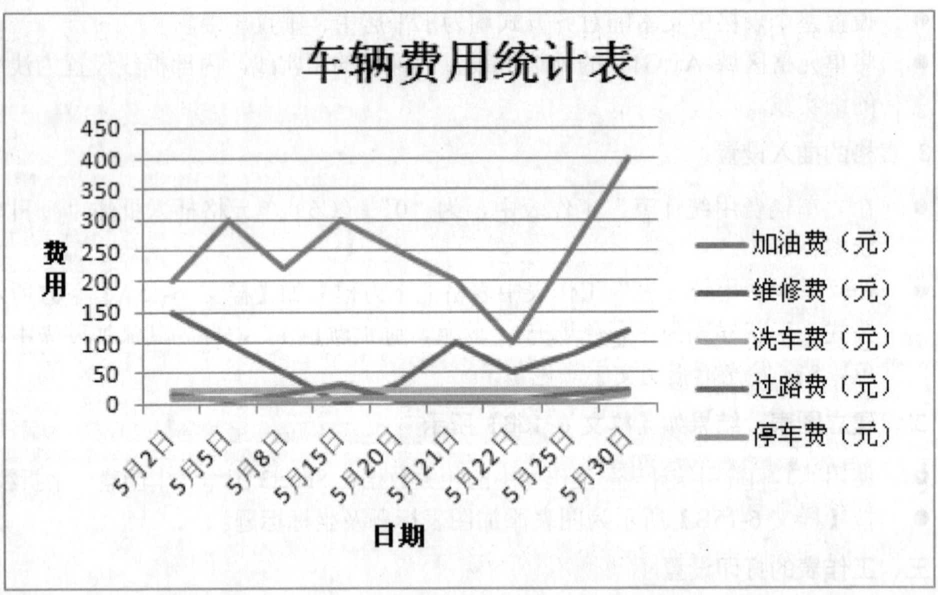

6.16 第 16 题

【操作要求】

在 Excel 2010 中打开文件 A6.xlsx，并按下列要求进行操作。

一、设置工作表及表格，结果如【样文 6-16A】所示

1．工作表的基本操作：

- 将 Sheet1 工作表中的所有内容复制到 Sheet2 工作表中，并将 Sheet2 工作表重命名为“维修费用表”，将此工作表标签的颜色设置为标准色中的“浅蓝”色。
- 在“维修费用表”工作表中，将“四月份”一列移至“五月份”一列的前面，删除“人事科”行下面的空行，将表格标题行的行高设置为 30，表格的列宽均设置为 8。

2．单元格格式的设置：

- 在“维修费用表”工作表中，将单元格区域 A1:G1 合并后居中，字体设置为方正舒体、18 磅、加粗、深蓝色，并为标题行填充玫瑰红色（RGB：255，153，153）底纹。
- 将单元格区域 A2:G2 和 A3:A10 的字体设置为华文中宋、13 磅、白色，文本对齐方式为居中，将单元格区域 B3:G10 的字体设置为微软雅黑、12 磅、黄色，文本对齐方式为居中。
- 将单元格区域 A2:A10、C2:C10、E2:E10、G2:G10 均填充浅蓝色（RGB：153，102，255）底纹，将单元格区域 B2:B10、D2:D10、F2:F10 均填充青绿色（RGB：51，204，255）底纹。
- 将整个表格的外边框设置为黑色的粗实线，内部框线设置为黑色的粗虚线。

3．表格的插入设置：

- 在“维修费用表”工作表中，为“销售科”（A10）单元格插入批注“销售科上半年维修费用最少”。
- 在“维修费用表”工作表中表格的下方建立如【样文 6-16A】下方所示的公式，形状样式为“细微效果 - 蓝色，强调颜色 1”，并为其添加棱台中“艺术装饰”的形状效果。

二、建立图表，结果如【样文 6-16B】所示

- 使用“维修费用表”工作表中的相关数据在 Sheet3 工作表中创建一个簇状圆柱图。
- 按【样文 6-16B】所示为图表添加图表标题及坐标标题。

三、工作表的打印设置

- 在“维修费用表”工作表第 7 行的下方插入分页符。

- 设置表格的标题行为顶端打印标题，打印区域为单元格区域 A1:G15，设置完成后进行打印预览。

【样文 6-16A】

各部门上半年设备维修费用支出表

科室	一月份	二月份	三月份	四月份	五月份	六月份
管理科	729	405	753	546	295	653
后勤科	457	357	462	853	521	538
技术科	852	642	532	735	573	384
人事科	347	557	257	702	468	567
设备科	257	844	543	295	379	735
设计科	468	825	375	274	229	428
生产科	853	735	674	773	578	237
销售科	425	400	587	612	176	254

$$P=\sqrt{\frac{1}{T}\int_0^T P^2(t)dt}$$

【样文 6-16B】

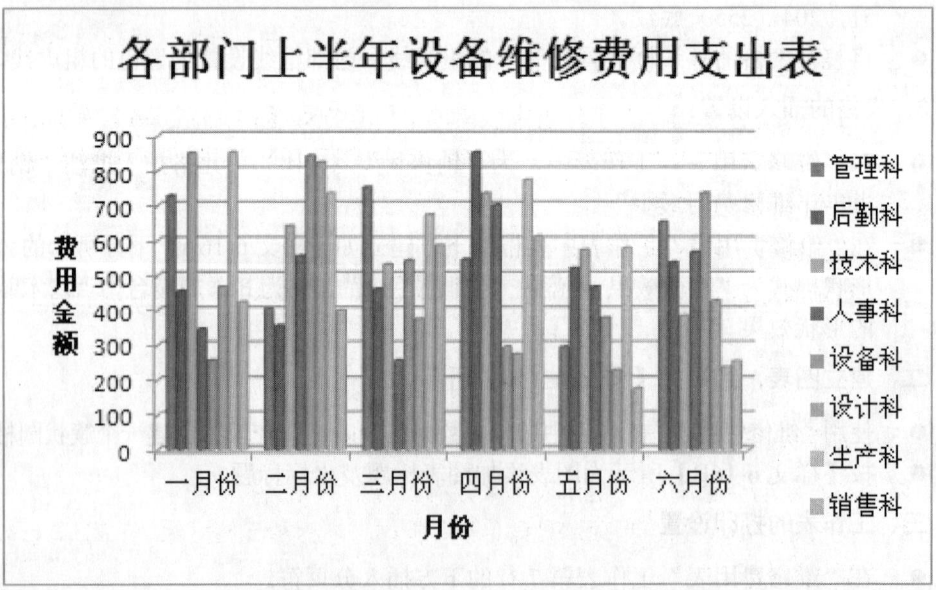

6.17　第 17 题

【操作要求】

在 Excel 2010 中打开文件 A6.xlsx，并按下列要求进行操作。

一、设置工作表及表格，结果如【样文 6-17A】所示

1．工作表的基本操作：

- 将 Sheet1 工作表中的所有内容复制到 Sheet2 工作表中，并将 Sheet2 工作表重命名为“运动会金牌榜”，将此工作表标签的颜色设置为标准色中的“橙色”。
- 在“运动会金牌榜”工作表中标题行的下方插入一空行，并设置行高为 15；将“博源小学”一行与“阳光小学”一行的位置互换；设置整个表格的列宽为 11。

2．单元格格式的设置：

- 在“运动会金牌榜”工作表中，将单元格区域 A1:E2 合并后居中，设置字体为方正姚体、18 磅、深红色、加粗，并为其填充黄色底纹。
- 将单元格区域 A3:E3 的字体设置为华文中宋、14 磅，文本的对齐方式为水平居中，并为其填充图案样式中“25% 灰色”底纹，颜色为标准色中的浅蓝色。
- 将单元格区域 B4:E11 的文本对齐方式设置为水平居中；将单元格区域 A4:E11 的字体设置为华文隶书、13 磅、紫色，并为其填充浅绿色底纹。
- 将单元格区域 A3:E3 除下边框以外的外边框设置为红色的粗虚线；将单元格区域 A4:E11 的外边框设置为红色的粗实线，内部框线设置为红色的双实线。

3．表格的插入设置：

- 在“运动会金牌榜”工作表中，为“35”（B4）单元格插入批注“荣获金牌数最多”。
- 在“运动会金牌榜”工作表中表格的下方建立如【样文 6-17A】下方所示的公式，形状样式为“中等效果 - 红色，强调颜色 2”，并为其添加棱台中“松散嵌入”的形状效果。

二、建立图表，结果如【样文 6-17B】所示

- 使用“运动会金牌榜”工作表中的“学校”和“金牌”两列数据在 Sheet3 工作表中创建一个分离型圆环图。
- 按【样文 6-17B】所示为图表添加图表标题，并显示相应的百分比。

三、工作表的打印设置

- 在“运动会金牌榜”工作表第 8 行的上方插入分页符。
- 设置表格的标题行为顶端打印标题，打印区域为单元格区域 A1:E16，设置完成后进行打印预览。

【样文 6-17A】

第二十五届小学生运动会金牌榜

学校	金牌	银牌	铜牌	总奖牌数
实验小学	35	39	29	103
育才小学	32	17	14	63
阳光小学	27	27	38	92
博源小学	17	16	16	49
新星小学	16	9	12	37
双语小学	14	16	18	48
北师大附小	11	9	13	33
红石街小学	10	11	11	32

$$\iint (x,y)\,d = \lim_{n\to\infty}\prod_{k=1}^{n} A_k$$

【样文 6-17B】

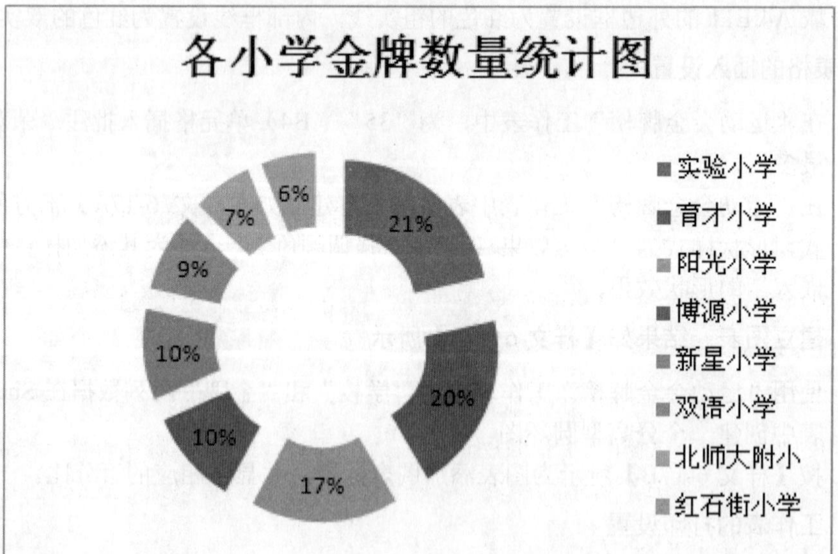

6.18 第 18 题

【操作要求】

在 Excel 2010 中打开文件 A6.xlsx，并按下列要求进行操作。

一、设置工作表及表格，结果如【样文 6-18A】所示

1. 工作表的基本操作：

- 将 Sheet1 工作表中的所有内容复制到 Sheet2 工作表中，并将 Sheet2 工作表重命名为“气温平均值”，将此工作表标签的颜色设置为深绿色（RGB：0，51，0）。
- 在“气温平均值”工作表中，在“北京”所在列的前面插入一列，列宽为 10，并输入样文中所示的内容；将“月份”行下方的一空行删除；设置标题行的行高为 28，表格中所有数值列的列宽均为 7。

2. 单元格格式的设置：

- 在“气温平均值”工作表中，将单元格区域 B2:I2 合并后居中，设置字体为华文仿宋、18 磅、加粗、深蓝色，并为其填充浅黄色（RGB：255，204，102）底纹。
- 将单元格区域 B3:I3 的字体设置为微软雅黑、13 磅、黄色，居中对齐，并为其填充红色（RGB：255，80，80）底纹。
- 将单元格区域 B4:I15 的字体设置为幼圆、灰色-80%（RGB：95，95，95），居中对齐，并为其填充浅绿色（RGB：204，255，204）底纹。
- 将整个表格的外边框设置为如【样文 6-18A】所示的紫色的斜点划线；将单元格区域 B3:I3 的上下边框设置为紫色的粗实线；将单元格区域 B4:I15 的内部框线设置为如【样文 6-18A】所示的深红色的双点划线。

3. 表格的插入设置：

- 在“气温平均值”工作表中，为“31”（D14）单元格插入批注“北京 6 月白天温度最高”。
- 在“气温平均值”工作表中表格的下方建立如【样文 6-18A】下方所示的公式，并为其应用“细微效果 - 橙色，强调颜色 6”的形状样式。

二、建立图表，结果如【样文 6-18B】所示

- 使用“气温平均值”工作表中的相关数据在 Sheet3 工作表中创建一个折线图。
- 按【样文 6-18B】所示为图表添加图表标题，并为“六月”添加线性趋势线。

三、工作表的打印设置

- 在“气温平均值”工作表第 10 行的上方插入分页符。
- 设置表格的标题行为顶端打印标题，打印区域为单元格区域 A1:I20，设置完成后进行打印预览。

【样文 6-18A】

世界各大城市1～6月份气温平均值（℃）							
月份	最高/最低	北京	香港	巴黎	伦敦	莫斯科	纽约
一月	最高	1	18	6	7	-9	4
一月	最低	-10	13	0	2	-16	-3
二月	最高	4	17	7	7	-5	4
二月	最低	-8	13	1	2	-13	-2
三月	最高	11	19	11	11	0	9
三月	最低	-1	16	2	9	-8	1
四月	最高	21	24	16	13	10	15
四月	最低	7	19	5	4	1	6
五月	最高	27	28	19	17	19	21
五月	最低	13	23	8	7	8	12
六月	最高	31	29	23	21	21	26
六月	最低	15	26	11	11	10	17

$$\sum_{k}\binom{n}{k}=\frac{\sin k\,\theta}{\max\limits_{0\le x\le 1} n}$$

【样文 6-18B】

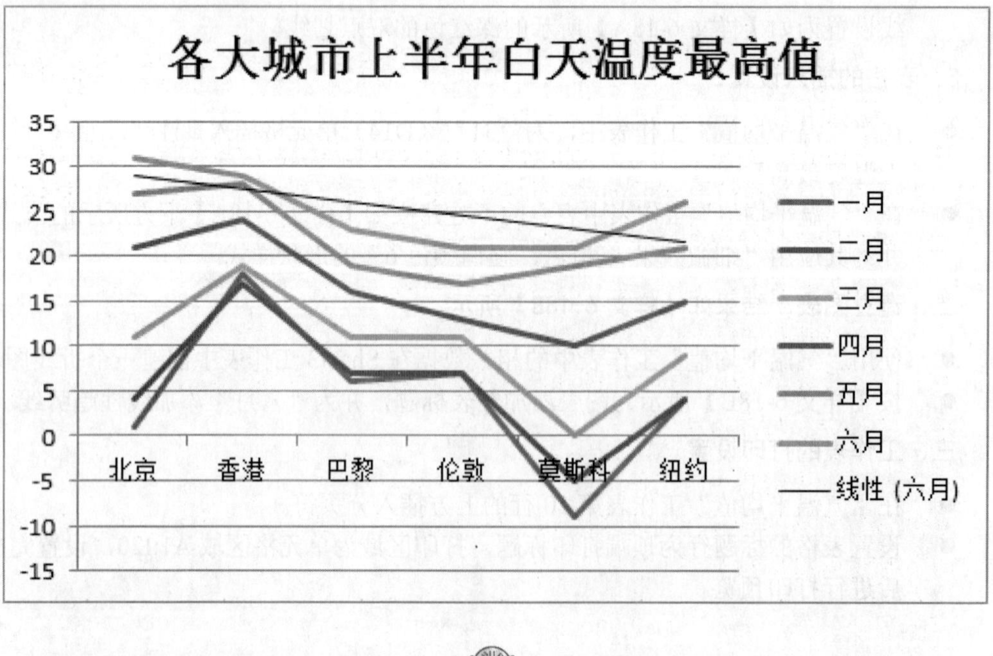

6.19 第 19 题

【操作要求】

在 Excel 2010 中打开文件 A6.xlsx，并按下列要求进行操作。

一、设置工作表及表格，结果如【样文 6-19A】所示

1．工作表的基本操作：

- 将 Sheet1 工作表中的所有内容复制到 Sheet2 工作表中，并将 Sheet2 工作表重命名为“彩电销售表”，将此工作表标签的颜色设置为粉红色（RGB：255，51，153）。
- 在“彩电销售表”工作表中，将“第四季度”一行与“第三季度”一行的位置互换，将“E”列（空列）删除，将表格标题行的行高设置为 28，并自动调整除表格标题以外的所有行高。

2．单元格格式的设置：

- 在“彩电销售表”工作表中，将单元格区域 B2:F2 合并后居中，设置字体为黑体、17 磅、加粗、粉红色（RGB：255，0，102），并为其填充黄色底纹。
- 将单元格区域 B3:F3 和 B4:B7 的字体设置为华文中宋、12 磅、酸橙色（RGB：204，255，51）、水平居中，并为其填充玫瑰红色（RGB：255，102，153）底纹。
- 将单元格区域 C4:F7 的字体设置为微软雅黑、居中对齐，并将底纹填充图案中的“对角线 剖面线”样式，颜色为浅绿色（RGB：153，255，153）。
- 为单元格区域 B2:F7 的外边框设置为蓝色的粗虚线，内部横向框线设置为粗实线，内部竖向框线设置为双实线，颜色均为紫色。

3．表格的插入设置：

- 在“彩电销售表”工作表中，为“630”（C7）单元格插入批注“第四季度销售数量最高”。
- 在“彩电销售表”工作表中表格的下方插入 SmartArt 图形（列表中的交替六边形），颜色为“彩色范围 - 强调文字颜色 5 至 6”，并为其添加“嵌入”的三维效果。

二、建立图表，结果如【样文 6-19B】所示

- 使用“彩电销售表”工作表中的“季度”和“彩电数量（台）”两列数据在 Sheet3 工作表中创建一个复合条饼图。
- 按【样文 6-19B】所示为图表添加图表标题，并显示相应的数值。

三、工作表的打印设置

- 在“彩电销售表”工作表第 7 行的上方插入分页符。
- 设置表格的标题行为顶端打印标题，打印区域为单元格区域 A1:F24，设置完成后进行打印预览。

【样文 6-19A】

佳宏电器城彩电2010年销售总利润统计表				
季度	彩电数量（台）	彩电成本价（台/元）	彩电销售价（台/元）	彩电总利润（元）
第一季度	500	950	1450	250000
第二季度	320	980	1550	182400
第三季度	450	930	1400	211500
第四季度	630	970	1525	349650

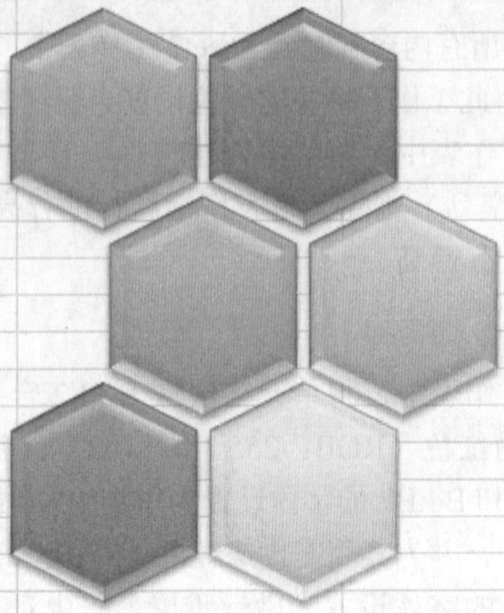

【样文 6-19B】

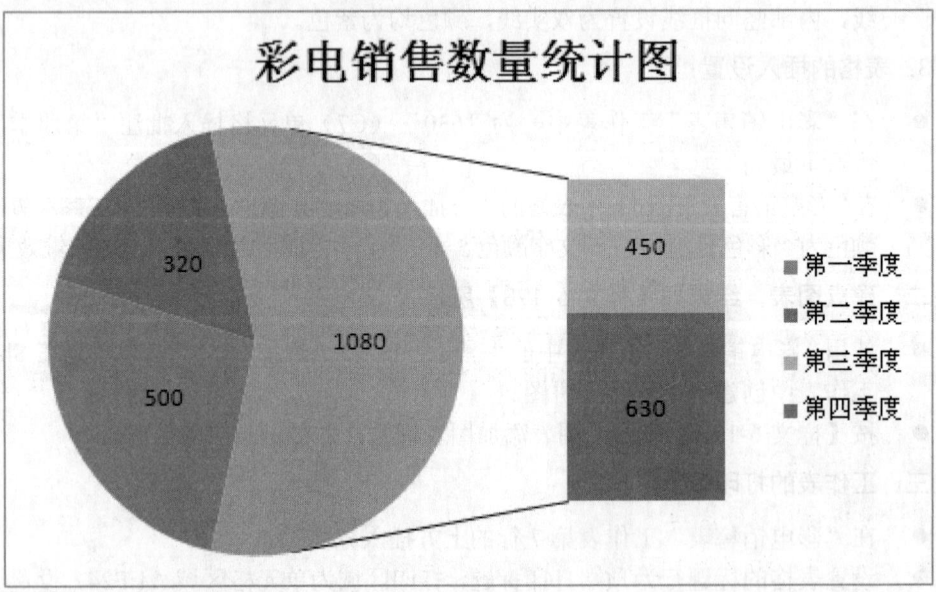

6.20 第 20 题

【操作要求】

在 Excel 2010 中打开文件 A6.xlsx，并按下列要求进行操作。

一、设置工作表及表格，结果如【样文 6-20A】所示

1．工作表的基本操作：

- 将 Sheet1 工作表中的所有内容复制到 Sheet2 工作表中，并将 Sheet2 工作表重命名为“财政预算表”，将此工作表标签的颜色设置为标准色中的“深蓝”色。
- 在“财政预算表”工作表中标题行的下方插入一空行，并设置行高为 7；将“三亚”一行与“平海”一行的位置互换；将表格标题行的行高设置为 30，设置第一列的列宽为 7，其他列的列宽均为 10。

2．单元格格式的设置：

- 在“财政预算表”工作表中，将单元格区域 A1:H1 合并后居中，设置字体为华文琥珀、20 磅、深蓝色，并为其填充水平的淡紫色（RGB：255，153，255）和浅绿色（RGB：204，255，153）的渐变底纹。
- 将单元格区域 A3:H3 的字体设置为隶书、14 磅、紫色、水平居中，并为其填充浅青绿色（RGB：102，204，255）底纹。
- 将单元格区域 A4:H11 的字体设置为微软雅黑、11 磅、深绿色（RGB：0，102，0），并为其填充金色（RGB：255，204，0）底纹。
- 将单元格区域 A3:H11 的外边框设置为如【样文 6-20A】所示的红色的粗双点划线，内部框线设置为褐色（RGB：153，51，0）的单实线。

3．表格的插入设置：

- 在“财政预算表”工作表中，为“4185.50”（H10）单元格插入批注“黑龙江预算最高”。
- 在“财政预算表”工作表中表格的下方插入图片 C:\2010KSW\DATA2\pic6-20.jpg，设置图片的缩放比例为 70%，并为其应用“金属椭圆”的形状样式。

二、建立图表，结果如【样文 6-20B】所示

- 使用“财政预算表”工作表中的相关数据在 Sheet3 工作表中创建一个三维圆柱图。
- 按【样文 6-20B】所示为图表添加图表标题，并为其填充“细微效果 - 橄榄色，强调颜色 3”的形状样式。

三、工作表的打印设置

- 在“财政预算表”工作表第 9 行的下方插入分页符。
- 设置表格的标题行为顶端打印标题，打印区域为单元格区域 A1:H27，设置完成后进行打印预览。

【样文 6-20A】

各地区2010年预算内财政支出表（万元）

地区	支援农业	经济建设	卫生科学	行政管理	优抚	其他	总支出
北京	114.66	131.01	571.88	186.49	38.63	34.28	1076.95
上海	71.60	119.05	513.25	170.35	34.42	13.00	921.67
平海	166.08	989.25	1040.89	527.68	85.25	328.67	3137.82
石家庄	167.75	209.59	744.40	254.61	50.92	75.86	1503.13
胡宁	214.10	714.80	1095.10	561.20	80.80	401.13	3067.13
三亚	161.89	831.32	855.39	370.43	60.55	167.67	2447.25
黑龙江	326.30	650.70	1556.40	758.50	118.50	775.10	4185.50
吉林	369.20	678.85	1458.30	748.38	99.07	627.70	3981.50

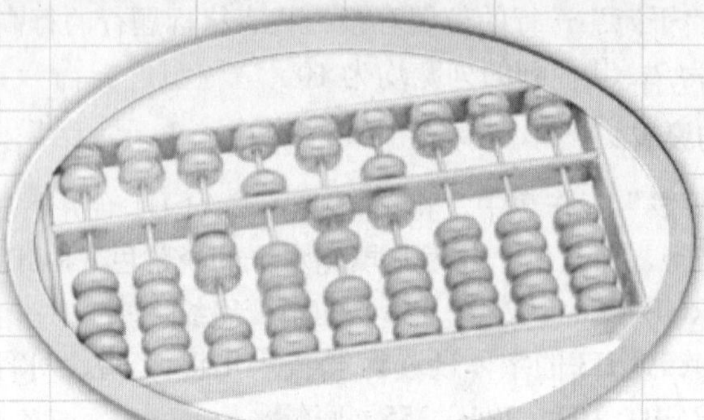

【样文 6-20B】

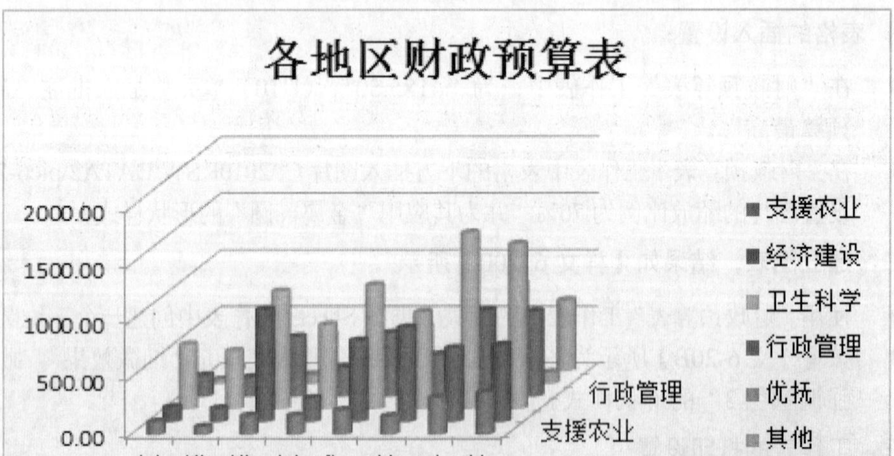

第七单元　电子表格中的数据处理

7.1　第 1 题

【操作要求】

打开文档 A7.xlsx，按下列要求操作。

1. **数据的查找与替换**：按【样文 7-1A】所示，在 Sheet1 工作表中查找出所有的数值“88”，并将其全部替换为“80”。

2. **公式、函数的应用**：按【样文 7-1A】所示，使用 Sheet1 工作表中的数据，应用函数公式统计出各班的“总分”，并计算“各科平均分”，结果分别填写在相应的单元格中。

3. **基本数据分析**：

- **数据排序及条件格式的应用**：按【样文 7-1B】所示，使用 Sheet2 工作表中的数据，以“总分”为主要关键字、“数学”为次要关键字进行升序排序，并对相关数据应用“图标集”中“四等级”的条件格式，实现数据的可视化效果。
- **数据筛选**：按【样文 7-1C】所示，使用 Sheet3 工作表中的数据，筛选出各科分数均大于或等于 80 的记录。
- **合并计算**：按【样文 7-1D】所示，使用 Sheet4 工作表中的数据，在“各班各科平均成绩表”的表格中进行求“平均值”的合并计算操作。
- **分类汇总**：按【样文 7-1E】所示，使用 Sheet5 工作表中的数据，以“班级”为分类字段，对各科成绩进行“平均值”的分类汇总。

4. **数据的透视分析**：按【样文 7-1F】所示，使用“数据源”工作表中的数据，以“班级”为报表筛选项，以“日期”为行标签，以“姓名”为列标签，以“迟到”为计数项，从 Sheet6 工作表的 A1 单元格起建立数据透视表。

【样文 7-1A】

恒大中学高二考试成绩表						
姓名	班级	语文	数学	英语	政治	总分
李平	高二（一）班	72	75	69	80	296
麦孜	高二（二）班	85	80	73	83	321
张江	高二（一）班	97	83	89	80	349
王硕	高二（三）班	76	80	84	82	322
刘梅	高二（三）班	72	75	69	63	279
江海	高二（一）班	92	86	74	84	336
李朝	高二（三）班	76	85	84	83	328
许如润	高二（一）班	87	83	90	80	340
张玲铃	高二（三）班	89	67	92	87	335
赵丽娟	高二（二）班	76	67	78	97	318
高峰	高二（二）班	92	87	74	84	337
刘小丽	高二（三）班	76	67	90	95	328
各科平均分		82.5	77.9	80.5	83.2	

【样文 7-1B】

恒大中学高二考试成绩表						
姓名	班级	语文	数学	英语	政治	总分
刘梅	高二（三）班	72	75	69	63	279
李平	高二（一）班	72	75	69	80	296
赵丽娟	高二（二）班	76	67	78	97	318
刘小丽	高二（三）班	76	67	90	95	328
李朝	高二（三）班	76	85	84	83	328
麦孜	高二（二）班	85	88	73	83	329
王硕	高二（三）班	76	88	84	82	330
张玲铃	高二（三）班	89	67	92	87	335
江海	高二（一）班	92	86	74	84	336
高峰	高二（二）班	92	87	74	84	337
许如润	高二（一）班	87	83	90	88	348
张江	高二（一）班	97	83	89	88	357

【样文 7-1C】

恒大中学高二考试成绩表					
姓名	班级	语文	数学	英语	政治
李平	高二（一）班				
张江	高二（一）班	97	83	89	88
许如润	高二（一）班	87	83	90	88

【样文 7-1D】

各班各科平均成绩表				
班级	语文	数学	英语	政治
高二（一）班	87	81.75	80.5	85
高二（二）班	84.33333	80.66667	75	88
高二（三）班	77.8	76.4	83.8	82

【样文 7-1E】

恒大中学高二考试成绩表					
姓名	班级	语文	数学	英语	政治
	高二（一）班	87	81.75	80.5	85
	高二（三）班	77.8	76.4	83.8	82
	高二（二）班	84.33333	80.66667	75	88
	总计平均值	82.5	79.25	80.5	84.5

【样文 7-1F】

班级	高二（三）班					
计数项:迟到	**列标签**					
行标签	**李朝**	**刘梅**	**刘小丽**	**王硕**	**张玲铃**	**总计**
2010/6/7		1		1		2
2010/6/8		1		1		2
2010/6/9	1				1	2
2010/6/10	1		1			2
2010/6/11		1			1	2
总计	**2**	**3**	**1**	**2**	**2**	**10**

7.2 第 2 题

【操作要求】

打开文档 A7.xlsx，按下列要求操作。

1. **数据的查找与替换**：按【样文 7-2A】所示，在 Sheet1 工作表中查找出所有的数值“100”，并将其全部替换为“150”。

2. **公式、函数的应用**：按【样文 7-2A】所示，使用 Sheet1 工作表中的数据，应用函数公式计算出“实发工资”数，将结果填写在相应的单元格中。

3. **基本数据分析**：

- **数据排序及条件格式的应用**：按【样文 7-2B】所示，使用 Sheet2 工作表中的数据，以“基本工资”为主要关键字、“津贴”为次要关键字进行降序排序，并对相关数据应用“图标集”中“三色旗”的条件格式，实现数据的可视化效果。
- **数据筛选**：按【样文 7-2C】所示，使用 Sheet3 工作表中的数据，筛选出部门为“工程部”、基本工资大于“1700”的记录。
- **合并计算**：按【样文 7-2D】所示，使用 Sheet4 工作表中“一月份工程原料款（元）”和“二月份工程原料款（元）”表格中的数据，在“利达公司前两个月所付工程原料款（元）”的表格中进行“求和”的合并计算操作。
- **分类汇总**：按【样文 7-2E】所示，使用 Sheet5 工作表中的数据，以“部门”为分类字段，对“基本工资”与“实发工资”进行“平均值”的分类汇总。

4. **数据的透视分析**：按【样文 7-2F】所示，使用“数据源”工作表中的数据，以“项目工程”为报表筛选项，以“原料”为行标签，以“日期”为列标签，以“金额（元）”为求和项，从 Sheet6 工作表的 A1 单元格起建立数据透视表。

【样文 7-2A】

利达公司工资表						
姓名	部门	职称	基本工资	奖金	津贴	实发工资
王辉杰	设计室	技术员	1500	600	150	2250
吴圆圆	后勤部	技术员	1450	550	150	2150
张勇	工程部	工程师	3000	568	180	3748
李波	设计室	助理工程师	1760	586	140	2486
司慧霞	工程部	助理工程师	1750	604	140	2494
王刚	设计室	助理工程师	1700	622	140	2462
谭华	工程部	工程师	2880	640	180	3700
赵军伟	设计室	工程师	2900	658	180	3738
周健华	工程部	技术员	1500	576	150	2226
任敏	后勤部	技术员	1430	594	150	2174
韩禹	工程部	技术员	1620	612	150	2382
周敏捷	工程部	助理工程师	1800	630	140	2570

【样文 7-2B】

利达公司工资表					
姓名	部门	职称	基本工资	奖金	津贴
张勇	工程部	工程师	3000	568	180
谭华	工程部	工程师	2880	640	180
周敏捷	工程部	助理工程师	1800	630	140
李波	设计室	助理工程师	1760	586	140
司慧霞	工程部	助理工程师	1750	604	140
王刚	设计室	助理工程师	1700	622	140
韩禹	工程部	技术员	1620	612	150
王辉杰	设计室	技术员	1500	600	150
周健华	工程部	技术员	1500	576	150
吴圆圆	后勤部	技术员	1450	550	150
任敏	后勤部	技术员	1430	594	150
赵军伟	设计室	工程师	1050	658	180

【样文 7-2C】

利达公司工资表					
姓名	部门	职称	基本工资	奖金	津贴
张勇	工程部	工程师	3000	568	180
司慧霞	工程部	助理工程师	1750	604	140
谭华	工程部	工程师	2880	640	180
周敏捷	工程部	助理工程师	1800	630	140

【样文 7-2D】

利达公司前两个月所付工程原料款（元）				
原料	德银工程	城市污水工程	商业大厦工程	银河剧院工程
细沙	11000	4000	6000	18000
大沙	18000	1800	13000	25000
水泥	80000	12000	80000	130000
钢筋	140000	10500	110000	190000
空心砖	10000	2000	20000	15000
木材	4000	1000	7000	18000

【样文 7-2E】

利达公司工资表						
姓名	部门	职称	基本工资	奖金	津贴	实发工资
	工程部 平均值		2091.667			2853.333
	后勤部 平均值		1440			2162
	设计室 平均值		1965			2734
	总计平均值		1940.833			2698.333

【样文 7-2F】

项目工程	(全部)				
求和项:金额（元）	**列标签**				
行标签	**2010/1/15**	**2010/1/20**	**2010/1/25**	**2010/1/30**	**总计**
大沙		10000		22000	32000
钢筋	310000				310000
木材				13500	13500
水泥		148000	60000		208000
细沙	8000		17000		25000
总计	**318000**	**158000**	**77000**	**35500**	**588500**

7.3　第 3 题

【操作要求】

打开文档 A7.xlsx，按下列要求操作。

1. **数据的查找与替换**：按【样文 7-3A】所示，在 Sheet1 工作表中查找出所有的数值“J-06”，并将其全部替换为“G-06”。

2. **公式、函数的应用**：按【样文 7-3A】所示，使用 Sheet1 工作表中的数据，应用函数公式计算出“合格率”，将结果填写在相应的单元格中。

3. **基本数据分析**：

- **数据排序及条件格式的应用**：按【样文 7-3B】所示，使用 Sheet2 工作表中的数据，以“总数（个）”为主要关键字、“产品型号”为次要关键字进行降序排序，并对相关数据应用“图标集”中“3 个三角形”的条件格式，实现数据的可视化效果。
- **数据筛选**：按【样文 7-3C】所示，使用 Sheet3 工作表中的数据，筛选出“不合格产品（个）”小于“200”、“合格产品（个）”大于“5000”的记录。
- **合并计算**：按【样文 7-3D】所示，使用 Sheet4 工作表中“上半年各车间产品合格情况表”和“下半年各车间产品合格情况表”表格中的数据，在“全年各车间产品合格情况统计表”的表格中进行“求和”的合并计算操作。
- **分类汇总**：按【样文 7-3E】所示，使用 Sheet5 工作表中的数据，以“产品型号”为分类字段，对其他各项分别进行“求和”的分类汇总。

4. **数据的透视分析**：按【样文 7-3F】所示，使用“数据源”工作表中的数据，以“产品规格”为报表筛选项，以“季度”为行标签，以“车间”为列标签，以“不合格产品（个）”、“合格产品（个）”、“总数（个）”为求和项，从 Sheet6 工作表的 A1 单元格起建立数据透视表。

【样文 7-3A】

各车间产品合格情况表					
车间	产品型号	不合格产品(个)	合格产品(个)	总数(个)	合格率
第一车间	G-06	132	4856	4988	97%
第二车间	G-06	65	6235	6300	99%
第三车间	G-07	238	4953	5191	95%
第四车间	G-07	252	5364	5616	96%
第五车间	G-05	342	6245	6587	95%
第六车间	G-05	108	6874	6982	98%
第七车间	G-06	154	9854	10008	98%
第八车间	G-07	55	5666	5721	99%

【样文 7-3B】

各车间产品合格情况表

车间	产品型号	不合格产品(个)	合格产品(个)	总数(个)
第七车间	G-06	154	9854	10008
第六车间	G-05	108	6874	6982
第五车间	G-05	342	6245	6587
第二车间	G-06	65	6235	6300
第八车间	G-07	55	5666	5721
第四车间	G-07	252	5364	5616
第三车间	G-07	238	4953	5191
第一车间	G-06	132	4856	4988

【样文 7-3C】

各车间产品合格情况表

车间	产品型号	不合格产品(个)	合格产品(个)	总数(个)
第二车间	G-06	65	6235	6300
第六车间	G-05	108	6874	6982
第七车间	G-06	154	9854	10008
第八车间	G-07	55	5666	5721

【样文 7-3D】

全年各车间产品合格情况统计表

车间	产品型号	不合格产品(个)	合格产品(个)	总数(个)
第一车间	G-06	214	9812	10026
第二车间	G-06	230	14470	14700
第三车间	G-07	376	10906	11282
第四车间	G-07	604	13728	14332
第五车间	G-05	584	12090	12674
第六车间	G-05	226	14748	14974
第七车间	G-06	208	18708	18916
第八车间	G-07	210	10332	10542

【样文 7-3E】

各车间产品合格情况表				
车间	产品型号	不合格产品(个)	合格产品(个)	总数(个)
	G-05 汇总	450	13119	13569
	G-06 汇总	351	20945	21296
	G-07 汇总	545	15983	16528
	总计	1346	50047	51393

【样文 7-3F】

产品规格	G-05		
	列标签		
行标签	**第六车间**	**第五车间**	**总计**
第二季度			
求和项:不合格产品(个)	50	172	222
求和项:合格产品(个)	3400	3000	6400
求和项:总数(个)	3450	3172	6622
第三季度			
求和项:不合格产品(个)	60	122	182
求和项:合格产品(个)	3974	2945	6919
求和项:总数(个)	4034	3067	7101
第四季度			
求和项:不合格产品(个)	58	120	178
求和项:合格产品(个)	3900	2900	6800
求和项:总数(个)	3958	3020	6978
第一季度			
求和项:不合格产品(个)	58	170	228
求和项:合格产品(个)	3474	3245	6719
求和项:总数(个)	3532	3415	6947
求和项:不合格产品(个)汇总	**226**	**584**	**810**
求和项:合格产品(个)汇总	**14748**	**12090**	**26838**
求和项:总数(个)汇总	**14974**	**12674**	**27648**

7.4 第 4 题

【操作要求】

打开文档 A7.xlsx，按下列要求操作。

1. 数据的查找与替换：按【样文 7-4A】所示，在 Sheet1 工作表中查找出所有的数值“12.5”，并将其全部替换为“16.5”。

2. 公式、函数的应用：按【样文 7-4A】所示，使用 Sheet1 工作表中的数据，应用函数公式计算出“销售总额”，将结果填写在相应的单元格中。

3. 基本数据分析：

- 数据排序及条件格式的应用：按【样文 7-4B】所示，使用 Sheet2 工作表中的数据，以“类别”为主要关键字、“单价”为次要关键字进行降序排序，并对相关数据应用“数据条”中“绿色数据条”渐变填充的条件格式，实现数据的可视化效果。
- 数据筛选：按【样文 7-4C】所示，使用 Sheet3 工作表中的数据，筛选出“销售数量（本）”大于 5000 或小于 4000 的记录。
- 合并计算：按【样文 7-4D】所示，使用 Sheet4 工作表中“文化书店图书销售情况表”、“西门书店图书销售情况表”和“中原书店图书销售情况表”表格中的数据，在“图书销售情况表”的表格中进行“求和”的合并计算操作。
- 分类汇总：按【样文 7-4E】所示，使用 Sheet5 工作表中的数据，以“类别”为分类字段，对“销售数量（本）”进行求“平均值”的分类汇总。

4. 数据的透视分析：按【样文 7-4F】所示，使用“数据源”工作表中的数据，以“书店名称”为报表筛选项，以“书籍名称”为行标签，以“类别”为列标签，以“销售数量（本）”为求平均值项，从 Sheet6 工作表的 A1 单元格起建立数据透视表。

【样文 7-4A】

文化书店图书销售情况表

书籍名称	类别	销售数量（本）	单价	销售总额
中学物理辅导	课外读物	4300	16.5	70950
中学化学辅导	课外读物	4000	16.5	66000
中学数学辅导	课外读物	4680	16.5	77220
中学语文辅导	课外读物	4860	16.5	80190
健康周刊	生活百科	2860	15.6	44616
医学知识	生活百科	4830	16.8	81144
饮食与健康	生活百科	3860	16.4	63304
十万个为什么	少儿读物	6850	32.6	223310
丁丁历险记	少儿读物	5840	23.5	137240
儿童乐园	少儿读物	6640	21.2	140768

【样文 7-4B】

文化书店图书销售情况表			
书籍名称	类别	销售数量（本）	单价
医学知识	生活百科	4830	16.8
饮食与健康	生活百科	3860	16.4
健康周刊	生活百科	2860	15.6
十万个为什么	少儿读物	6850	32.6
丁丁历险记	少儿读物	5840	23.5
儿童乐园	少儿读物	6640	21.2
中学物理辅导	课外读物	4300	16.5
中学化学辅导	课外读物	4000	16.5
中学数学辅导	课外读物	4680	16.5
中学语文辅导	课外读物	4860	16.5

【样文 7-4C】

文化书店图书销售情况表			
书籍名称	类别	销售数量（本	单价
健康周刊	生活百科	2860	15.6
饮食与健康	生活百科	3860	16.4
十万个为什么	少儿读物	6850	32.6
丁丁历险记	少儿读物	5840	23.5
儿童乐园	少儿读物	6640	21.2

【样文 7-4D】

图书销售情况表	
书籍名称	销售数量（本）
中学物理辅导	14400
中学化学辅导	13800
中学数学辅导	14240
中学语文辅导	13680
健康周刊	2860
医学知识	14490
饮食与健康	12880
十万个为什么	12970
丁丁历险记	18420
儿童乐园	13780

【样文 7-4E】

文化书店图书销售情况表			
书籍名称	类别	销售数量（本）	单价
	课外读物 平均值	4460	
	少儿读物 平均值	6443.333333	
	生活百科 平均值	3850	
	总计平均值	4872	

【样文 7-4F】

书店名称	（全部）	
平均值项:销售数量（本）	**列标签**	
行标签	**课外读物**	**总计**
中学化学辅导	4600	4600
中学数学辅导	4746.666667	4746.666667
中学物理辅导	4800	4800
中学语文辅导	4560	4560
总计	**4676.666667**	**4676.666667**

7.5　第 5 题

【操作要求】

打开文档 A7.xlsx，按下列要求操作。

1. **数据的查找与替换**：按【样文 7-5A】所示，在 Sheet1 工作表中查找出所有的数值“4863”，并将其全部替换为“4835”。

2. **公式、函数的应用**：按【样文 7-5A】所示，使用 Sheet1 工作表中的数据，应用函数公式计算出“总计”和“平均值”，将结果填写在相应的单元格中。

3. **基本数据分析**：

- **数据排序及条件格式的应用**：按【样文 7-5B】所示，使用 Sheet2 工作表中的数据，以“搅拌机”为主要关键字进行升序排序，并对相关数据应用“蓝 - 白 - 红色阶”的条件格式，实现数据的可视化效果。
- **数据筛选**：按【样文 7-5C】所示，使用 Sheet3 工作表中的数据，筛选出“塑料”大于等于“6000”或者小于等于“4000”的记录。
- **合并计算**：按【样文 7-5D】所示，使用 Sheet4 工作表中“西南区建筑材料销售统计（万元）”和“西北区建筑材料销售统计（万元）”表格中的数据，在“建筑材料销售总计（万元）”的表格中进行“求和”的合并计算操作。
- **分类汇总**：按【样文 7-5E】所示，使用 Sheet5 工作表中的数据，以“产品名称”为分类字段，对“销售额”进行求“平均值”的分类汇总，并设置所有数值均只显示一位小数。

4. **数据的透视分析**：按【样文 7-5F】所示，使用“数据源”工作表中的数据，以“销售地区”为行标签，以“产品名称”为列标签，以“销售额”为求和项，从 Sheet6 工作表的 A1 单元格起建立数据透视表。

【样文 7-5A】

利达公司建筑材料销售统计（万元）						
销售地区	塑料	钢材	木材	水泥	搅拌机	总计
西北区	2340	6875	2586	4680	8648	25129
东北区	4835	7243	3868	8642	7321	31909
华北区	3842	6780	3268	7826	7514	29230
西南区	6854	8864	2258	8123	5847	31946
华中区	5828	7880	4835	6523	6234	31300
华南区	5286	6356	3642	5432	9841	30557
平均值	4830.8	7333.0	3409.5	6871.0	7567.5	

【样文 7-5B】

利达公司建筑材料销售统计（万元）					
销售地区	塑料	钢材	木材	水泥	搅拌机
西南区	6854	8864	2258	8123	5847
华中区	5828	7880	4835	6523	6234
东北区	4835	7243	3868	8642	7321
华北区	3842	6780	3268	7826	7514
西北区	2340	6875	2586	4680	8648
华南区	5286	6356	3642	5432	9841

【样文 7-5C】

利达公司建筑材料销售统计（万元）					
销售地[	塑料	钢材	木材	水泥	搅拌机
西北区	2340	6875	2586	4680	8648
华北区	3842	6780	3268	7826	7514
西南区	6854	8864	2258	8123	5847

【样文 7-5D】

建筑材料销售总计（万元）	
产品名称	销售额
塑料	9194
水泥	12803
木材	4844
搅拌机	14495
钢材	15739

【样文 7-5E】

利达公司建筑材料销售统计（万元）		
产品名称	销售地区	销售额
塑料 平均值		4830.8
水泥 平均值		6871.0
木材 平均值		3409.5
搅拌机 平均值		7567.5
钢材 平均值		7333.0
总计平均值		6002.4

【样文 7-5F】

求和项:销售额	列标签					
行标签	钢材	搅拌机	木材	水泥	塑料	总计
东北区	7243	7321	3868	8642	4835	31909
华北区	6780	7514	3268	7826	3842	29230
华南区	6356	9841	3642	5432	5286	30557
华中区	7880	6234	4835	6523	5828	31300
西北区	6875	8648	2586	4680	2340	25129
西南区	8864	5847	2258	8123	6854	31946
总计	**43998**	**45405**	**20457**	**41226**	**28985**	**180071**

7.6　第 6 题

【操作要求】

打开文档 A7.xlsx，按下列要求操作。

1. **数据的查找与替换**：按【样文 7-6A】所示，在 Sheet1 工作表中查找出所有的数值“1.3”，并将其全部替换为“1.5”。

2. **公式、函数的应用**：按【样文 7-6A】所示，使用 Sheet1 工作表中的数据，应用函数公式计算出“总价格（元）”，将结果填写在相应的单元格中。

3. **基本数据分析**：

- **数据排序及条件格式的应用**：按【样文 7-6B】所示，使用 Sheet2 工作表中的数据，以“进货产量（公斤）”为主要关键字、“进货单价（元）”为次要关键字进行降序排序，并对相关数据应用“图标集”中“三标志”的条件格式，实现数据的可视化效果。
- **数据筛选**：按【样文 7-6C】所示，使用 Sheet3 工作表中的数据，筛选出“进货地区”为“北京市”、“进货单价（元）”大于“2”的记录。
- **合并计算**：按【样文 7-6D】所示，使用 Sheet4 工作表中的数据，在“水果店进货情况统计表”的表格中进行“求和”的合并计算操作。
- **分类汇总**：按【样文 7-6E】所示，使用 Sheet5 工作表中的数据，以“进货地区”为分类字段，对“进货产量（公斤）”与“进货单价（元）”进行“最大值”的分类汇总。

4. **数据的透视分析**：按【样文 7-6F】所示，使用“数据源”工作表中的数据，以“品种”为行标签，以“进货地区”为列标签，以“进货产量（公斤）”为求和项，从 Sheet6 工作表的 A3 单元格起建立数据透视表。

【样文 7-6A】

水果店进货情况统计表				
品种	进货地区	进货产量(公斤)	进货单价(元)	总价格(元)
木瓜	北京市	65	1.5	97.5
荔枝	北京市	114	3	342
火龙果	河北省	50	7	350
海棠	河北省	80	6	480
香蕉	海南省	105	1.5	157.5
菠萝	海南省	120	2.5	300
苹果	河北省	125	1.5	187.5
樱桃	河北省	63	2.5	157.5
柠檬	北京市	45	4	180
草莓	北京市	78	3	234
葡萄	上海市	72	2	144
哈密瓜	上海市	63	3.5	220.5
猕猴桃	北京市	62	1.5	93
桂圆	海南省	86	2.8	240.8
芒果	海南省	72	5	360
香瓜	河北省	68	1.5	102
石榴	上海市	56	2	112
雪梨	上海市	108	1.7	183.6
番桃	北京市	74	3.2	236.8

【样文 7-6B】

水果店进货情况统计表			
品种	进货地区	进货产量(公斤)	进货单价(元)
苹果	河北省	125	1.5
菠萝	海南省	120	2.5
荔枝	北京市	114	3
雪梨	上海市	108	1.7
香蕉	海南省	105	1.5
桂圆	海南省	86	2.8
海棠	河北省	80	6
草莓	北京市	78	3
番桃	北京市	74	3.2
芒果	海南省	72	5
葡萄	上海市	72	2
香瓜	河北省	68	1.5
木瓜	北京市	65	1.5
哈密瓜	上海市	63	3.5
樱桃	河北省	63	2.5
猕猴桃	北京市	62	1.5
石榴	上海市	56	2
火龙果	河北省	50	7
柠檬	北京市	45	4

【样文 7-6C】

水果店进货情况统计表			
品种	进货地区	进货产量(公斤)	进货单价(元)
荔枝	北京市	114	3
柠檬	北京市	45	4
草莓	北京市	78	3
番桃	北京市	74	3.2

【样文 7-6D】

水果店进货情况统计表	
品种	进货产量(公斤)
木瓜	255
荔枝	323
火龙果	169
海棠	258
香蕉	293
菠萝	283
苹果	300
樱桃	261
柠檬	254
草莓	221
葡萄	257
哈密瓜	229

【样文 7-6E】

水果店进货情况统计表			
品种	进货地区	进货产量(公斤)	进货单价(元)
	北京市 最大值	114	4
	海南省 最大值	120	5
	河北省 最大值	125	7
	上海市 最大值	108	3.5
	总计最大值	125	7

【样文 7-6F】

求和项:进货产量(公斤)	**列标签**				
行标签	**北京市**	**海南省**	**河北省**	**上海市**	**总计**
菠萝	120	58	58	124	360
海棠	80	105	75	108	368
火龙果	50	34	80	93	257
荔枝	114	85	105	85	389
木瓜	65	75	92	145	377
苹果	125	95	92	85	397
香蕉	105	96	64	115	380
樱桃	63	123	58	73	317
总计	**722**	**671**	**624**	**828**	**2845**

7.7 第 7 题

【操作要求】

打开文档 A7.xlsx，按下列要求操作。

1. **数据的查找与替换**：按【样文 7-7A】所示，在 Sheet1 工作表中查找出所有的数值“8100”，并将其全部替换为“8200”。

2. **公式、函数的应用**：按【样文 7-7A】所示，使用 Sheet1 工作表中的数据，应用函数公式计算出“总计”和“平均值”，将结果填写在相应的单元格中。

3. **基本数据分析**：

- **数据排序及条件格式的应用**：按【样文 7-7B】所示，使用 Sheet2 工作表中的数据，以“第一季度”为主要关键字、“第四季度”为次要关键字进行升序排序，并对相关数据应用“红 - 白 - 绿色阶”的条件格式，实现数据的可视化效果。
- **数据筛选**：按【样文 7-7C】所示，使用 Sheet3 工作表中的数据，筛选出各季度均大于“6000”的记录。
- **合并计算**：按【样文 7-7D】所示，使用 Sheet4 工作表中“第一代理公司全年销售额”、“第二代理公司全年销售额”和“第三代理公司全年销售额”表格中的数据，在“全公司全年销售额”的表格中进行求“平均值”的合并计算操作。
- **分类汇总**：按【样文 7-7E】所示，使用 Sheet5 工作表中的数据，以“类别”为分类字段，对“第一季度”、“第二季度”、“第三季度”、“第四季度”进行“求和”的分类汇总。

4. **数据的透视分析**：按【样文 7-7F】所示，使用“数据源”工作表中的数据，以“产品型号”为报表筛选项，以“类别”为行标签，以“代理公司”为列标签，以“销售额”为求最小值项，从 Sheet6 工作表的 A1 单元格起建立数据透视表。

【样文 7-7A】

市场部全年销售额						
产品型号	类别	第一季度	第二季度	第三季度	第四季度	总计
A8	电子类	11200	8200	7700	9100	36200
C3	电子类	35000	40000	45000	11700	131700
D4	塑料类	6000	7000	8000	8200	29200
F7	玻璃类	5600	7800	10000	10000	33400
E5	五金类	4200	5500	7000	7100	23800
G9	电子类	1000	3500	5700	5600	15800
Z2	玻璃类	1600	3200	4000	4100	12900
I6	塑料类	7800	6500	14700	13200	42200
H4	五金类	8200	3500	12300	11800	35800
L3	塑料类	9600	8900	9800	9700	38000
S7	电子类	8700	8400	8200	9200	34500
Y5	五金类	6800	11800	13600	8200	40400
M7	玻璃类	7800	15300	7600	3700	34400
R9	塑料类	9400	9600	5800	6900	31700
平均值		8778.6	9942.9	11385.7	8464.3	38571.4

【样文 7-7B】

市场部全年销售额					
产品型号	类别	第一季度	第二季度	第三季度	第四季度
G9	电子类	1000	3500	5700	5600
Z2	玻璃类	1600	3200	4000	4100
E5	五金类	4200	5500	7000	7100
F7	玻璃类	5600	7800	10000	10000
D4	塑料类	6000	7000	8000	8200
Y5	五金类	6800	11800	13600	8200
M7	玻璃类	7800	15300	7600	3700
I6	塑料类	7800	6500	14700	13200
H4	五金类	8200	3500	12300	11800
S7	电子类	8700	8400	8200	9200
R9	塑料类	9400	9600	5800	6900
L3	塑料类	9600	8900	9800	9700
A8	电子类	11200	8200	7700	9100
C3	电子类	35000	40000	45000	11700

【样文 7-7C】

市场部全年销售额					
产品型号	类别	第一季度	第二季度	第三季度	第四季度
A8	电子类	11200	8200	7700	9100
C3	电子类	35000	40000	45000	11700
I6	塑料类	7800	6500	14700	13200
L3	塑料类	9600	8900	9800	9700
S7	电子类	8700	8400	8200	9200
Y5	五金类	6800	11800	13600	8200

【样文 7-7D】

全公司全年销售额				
产品型号	第一季度	第二季度	第三季度	第四季度
A8	72206.67	91495.33	102433.3	105166.7
C3	28286.67	30230	27933.33	20166.67
D4	5700	6100	7010	5700
F7	6700	5900	8400	10000
E5	4586.667	4946.667	4926.667	7333.333
G9	4050	3500	5850	4400
Z2	2810	3573.333	3883.333	5300

【样文 7-7E】

市场部全年销售额					
产品型号	类别	第一季度	第二季度	第三季度	第四季度
	玻璃类 汇总	15000	26300	21600	17800
	电子类 汇总	55900	60100	66600	35600
	塑料类 汇总	32800	32000	38300	38000
	五金类 汇总	19200	20800	32900	27100
	总计	122900	139200	159400	118500

【样文 7-7F】

产品型号	(全部)			
最小值项:销售额	**列标签**			
行标签	**第二分公司**	**第三分公司**	**第一分公司**	**总计**
玻璃类	6500	7300	1600	1600
电子类	8900	4900	1000	1000
塑料类	3800	8400	6000	3800
五金类	12500	6500	4200	4200
总计	**3800**	**4900**	**1000**	**1000**

7.8 第 8 题

【操作要求】

打开文档 A7.xlsx，按下列要求操作。

1. **数据的查找与替换**：按【样文 7-8A】所示，在 Sheet1 工作表中查找出所有的数值“230”，并将其全部替换为“215”。

2. **公式、函数的应用**：按【样文 7-8A】所示，使用 Sheet1 工作表中的数据，应用函数公式计算出“总价（元）”，将结果填写在相应的单元格中。

3. **基本数据分析**：

- **数据排序及条件格式的应用**：按【样文 7-8B】所示，使用 Sheet2 工作表中的数据，以“数量”为主要关键字、“单价（元）”为次要关键字进行降序排序，并对大于“2000”的数据应用“绿填充色深绿色文本”的条件格式，实现数据的可视化效果。
- **数据筛选**：按【样文 7-8C】所示，使用 Sheet3 工作表中的数据，筛选出“进货地区”为“上海市”、“数量”大于“100”的记录。
- **合并计算**：按【样文 7-8D】所示，使用 Sheet4 工作表中“第一分公司新进办公用品情况表”和“第二分公司新进办公用品情况表”表格中的数据，在“天都公司新进办公用品一览表”的表格中进行求“平均值”的合并计算操作。
- **分类汇总**：按【样文 7-8E】所示，使用 Sheet5 工作表中的数据，以“类别”为分类字段，对“数量”与“单价（元）”进行“求和”的分类汇总。

4. **数据的透视分析**：按【样文 7-8F】所示，使用“数据源”工作表中的数据，以“名称”为报表筛选项，以“类别”为行标签，以“进货地区”为列标签，以“数量”和“单价（元）”为求和项，从 Sheet6 工作表的 A1 单元格起建立数据透视表。

【样文 7-8A】

天都公司新进办公用品一览表					
名称	类别	进货地区	数量	单价（元）	总价（元）
沙发	家具	北京市	95	8480	805600
电视	电器	北京市	40	2688	107520
书柜	家具	北京市	215	3480	748200
空调	电器	北京市	643	4560	2932080
笔记本	数码	山东	76	8240	626240
U盘	数码	山东	215	215	46225
茶几	家具	山东	243	1400	340200
打印机	数码	山东	580	480	278400
台式电脑	数码	上海市	679	8530	5791870
DVD	电器	上海市	72	1748	125856
办公桌	家具	上海市	432	360	155520
扫描仪	数码	上海市	274	1190	326060
椅子	家具	深圳	830	150	124500
复印机	数码	深圳	215	2690	578350
饮水机	电器	深圳	286	3450	986700

【样文 7-8B】

天都公司新进办公用品一览表				
名称	类别	进货地区	数量	单价（元）
椅子	家具	深圳	830	150
台式电脑	数码	上海市	679	8530
空调	电器	北京市	643	4560
打印机	数码	山东	580	480
办公桌	家具	上海市	432	360
饮水机	电器	深圳	286	3450
扫描仪	数码	上海市	274	1190
茶几	家具	山东	243	1400
书柜	家具	北京市	215	3480
复印机	数码	深圳	215	2690
U盘	数码	山东	215	215
沙发	家具	北京市	95	8480
笔记本	数码	山东	76	8240
DVD	电器	上海市	72	1748
电视	电器	北京市	40	2688

【样文 7-8C】

天都公司新进办公用品一览表				
名称	类别	进货地区	数量	单价（元）
台式电脑	数码	上海市	679	8530
办公桌	家具	上海市	432	360
扫描仪	数码	上海市	274	1190

【样文 7-8D】

天都公司新进办公用品一览表		
名称	类别	数量
沙发	家具	85.5
电视	电器	60
书柜	家具	333.5
空调	电器	511.5
笔记本	数码	70.5
U盘	数码	257.5
茶几	家具	200.5
打印机	数码	505
台式电脑	数码	689.5
DVD	电器	76
办公桌	家具	391
扫描仪	数码	297
椅子	家具	767.5
复印机	数码	211
饮水机	电器	305.5

【样文 7-8E】

天都公司新进办公用品一览表				
名称	类别	进货地区	数量	单价（元）
	电器 汇总		1041	12446
	家具 汇总		1815	13870
	数码 汇总		2039	21345
	总计		4895	47661

【样文 7-8F】

名称	（全部）			
	列标签			
行标签	**北京市**	**上海市**	**深圳**	**总计**
电器				
求和项:数量	929	357	802	2088
求和项:单价（元）	8010	9678	8875	26563
家具				
求和项:数量	1978	1466	731	4175
求和项:单价（元）	13870	13827	15434	43131
数码				
求和项:数量	1748	722	1538	4008
求和项:单价（元）	10468	9311	10502	30281
求和项:数量汇总	**4655**	**2545**	**3071**	**10271**
求和项:单价（元）汇总	**32348**	**32816**	**34811**	**99975**

7.9　第 9 题

【操作要求】

打开文档 A7.xlsx，按下列要求操作。

1. **数据的查找与替换**：按【样文 7-9A】所示，在 Sheet1 工作表中查找出所有的数值“8010”，并将其全部替换为“8500”。

2. **公式、函数的应用**：按【样文 7-9A】所示，使用 Sheet1 工作表中的数据，应用函数公式计算出“总计”和“最大值”，将结果填写在相应的单元格中。

3. **基本数据分析**：

- **数据排序及条件格式的应用**：按【样文 7-9B】所示，使用 Sheet2 工作表中的数据，以“一月份”为主要关键字、“二月份”为次要关键字进行降序排序，并对相关数据应用“图标集”中“四色交通灯”的条件格式，实现数据的可视化效果。
- **数据筛选**：按【样文 7-9C】所示，使用 Sheet3 工作表中的数据，筛选出“二月份”大于 9000 或小于 6000 的记录。
- **合并计算**：按【样文 7-9D】所示，使用 Sheet4 工作表中“心语手机商城第一季度销售情况统计表”和“心语手机商城第二季度销售情况统计表”表格中的数据，在“心语手机商城上半年销售情况统计表”的表格中进行“求和”的合并计算操作。
- **分类汇总**：按【样文 7-9E】所示，使用 Sheet5 工作表中的数据，以“品牌”为分类字段，对“一月份”、“二月份”、“三月份”进行求“最小值”的分类汇总。

4. **数据的透视分析**：按【样文 7-9F】所示，使用“数据源”工作表中的数据，以“型号”为报表筛选项，以“品牌”为行标签，以“一月份”、“二月份”、“三月份”为求和项，从 Sheet6 工作表的 A1 单元格起建立数据透视表。

【样文 7-9A】

心语手机商城第一季度销售情况统计表					
品牌	型号	一月份	二月份	三月份	总计
NJY	NJ-7583	8500	4700	7600	20800
NJY	NJ-6592	7600	5800	8500	21900
NJY	NJ-4593	9400	9200	9000	27600
MTLP	MT-8573	8900	11500	11000	31400
MTLP	MT-4238	8400	8300	7900	24600
YKR	IP-8723	11200	3600	9300	24100
YKR	IP-3547	13100	7900	8200	29200
YKR	IP-9573	7400	8500	8000	23900
YKR	IP-7854	9300	9200	8800	27300
SXG	SX-5892	8200	12500	11800	32500
SXG	SX-6349	6500	7700	12700	26900
SXG	SX-4498	4200	11100	5900	21200
MTLP	MT-2578	9100	8500	8500	26100
NJY	NJ-8723	8100	7200	7600	22900
最大值		13100	12500	12700	

【样文 7-9B】

心语手机商城第一季度销售情况统计表				
品牌	型号	一月份	二月份	三月份
YKR	IP-3547	13100	7900	8200
YKR	IP-8723	11200	3600	9300
NJY	NJ-4593	9400	9200	9000
YKR	IP-7854	9300	9200	8800
MTLP	MT-2578	9100	8500	8500
MTLP	MT-8573	8900	11500	11000
NJY	NJ-7583	8500	4700	7600
MTLP	MT-4238	8400	8300	7900
SXG	SX-5892	8200	12500	11800
NJY	NJ-8723	8100	7200	7600
NJY	NJ-6592	7600	5800	8500
YKR	IP-9573	7400	8500	8000
SXG	SX-6349	6500	7700	12700
SXG	SX-4498	4200	11100	5900

【样文 7-9C】

心语手机商城第一季度销售情况统计表				
品牌	型号	一月份	二月份	三月份
NJY	NJ-7583	8500	4700	7600
NJY	NJ-6592	7600	5800	8500
NJY	NJ-4593	9400	9200	9000
MTLP	MT-8573	8900	11500	11000
YKR	IP-8723	11200	3600	9300
YKR	IP-7854	9300	9200	8800
SXG	SX-5892	8200	12500	11800
SXG	SX-4498	4200	11100	5900

【样文 7-9D】

心语手机商城上半年销售情况统计表		
品牌	型号	销售额（万元）
NJY	NJ-7583	16980
NJY	NJ-6592	10288
NJY	NJ-4593	12880
MTLP	MT-8573	13460
MTLP	MT-4238	16640
YKR	IP-8723	12600
YKR	IP-3547	21630
YKR	IP-9573	9148
YKR	IP-7854	16660
SXG	SX-5892	9390
SXG	SX-6349	14650
SXG	SX-4498	6890
MTLP	MT-2578	12550
NJY	NJ-8723	12570

【样文 7-9E】

心语手机商城第一季度销售情况统计表				
品牌	型号	一月份	二月份	三月份
MTLP 最小值		8400	8300	7900
NJY 最小值		7600	4700	7600
SXG 最小值		4200	7700	5900
YKR 最小值		7400	3600	8000
总计最小值		4200	3600	5900

【样文 7-9F】

型号	（全部）		
行标签	**求和项:一月份**	**求和项:二月份**	**求和项:三月份**
MTLP	39898	51800	42335
NJY	42598	58000	56716
SXG	43530	64100	52992
YKR	60310	58300	53601
总计	**186336**	**232200**	**205644**

7.10 第 10 题

【操作要求】

打开文档 A7.xlsx，按下列要求操作。

1. 数据的查找与替换：按【样文 7-10A】所示，在 Sheet1 工作表中查找出所有的数值“84”，并将其全部替换为“80”。

2. 公式、函数的应用：按【样文 7-10A】所示，使用 Sheet1 工作表中的数据，应用函数公式计算出“总物业费”，将结果填写在相应的单元格中。

3. 基本数据分析：

- 数据排序及条件格式的应用：按【样文 7-10B】所示，使用 Sheet2 工作表中的数据，以“取暖费”为主要关键字、“电费”为次要关键字进行升序排序，并对相关数据应用“数据条”中“浅蓝色数据条”渐变填充的条件格式，实现数据的可视化效果。
- 数据筛选：按【样文 7-10C】所示，使用 Sheet3 工作表中的数据，筛选出“取暖费”大于或等于“300”、“物业管理费”小于或等于“50”的记录。
- 合并计算：按【样文 7-10D】所示，使用 Sheet4 工作表中“祥馨小区业主十一月份物业费用统计表”和“祥馨小区业主十二月份物业费用统计表”表格中的数据，在“祥馨小区业主两个月物业费用统计表”的表格中进行“求和”的合并计算操作。
- 分类汇总：按【样文 7-10E】所示，使用 Sheet5 工作表中的数据，以“单元”为分类字段，对“电费”和“取暖费”进行求“平均值”的分类汇总，并设置所有数值均只显示一位小数。

4. 数据的透视分析：按【样文 7-10F】所示，使用“数据源”工作表中的数据，以“户主”为报表筛选项，以“楼号”为行标签，以“单元”为列标签，以“水费”、“电费”、“天然气费”为最大值项，从 Sheet6 工作表的 A1 单元格起建立数据透视表。

【样文 7-10A】

祥馨小区业主物业费用统计表								
单元	门牌号	户主	水费	电费	天然气费	取暖费	物业管理费	总物业费
一	101	韩千叶	80	52	30	200	60	422
一	102	柳辰飞	100	60	45	500	80	785
一	201	张江	50	40	21	180	40	331
一	202	李灵黛	88	53	39	360	44	584
一	301	夏舒征	75	55	42	360	51	583
二	302	林墨瞳	63	41	80	270	29	483
二	401	方静言	85	64	44	600	62	855
二	402	姜云霆	76	52	31	450	50	659
二	101	秦洛	52	40	28	200	21	341
二	102	王新	45	33	18	120	18	234
三	201	赵红	30	20	12	100	15	177
三	202	杨心童	65	50	35	300	28	478
三	301	陆伟	28	19	10	260	24	341
三	302	刘梅	80	80	50	600	65	875
三	401	杜彭飞	46	32	22	300	41	441
三	402	王硕	53	41	31	370	30	525

【样文 7-10B】

祥馨小区业主物业费用统计表							
单元	门牌号	户主	水费	电费	天然气费	取暖费	物业管理费
三	201	赵红	30	20	12	100	15
二	102	王新	45	33	18	120	18
一	201	张江	50	40	21	180	40
二	101	秦洛	52	40	28	200	21
一	101	韩千叶	80	52	30	200	60
三	301	陆伟	28	19	10	260	24
二	302	林墨瞳	63	41	80	270	29
三	401	杜彭飞	46	32	22	300	41
三	202	杨心童	65	50	35	300	28
一	202	李灵黛	88	53	39	360	44
一	301	夏舒征	75	55	42	360	51
三	402	王硕	53	41	31	370	30
二	402	姜云霆	76	52	31	450	50
一	102	柳辰飞	100	60	45	500	80
二	401	方静言	85	64	44	600	62
三	302	刘梅	80	80	50	600	65

【样文 7-10C】

祥馨小区业主物业费用统计表							
单元	门牌号	户主	水费	电费	天然气费	取暖费	物业管理费
一	202	李灵黛	88	53	39	360	44
二	402	姜云霆	76	52	31	450	50
三	202	杨心童	65	50	35	300	28
三	401	杜彭飞	46	32	22	300	41
三	402	王硕	53	41	31	370	30

【样文 7-10D】

祥馨小区业主两个月物业费用统计表					
户主	水费	电费	天然气费	取暖费	物业管理费
韩千叶	155	137	68	550	125
柳辰飞	189	125	101	980	154
张江	95	90	56	460	65
李灵黛	178	98	79	810	114
夏舒征	160	144	104	740	119
林墨瞳	119	113	135	560	67
方静言	178	129	84	1150	117
姜云霆	146	102	69	830	90
秦洛	97	108	93	770	51
王新	105	71	38	370	41
赵红	55	60	42	270	42
杨心童	135	85	70	570	48
陆伟	88	97	28	580	62
刘梅	130	138	90	1180	124
杜彭飞	141	122	58	750	95
王硕	108	79	70	660	66

【样文 7-10E】

祥馨小区业主物业费用统计表							
单元	门牌号	户主	水费	电费	天然气费	取暖费	物业管理费
一 平均值				52		320	
二 平均值				46		328	
三 平均值				40.3		321.67	
总计平均值				45.8		323.13	

【样文 7-10F】

户主	(全部)	
	列标签	
行标签	**五**	**总计**
A号		
最大值项:水费	70	70
最大值项:电费	35	35
最大值项:天然气费	35	35
B号		
最大值项:水费	60	60
最大值项:电费	68	68
最大值项:天然气费	65	65
C号		
最大值项:水费	70	70
最大值项:电费	78	78
最大值项:天然气费	38	38
最大值项:水费 汇总	**70**	**70**
最大值项:电费汇总	**78**	**78**
最大值项:天然气费汇总	**65**	**65**

7.11　第 11 题

【操作要求】

打开文档 A7.xlsx，按下列要求操作。

1．**数据的查找与替换**：按【样文 7-11A】所示，在 Sheet1 工作表中查找出所有的数值“64500”，并将其全部替换为“65000”。

2．**公式、函数的应用**：按【样文 7-11A】所示，使用 Sheet1 工作表中的数据，应用函数公式统计出“总销售额”，将结果填写在相应的单元格中。

3．**基本数据分析**：

- **数据排序及条件格式的应用**：按【样文 7-11B】所示，使用 Sheet2 工作表中的数据，以“总销售额”为主要关键字、“三月份”为次要关键字进行降序排序，并对相关数据应用“图标集”中“三色旗”的条件格式，实现数据的可视化效果。
- **数据筛选**：按【样文 7-11C】所示，使用 Sheet3 工作表中的数据，筛选出各月份均大于 80000 的记录。
- **合并计算**：按【样文 7-11D】所示，使用 Sheet4 工作表中“某电器公司一月份销售额报表”、“某电器公司二月份销售额报表”和“某电器公司三月份销售额报表”表格中的数据，在“某电器公司一季度销售额报表”的表格中进行求“销售总额”的合并计算操作。
- **分类汇总**：按【样文 7-11E】所示，使用 Sheet5 工作表中的数据，以“部门”为分类字段，对各月销售业绩进行“求和”的分类汇总。

4．**数据的透视分析**：按【样文 7-11F】所示，使用“数据源”工作表中的数据，以“职务”为报表筛选项，以“姓名”为行标签，以“部门”为列标签，以“全年销售额”为求和项，从 Sheet6 工作表的 A1 单元格起建立数据透视表。

【样文 7-11A】

某电器公司一季度销售业绩统计表						
编号	姓名	部门	一月份	二月份	三月份	总销售额
AX12	王六月	销售（1）部	66500	92500	95000	254000
SC15	李梅	销售（1）部	73500	91500	65000	230000
AX1	张艳	销售（1）部	85500	62500	93400	241400
AX10	李鑫	销售（1）部	82400	86000	84200	252600
SC10	彭阳	销售（1）部	78000	81000	92000	251000
SC1	王丽新	销售（1）部	85200	89000	90000	264200
AX9	曹丽丽	销售（1）部	83450	87400	78450	249300
AX5	郭欢	销售（2）部	99500	72000	74500	246000
AX11	王志鹏	销售（2）部	69000	65000	87500	221500
AX8	段军	销售（2）部	62000	55000	65400	182400
SC6	刘小辉	销售（2）部	87500	84500	82000	254000
SC2	王雪	销售（2）部	78500	74500	65000	218000

【样文 7-11B】

某电器公司一季度销售业绩统计表						
编号	姓名	部门	一月份	二月份	三月份	总销售额
SC1	王丽新	销售（1）部	85200	89000	90000	264200
AX12	王小月	销售（1）部	66500	92500	95000	254000
SC6	刘小辉	销售（2）部	87500	84500	82000	254000
AX10	李鑫	销售（1）部	82400	86000	84200	252600
SC10	彭阳	销售（1）部	78000	81000	92000	251000
AX9	曹丽丽	销售（1）部	83450	87400	78450	249300
AX5	郭欢	销售（2）部	99500	72000	74500	246000
AX1	张艳	销售（1）部	85500	62500	93400	241400
SC15	李梅	销售（1）部	73500	91500	64500	229500
AX11	王志鹏	销售（2）部	69000	64500	87500	221000
SC2	王雪	销售（2）部	78500	74500	64500	217500
AX8	段军	销售（2）部	62000	55000	65400	182400

【样文 7-11C】

某电器公司一季度销售业绩统计表					
编号	姓名	部门	一月份	二月份	三月份
AX10	李鑫	销售（1）部	82400	86000	84200
SC1	王丽新	销售（1）部	85200	89000	90000
SC6	刘小辉	销售（2）部	87500	84500	82000

【样文 7-11D】

某电器公司一季度销售额报表	
姓名	销售总额
王小月	254000
李梅	229500
张艳	241400
李鑫	252600
彭阳	251000
王丽新	264200
曹丽丽	249300
郭欢	246000
王志鹏	221000
段军	182400
刘小辉	254000
王雪	217500

【样文 7-11E】

某电器公司一季度销售业绩统计表					
编号	姓名	部门	一月份	二月份	三月份
		销售（1）部 汇总	554550	589900	597550
		销售（2）部 汇总	396500	350500	373900
		总计	951050	940400	971450

【样文 7-11F】

职务	高级销售顾问			
求和项:全年销售额	列标签			
行标签	销售（1）部	销售（2）部	销售（3）部	总计
郭欢		398000		398000
李知明			357600	357600
刘淮		366000		366000
王丽新	340800			340800
王小月	366000			366000
总计	**706800**	**764000**	**357600**	**1828400**

7.12　第12题

【操作要求】

打开文档 A7.xlsx，按下列要求操作。

1．**数据的查找与替换**：按【样文 7-12A】所示，在 Sheet1 工作表中查找出所有的数值“150”，并将其全部替换为“160”。

2．**公式、函数的应用**：按【样文 7-12A】所示，使用 Sheet1 工作表中的数据，应用函数公式计算出“销售总额（元）”数，将结果填写在相应的单元格中。

3．**基本数据分析**：

- **数据排序及条件格式的应用**：按【样文 7-12B】所示，使用 Sheet2 工作表中的数据，以“销售数量”为主要关键字、“单价（元）”为次要关键字进行降序排序，并对相关数据应用“图标集”中“三标志”的条件格式，实现数据的可视化效果。
- **数据筛选**：按【样文 7-12C】所示，使用 Sheet3 工作表中的数据，筛选出销售人群为“青年”、销售数量大于“150”的记录。
- **合并计算**：按【样文 7-12D】所示，使用 Sheet4 工作表中“便民超市商品销售情况表”、“梅梅超市商品销售情况表”和“通达超市商品销售情况表”表格中的数据，在“超市商品销售情况表”的表格中进行“求和”的合并计算操作。
- **分类汇总**：按【样文 7-12E】所示，使用 Sheet5 工作表中的数据，以“销售人群”为分类字段，对“销售数量”进行“求和”的分类汇总。

4．**数据的透视分析**：按【样文 7-12F】所示，使用“数据源”工作表中的数据，以“销售人群”和“单位”为报表筛选项，以“超市名称”为行标签，以“商品名称”为列标签，以“销售数量”为求和项，从 Sheet6 工作表的 A1 单元格起建立数据透视表。

【样文 7-12A】

便民超市商品销售情况表					
商品名称	销售人群	单价（元）	单位	销售数量	销售总额（元）
钢笔	青年	50	个	200	10000
酸奶	老年	2	袋	420	840
面包	中年	4	个	330	1320
相册	青年	20	个	160	3200
水杯	中年	30	个	250	7500
水果糖	青年	6.5	袋	500	3250
足球	青年	80	个	80	6400
上衣	中年	90	件	120	10800
帽子	老年	25	个	80	2000
巧克力	青年	6	袋	55	330
可乐	青年	5.5	个	400	2200
火腿	青年	4	个	185	740
布鞋	老年	56	双	160	8960

【样文 7-12B】

便民超市商品销售情况表				
商品名称	销售人群	单价（元）	单位	销售数量
水果糖	青年	6.5	袋	500
酸奶	老年	2	袋	420
可乐	青年	5.5	个	400
面包	中年	4	个	330
水杯	中年	30	个	250
钢笔	青年	50	个	200
火腿	青年	4	个	185
布鞋	老年	56	双	150
相册	青年	20	个	150
上衣	中年	90	件	120
足球	青年	80	个	80
帽子	老年	25	个	80
巧克力	青年	6	袋	55

【样文 7-12C】

便民超市商品销售情况表				
商品名称	销售人群	单价（元）	单位	销售数量
钢笔	青年	50	个	200
水果糖	青年	6.5	袋	500
可乐	青年	5.5	个	400
火腿	青年	4	个	185

【样文 7-12D】

超市商品销售情况表	
商品名称	销售数量
钢笔	550
酸奶	708
面包	800
相册	260
水杯	580
水果糖	590
足球	380
上衣	365
帽子	340
巧克力	215
可乐	583
火腿	185
布鞋	290

【样文 7-12E】

便民超市商品销售情况表				
商品名称	销售人群	单价（元）	单位	销售数量
	老年 汇总			650
	青年 汇总			1570
	中年 汇总			700
	总计			2920

【样文 7-12F】

销售人群	青年
单位	(全部)

求和项:销售数量	列标签							
行标签	钢笔	火腿	可乐	巧克力	水果糖	相册	足球	总计
便民超市	200	185	400	55	500	150	80	1570
梅梅超市	150		95	80		30	150	505
通达超市	200		88	80	90	80	150	688
总计	**550**	**185**	**583**	**215**	**590**	**260**	**380**	**2763**

7.13　第 13 题

【操作要求】

打开文档 A7.xlsx，按下列要求操作。

1．**数据的查找与替换**：按【样文 7-13A】所示，在 Sheet1 工作表中查找出所有的数值“85”，并将其全部替换为“90”。

2．**公式、函数的应用**：按【样文 7-13A】所示，使用 Sheet1 工作表中的数据，应用函数公式计算出“总成绩”，将结果填写在相应的单元格中。

3．**基本数据分析**：

- **数据排序及条件格式的应用**：按【样文 7-13B】所示，使用 Sheet2 工作表中的数据，以“上机成绩”为主要关键字、“理论成绩”为次要关键字进行升序排序，并对相关数据应用“色阶”中“红 - 黄 - 绿色阶”的条件格式，实现数据的可视化效果。
- **数据筛选**：按【样文 7-13C】所示，使用 Sheet3 工作表中的数据，筛选出“上机成绩”、“理论成绩”均大于“85”的记录。
- **合并计算**：按【样文 7-13D】所示，使用 Sheet4 工作表中“某单位职工上半年考核成绩表”和“某单位职工下半年考核成绩表”表格中的数据，在“某单位职工全年考核成绩表”的表格中进行“求和”的合并计算操作。
- **分类汇总**：按【样文 7-13E】所示，使用 Sheet5 工作表中的数据，以“车间”为分类字段，对“上机成绩”和“理论成绩”进行“最大值”的分类汇总。

4．**数据的透视分析**：按【样文 7-13F】所示，使用“数据源”工作表中的数据，以“职位”为报表筛选项，以“姓名”为行标签，以“车间”为列标签，以“总成绩”为求最大值项，从 Sheet6 工作表的 A1 单元格起建立数据透视表。

【样文 7-13A】

某单位计算机知识培训考试成绩表				
编号	姓名	上机成绩	理论成绩	总成绩
LD001	王明	87	90	177
LD002	李丽忠	90	88	178
JY001	陈诚军	92	90	182
LD003	刘才	93	89	182
JY002	李水军	86	93	179
LD004	王东	87	82	169
LD007	陶然	88	90	178
LD008	陈晨	86	90	176
LD009	王悦	89	88	177
LD006	陈明轩	90	78	168
JY003	王梅	81	90	171
LD005	田秀丽	83	80	163

【样文 7-13B】

某单位计算机知识培训考试成绩表			
编号	姓名	上机成绩	理论成绩
JY003	王梅	81	85
LD005	田秀丽	83	80
LD008	陈晨	86	85
JY002	李水军	86	93
LD004	王东	87	82
LD001	王明	87	85
LD007	陶然	88	90
LD009	王悦	89	88
LD006	陈明轩	90	78
LD002	李丽忠	90	88
JY001	陈诚军	92	85
LD003	刘才	93	89

【样文 7-13C】

某单位计算机知识培训考试成绩表			
编号	姓名	上机成绩	理论成绩
LD002	李丽忠	90	88
LD003	刘才	93	89
JY002	李水军	86	93
LD007	陶然	88	90
LD009	王悦	89	88

【样文 7-13D】

某单位职工全年考核成绩表			
姓名	业绩考核	平时考勤	总成绩
王明	175	179	354
李丽忠	178	178	356
陈诚军	178	179	357
刘才	179	165	344
李水军	170	171	341
王东	170	175	345
陶然	180	169	349
陈晨	188	170	358
王悦	168	171	339
陈明轩	173	174	347
王梅	186	187	373
田秀丽	167	178	345

【样文 7-13E】

某单位计算机知识培训考试成绩表				
车间	编号	姓名	上机成绩	理论成绩
一车间 最大值			92	85
四车间 最大值			93	90
三车间 最大值			89	93
二车间 最大值			90	88
总计最大值			93	93

【样文 7-13F】

职位	普工				
最大值项:总成绩	列标签				
行标签	二车间	三车间	四车间	一车间	总计
陈晨		358			358
陈诚军				357	357
陈明轩	347				347
陈硕				355	355
李军			354		354
李水军		341			341
陶然			349		349
田秀丽			345		345
王东	345				345
王红雪		364			364
王华丽				365	365
王雪蒙	328				328
吴学泉		325			325
杨洋				340	340
总计	**347**	**364**	**354**	**365**	**365**

7.14 第14题

【操作要求】

打开文档A7.xlsx，按下列要求操作。

1. **数据的查找与替换**：按【样文7-14A】所示，在Sheet1工作表中查找出所有的数值“1.5”，并将其全部替换为“2”。

2. **公式、函数的应用**：按【样文7-14A】所示，使用Sheet1工作表中的数据，应用函数公式计算出“进货总价（元）”，将结果填写在相应的单元格中。

3. **基本数据分析**：

- **数据排序及条件格式的应用**：按【样文7-14B】所示，使用Sheet2工作表中的数据，以“进货单价（元）”为主要关键字、“进货产量（公斤）”为次要关键字进行降序排序，并对相关数据应用“数据条”中“红色数据条”实心填充的条件格式，实现数据的可视化效果。
- **数据筛选**：按【样文7-14C】所示，使用Sheet3工作表中的数据，筛选出“进货单价（元）”大于0.5且小于1的记录。
- **合并计算**：按【样文7-14D】所示，使用Sheet4工作表中“蔬菜一店进货产量统计表”和“蔬菜二店进货产量统计表”表格中的数据，在“蔬菜一、二店进货产量统计表”的表格中进行“求和”的合并计算操作。
- **分类汇总**：按【样文7-14E】所示，使用Sheet5工作表中的数据，以“进货地区”为分类字段，对“进货产量（公斤）”和“进货单价（元）”进行求“最小值”的分类汇总。

4. **数据的透视分析**：按【样文7-14F】所示，使用“数据源”工作表中的数据，以“进货地区”为报表筛选项，以“品种”为行标签，以“店名”为列标签，以“进货产量（公斤）”为求和项，从Sheet6工作表的A1单元格起建立数据透视表。

【样文7-14A】

蔬菜一店进货情况统计表				
品种	进货地区	进货产量（公斤）	进货单价（元）	进货总价（元）
西红柿	北京市	75	2	150
白菜	北京市	80	0.8	64
芹菜	北京市	150	1.8	270
萝卜	河北省	85	0.6	51
豆角	河北省	88	2	176
菜花	山东省	84	2	168
大蒜	山东省	85	0.9	76.5
黄瓜	河北省	90	1	90
葱头	山东省	88	0.6	52.8
油菜	北京市	120	1.2	144
地瓜	北京市	70	2	140
豆芽	山东省	45	2	90

【样文 7-14B】

蔬菜一店进货情况统计表			
品种	进货地区	进货产量（公斤）	进货单价（元）
豆角	河北省	88	2
芹菜	北京市	150	1.8
菜花	山东省	84	1.5
西红柿	北京市	75	1.5
地瓜	北京市	70	1.5
豆芽	山东省	45	1.5
油菜	北京市	120	1.2
黄瓜	河北省	90	1
大蒜	山东省	85	0.9
白菜	北京市	80	0.8
葱头	山东省	88	0.6
萝卜	河北省	85	0.6

【样文 7-14C】

蔬菜一店进货情况统计表			
品种	进货地区	进货产量（公斤	进货单价（元）
白菜	北京市	80	0.8
萝卜	河北省	85	0.6
大蒜	山东省	85	0.9
葱头	山东省	88	0.6

【样文 7-14D】

蔬菜一、二店进货产量统计表	
品种	进货产量（公斤）
西红柿	145
白菜	160
芹菜	222
萝卜	167
豆角	173
菜花	184
大蒜	135
黄瓜	90
葱头	166
油菜	185
地瓜	130
豆芽	45

【样文 7-14E】

蔬菜一店进货情况统计表			
品种	进货地区	进货产量（公斤）	进货单价（元）
	北京市 最小值	70	0.8
	河北省 最小值	85	0.6
	山东省 最小值	45	0.6
	总计最小值	45	0.6

【样文 7-14F】

进货地区	（全部）		
求和项:进货产量（公斤）	列标签		
行标签	蔬菜二店	蔬菜一店	总计
白菜	80	80	160
菜花	100	84	184
葱头	78	88	166
大蒜	50	85	135
地瓜	60	70	130
豆角	85	88	173
豆芽		45	45
黄瓜		90	90
萝卜	82	85	167
芹菜	72	150	222
西红柿	70	75	145
油菜	65	120	185
总计	**742**	**1060**	**1802**

7.15 第 15 题

【操作要求】

打开文档 A7.xlsx，按下列要求操作。

1．**数据的查找与替换**：按【样文 7-15A】所示，在 Sheet1 工作表中查找出所有的数值“75”，并将其全部替换为“76”。

2．**公式、函数的应用**：按【样文 7-15A】所示，使用 Sheet1 工作表中的数据，应用函数公式计算出“平均湿度”，将结果填写在相应的单元格中。

3．**基本数据分析**：

- **数据排序及条件格式的应用**：按【样文 7-15B】所示，使用 Sheet2 工作表中的数据，以“1 月”为主要关键字、“6 月”为次要关键字进行升序排序，并对相关数据应用“图标集”中“红 - 黑渐变”的条件格式，实现数据的可视化效果。
- **数据筛选**：按【样文 7-15C】所示，使用 Sheet3 工作表中的数据，筛选出“气候类型”为“温带”、“4 月”大于或等于“70”的记录。
- **合并计算**：按【样文 7-15D】所示，使用 Sheet4 工作表中“相对湿度表”表格中的数据，在“各气候 1-6 月份平均相对湿度表”的表格中进行求“平均值”的合并计算操作。
- **分类汇总**：按【样文 7-15E】所示，使用 Sheet5 工作表中的数据，以“气候类型”为分类字段，对各月份湿度进行求“平均值”的分类汇总。

4．**数据的透视分析**：按【样文 7-15F】所示，使用“数据源”工作表中的数据，以“气候类型”为报表筛选项，以“城市”为行标签，以“所在区域”为列标签，以“最高气温”为求最大值项，从 Sheet6 工作表的 A1 单元格起建立数据透视表。

【样文 7-15A】

相对湿度表								
城市	气候类型	1月	2月	3月	4月	5月	6月	平均湿度
HD	温带	65	76	60	65	70	68	67
CZ	温带	82	78	76	65	78	78	76
GZ	亚热带	64	81	73	80	80	81	77
NN	亚热带	79	86	83	84	82	89	84
HK	温带	78	84	83	80	76	78	80
GL	温带	76	80	79	76	79	85	79
CQ	温带	80	74	76	73	81	76	77
WJ	温带	80	81	76	70	76	74	76
GY	亚寒带	87	85	78	74	80	80	81
HM	亚寒带	58	42	55	48	44	70	53

【样文 7-15B】

相对湿度表							
城市	气候类型	1月	2月	3月	4月	5月	6月
HM	亚寒带	58	42	55	48	44	70
GZ	亚热带	64	81	73	80	80	81
HC	温带	65	75	60	65	70	68
GL	温带	75	80	79	76	79	85
HK	温带	78	84	83	80	75	78
NN	亚热带	79	86	83	84	82	89
WJ	温带	80	81	76	70	75	74
CQ	温带	80	74	76	73	81	76
CZ	温带	82	78	75	65	78	78
GY	亚寒带	87	85	78	74	80	80

【样文 7-15C】

相对湿度表							
城市	气候类型	1月	2月	3月	4月	5月	6月
HK	温带	78	84	83	80	75	78
GL	温带	75	80	79	76	79	85
CQ	温带	80	74	76	73	81	76
WJ	温带	80	81	76	70	75	74

【样文 7-15D】

各气候1-6月份平均相对湿度表						
气候类型	1月	2月	3月	4月	5月	6月
温带	77	79	74	72	77	76
亚热带	72	84	78	82	81	85
亚寒带	73	64	67	61	62	75

【样文 7-15E】

相对湿度表							
城市	气候类型	1月	2月	3月	4月	5月	6月
	温带 平均值	77	79	75	72	76	77
	亚寒带 平均值	73	64	67	61	62	75
	亚热带 平均值	72	84	78	82	81	85
	总计平均值	76	77	74	72	74	78

【样文 7-15F】

气候类型	温带			
最大值项:最高气温	列标签			
行标签	HB	HD	HN	总计
BJ	80			80
CQ		81		81
CZ			82	82
DD			84	84
GH	88			88
GL		85		85
HD			76	76
HK	84			84
HN	82			82
WG		80		80
WJ	81			81
总计	**88**	**85**	**84**	**88**

7.16　第 16 题

【操作要求】

打开文档 A7.xlsx，按下列要求操作。

1．数据的查找与替换：按【样文 7-16A】所示，在 Sheet1 工作表中查找出所有的数值“600”，并将其全部替换为“500”。

2．公式、函数的应用：按【样文 7-16A】所示，使用 Sheet1 工作表中的数据，应用函数公式计算出“实发工资”，将结果填写在相应的单元格中。

3．基本数据分析：

- **数据排序及条件格式的应用：**按【样文 7-16B】所示，使用 Sheet2 工作表中的数据，以“基本工资”为主要关键字、“奖金”为次要关键字进行升序排序，并对相关数据应用“图标集”中“三个符号（无圆圈）”的条件格式，实现数据的可视化效果。
- **数据筛选：**按【样文 7-16C】所示，使用 Sheet3 工作表中的数据，筛选出职称为“讲师”、基本工资大于“3000”的记录。
- **合并计算：**按【样文 7-16D】所示，使用 Sheet4 工作表中的数据，在“教师第一季度平均工资表”的表格中进行求“平均值”的合并计算操作，并设置所有数值均只显示两位小数。
- **分类汇总：**按【样文 7-16E】所示，使用 Sheet5 工作表中的数据，以“部门”为分类字段，对“基本工资”与“扣款”进行“最小值”的分类汇总。

4．数据的透视分析：按【样文 7-16F】所示，使用“数据源”工作表中的数据，以“姓名”为报表筛选项，以“部门”为行标签，以“职称”为列标签，以“基本工资”为求和项，从 Sheet6 工作表的 A1 单元格起建立数据透视表。

【样文 7-16A】

教师工资情况表							
姓名	部门	职称	基本工资	津贴	奖金	扣款	实发工资
李柏仁	管理系	副教授	4650	230	400	200	5080
吴林	管理系	讲师	3550	200	300	185	3865
王永红	管理系	助教	1200	100	150	100	1350
马小文	财经系	讲师	3300	180	300	120	3660
王晓宁	财经系	教授	4880	300	500	400	5280
魏文鼎	财经系	助教	1480	100	150	50	1680
李文如	计算机	副教授	4250	220	500	108	4862
伍宁	计算机	助教	1400	120	150	190	1480
夏雪	计算机	讲师	3650	200	300	145	4005
钟成梦	数学系	副教授	4100	230	400	200	4530
古琴	数学系	讲师	2800	200	300	245	3055
高展翔	数学系	教授	4980	310	500	360	5430
王斯蕾	英语系	教授	5010	320	500	300	5530
申旺林	英语系	讲师	2750	170	300	250	2970
吴雨	英语系	助教	1850	130	150	200	1930

【样文 7-16B】

教师工资情况表						
姓名	部门	职称	基本工资	津贴	奖金	扣款
王永红	管理系	助教	1200	100	150	100
伍宁	计算机	助教	1400	120	150	190
魏文鼎	财经系	助教	1480	100	150	50
吴雨	英语系	助教	1850	130	150	200
申旺林	英语系	讲师	2750	170	300	250
古琴	数学系	讲师	2800	200	300	245
马小文	财经系	讲师	3300	180	300	120
吴林	管理系	讲师	3500	200	300	185
夏雪	计算机	讲师	3500	200	300	145
钟成梦	数学系	副教授	4100	230	400	200
李文如	计算机	副教授	4250	220	400	108
李柏仁	管理系	副教授	4650	230	400	200
王晓宁	财经系	教授	4880	300	500	400
高展翔	数学系	教授	4980	310	500	360
王斯蕾	英语系	教授	5010	320	500	300

【样文 7-16C】

教师工资情况表								
姓名	部门	职称	性别	年龄	基本工资	津贴	奖金	扣款
吴林	管理系	讲师	女	40	3500	200	300	185
马小文	财经系	讲师	男	39	3300	180	300	120
夏雪	计算机	讲师	女	41	3500	200	300	145

【样文 7-16D】

教师第一季度平均工资表		
部门	姓名	工资
管理系	李柏仁	4576.67
管理系	吴林	3523.33
管理系	王永红	1440.00
财经系	马小文	3323.33
财经系	王晓宁	4866.67
财经系	魏文鼎	1630.00
计算机	李文如	4110.00
计算机	伍宁	1550.00
计算机	夏雪	3413.33
数学系	钟成梦	4133.33
数学系	古琴	2696.67
数学系	高展翔	4893.33
英语系	王斯蕾	5030.00
英语系	申旺林	2823.33
英语系	吴雨	1883.33

【样文 7-16E】

教师工资情况表								
姓名	部门	职称	性别	年龄	基本工资	津贴	奖金	扣款
	财经系 最小值				1480			50
	管理系 最小值				1200			100
	计算机 最小值				1400			108
	数学系 最小值				2800			200
	英语系 最小值				1850			200
	总计最小值				1200			50

【样文 7-16F】

姓名	(全部)				
求和项:基本工资	**列标签**				
行标签	**副教授**	**讲师**	**教授**	**助教**	**总计**
财经系	8350	3500		2880	14730
管理系	4650	6800	4880	1200	17530
计算机		5550	9990	1850	17390
数学系	4880	6000	9000		19880
英语系	4000	2670	4750	3880	15300
总计	**21880**	**24520**	**28620**	**9810**	**84830**

7.17 第 17 题

【操作要求】

打开文档 A7.xlsx，按下列要求操作。

1．**数据的查找与替换**：按【样文 7-17A】所示，在 Sheet1 工作表中查找出所有的数值“590”，并将其全部替换为“580”。

2．**公式、函数的应用**：按【样文 7-17A】所示，使用 Sheet1 工作表中的数据，应用函数公式计算出“进货总额”，将结果填写在相应的单元格中。

3．**基本数据分析**：

- **数据排序及条件格式的应用**：按【样文 7-17B】所示，使用 Sheet2 工作表中的数据，以“产品名称”为主要关键字、“进货数量”为次要关键字进行降序排序，并对相关数据应用“图标集”中“五向箭头（彩色）”的条件格式，实现数据的可视化效果。
- **数据筛选**：按【样文 7-17C】所示，使用 Sheet3 工作表中的数据，筛选出进货地区为“华北”、进货数量小于“700”的记录。
- **合并计算**：按【样文 7-17D】所示，使用 Sheet4 工作表中“华北地区进货情况一览表”、“西北地区进货情况一览表”和“华南地区进货情况一览表”表格中的数据，在“建筑产品进货最高值”的表格中进行求“最大值”的合并计算操作。
- **分类汇总**：按【样文 7-17E】所示，使用 Sheet5 工作表中的数据，以“产品名称”为分类字段，对“进货数量”和“进货单价”进行求“平均值”的分类汇总。

4．**数据的透视分析**：按【样文 7-17F】所示，使用“数据源”工作表中的数据，以“日期”为报表筛选项，以“进货地区”为行标签，以“产品名称”为列标签，以“进货数量”和“进货单价”为最小值项，从 Sheet6 工作表的 A1 单元格起建立数据透视表。

【样文 7-17A】

建筑产品进货情况一览表					
日期	产品名称	进货地区	进货数量	进货单价	进货总额
2010-5-20	沙石	华北	643	3.2	2057.6
2010-5-24	水泥	西北	700	5	3500
2010-5-12	钢材	西北	520	11.5	5980
2010-5-22	水泥	华北	620	5.4	3348
2010-5-15	钢材	华南	673	10.7	7201.1
2010-5-16	塑料	西北	580	15	8700
2010-5-21	木材	华北	640	6	3840
2010-5-18	钢材	华北	730	12	8760
2010-5-13	塑料	华北	580	16.8	9744
2010-5-20	水泥	华南	650	6	3900
2010-5-19	木材	西北	580	6.2	3596
2010-5-10	沙石	西北	720	3	2160
2010-5-23	塑料	华南	580	15.3	8874
2010-5-17	木材	华南	630	5.8	3654
2010-5-27	沙石	华南	570	3.8	2166

【样文 7-17B】

建筑产品进货情况一览表				
日期	产品名称	进货地区	进货数量	进货单价
2010-5-16	塑料	西北	580	15
2010-5-13	塑料	华北	580	16.8
2010-5-23	塑料	华南	580	15.3
2010-5-24	水泥	西北	700	5
2010-5-20	水泥	华南	650	6
2010-5-22	水泥	华北	620	5.4
2010-5-10	沙石	西北	720	3
2010-5-20	沙石	华北	643	3.2
2010-5-27	沙石	华南	570	3.8
2010-5-21	木材	华北	640	6
2010-5-17	木材	华南	630	5.8
2010-5-19	木材	西北	580	6.2
2010-5-18	钢材	华北	730	12
2010-5-15	钢材	华南	673	10.7
2010-5-12	钢材	西北	520	11.5

【样文 7-17C】

建筑产品进货情况一览表				
日期	产品名称	进货地区	进货数量	进货单价
2010-5-20	沙石	华北	643	3.2
2010-5-22	水泥	华北	620	5.4
2010-5-21	木材	华北	640	6
2010-5-13	塑料	华北	580	16.8

【样文 7-17D】

建筑产品进货最高值		
产品名称	进货数量	进货单价
沙石	720	3.8
水泥	700	6
木材	640	6.2
钢材	730	12
塑料	580	16.8

【样文 7-17E】

建筑产品进货情况一览表				
日期	产品名称	进货地区	进货数量	进货单价
	钢材 平均值		641	11.4
	木材 平均值		616.6667	6
	沙石 平均值		644.3333	3.333333
	水泥 平均值		656.6667	5.466667
	塑料 平均值		580	15.7
	总计平均值		627.7333	8.38

【样文 7-17F】

日期	(全部)					
	列标签					
行标签	**钢材**	**木材**	**沙石**	**水泥**	**塑料**	**总计**
东北						
最小值项:进货数量	485	520	640	580	653	485
最小值项:进货单价	10.4	5.7	3.1	5.2	15.5	3.1
华北						
最小值项:进货数量	730	640	643	620	580	580
最小值项:进货单价	12	6	3.2	5.4	16.8	3.2
华南						
最小值项:进货数量	673	630	570	650	580	570
最小值项:进货单价	10.7	5.8	3.8	6	15.3	3.8
西北						
最小值项:进货数量	520	580	720	700	580	520
最小值项:进货单价	11.5	6.2	3	5	15	3
最小值项:进货数量汇总	**485**	**520**	**570**	**580**	**580**	**485**
最小值项:进货单价汇总	**10.4**	**5.7**	**3**	**5**	**15**	**3**

7.18　第 18 题

【操作要求】

打开文档 A7.xlsx，按下列要求操作。

1．**数据的查找与替换**：按【样文 7-18A】所示，在 Sheet1 工作表中查找出所有的数值“2750”，并将其全部替换为“2500”。

2．**公式、函数的应用**：按【样文 7-18A】所示，使用 Sheet1 工作表中的数据，应用函数公式计算出“最大工龄”和“平均工资”，将结果填写在相应的单元格中。

3．**基本数据分析**：

- **数据排序及条件格式的应用**：按【样文 7-18B】所示，使用 Sheet2 工作表中的数据，以“部门”为主要关键字、“工资”为次要关键字进行降序排序，并对大于“2000”和小于“4”的数据应用“黄填充色深黄色文本”的条件格式，实现数据的可视化效果。
- **数据筛选**：按【样文 7-18C】所示，使用 Sheet3 工作表中的数据，筛选出“性别”为“男”、“部门”为“测试部”的记录。
- **合并计算**：按【样文 7-18D】所示，使用 Sheet4 工作表中“天宇公司职员登记表”表格中的数据，在“天宇公司各部门平均工资表”的表格中进行求“平均值”的合并计算操作。
- **分类汇总**：按【样文 7-18E】所示，使用 Sheet5 工作表中的数据，以“部门”为分类字段，对“工资”进行“求和”的分类汇总。

4．**数据的透视分析**：按【样文 7-18F】所示，使用“数据源”工作表中的数据，以“姓名”为报表筛选项，以“籍贯”为行标签，以“部门”为列标签，以“工资”为求和项，从 Sheet6 工作表的 A1 单元格起建立数据透视表。

【样文 7-18A】

天宇公司职员登记表							
员工编号	姓名	性别	部门	年龄	籍贯	工龄	工资
K12	沈一丹	男	开发部	30	陕西	5	2500
C24	刘力国	男	测试部	32	江西	4	1600
W24	王红梅	女	文档部	24	河北	2	1620
S21	张开芳	男	市场部	26	山东	4	1800
S20	杨帆	女	市场部	25	江西	2	2500
K01	高浩飞	女	开发部	26	湖南	2	1400
W08	贾铭	男	文档部	24	广东	1	1200
C04	吴朔源	男	测试部	22	上海	5	1800
W15	罗明	男	测试部	38	江西	6	2500
C35	张玉翠	女	文档部	26	湖南	2	1450
S09	胡小亮	男	市场部	24	山东	4	3000
K22	李崇金	男	市场部	30	河北	3	1760
K04	何建民	男	开发部	32	山东	1	1750
W13	朱广强	男	文档部	28	江西	7	2500
S03	宁晓燕	女	测试部	35	河北	5	2880
C27	刘同华	女	开发部	29	广东	2	2500
W26	马明军	男	测试部	25	陕西	1	1500
K11	周子新	女	文档部	33	江西	4	1430
	最大工龄	7			平均工资	1983	

【样文 7-18B】

天宇公司职员登记表							
员工编号	姓名	性别	部门	年龄	籍贯	工龄	工资
W13	朱广强	男	文档部	28	江西	7	2500
W24	王红梅	女	文档部	24	河北	2	1620
C35	张玉翠	女	文档部	26	湖南	2	1450
K11	周子新	女	文档部	33	江西	4	1430
W08	贾铭	男	文档部	24	广东	1	1200
S09	胡小亮	男	市场部	24	山东	4	3000
S20	杨帆	女	市场部	25	江西	2	2500
S21	张开芳	男	市场部	26	山东	4	1800
K22	李崇金	男	市场部	30	河北	3	1760
K12	沈一丹	男	开发部	30	陕西	5	2500
C27	刘同华	女	开发部	29	广东	2	2500
K04	何建民	男	开发部	32	山东	1	1750
K01	高浩飞	女	开发部	26	湖南	2	1400
S03	宁晓燕	女	测试部	35	河北	5	2880
W15	罗明	男	测试部	38	江西	6	2500
C04	吴朔源	男	测试部	22	上海	5	1800
C24	刘力国	男	测试部	32	江西	4	1600
W26	马明军	男	测试部	25	陕西	1	1500

【样文 7-18C】

天宇公司职员登记表							
员工编号	姓名	性别	部门	年龄	籍贯	工龄	工资
C24	刘力国	男	测试部	32	江西	4	1600
C04	吴朔源	男	测试部	22	上海	5	1800
W15	罗明	男	测试部	38	江西	6	2500
W26	马明军	男	测试部	25	陕西	1	1500

【样文 7-18D】

天宇公司各部门平均工资表	
部门	平均工资
开发部	2037.5
测试部	2056
文档部	1640
市场部	2265

【样文 7-18E】

天宇公司职员登记表							
员工编号	姓名	性别	部门	年龄	籍贯	工龄	工资
			测试部 汇总				10280
			开发部 汇总				8150
			市场部 汇总				9060
			文档部 汇总				8200
			总计				35690

【样文 7-18F】

姓名	(全部)				
求和项:工资	**列标签**				
行标签	**测试部**	**开发部**	**市场部**	**文档部**	**总计**
广东		2500		1200	3700
河北	2880		1760	1620	6260
湖南		1400		1450	2850
江西	4100		2500	3930	10530
山东		1750	4800		6550
陕西	1500	2500			4000
上海	1800				1800
总计	**10280**	**8150**	**9060**	**8200**	**35690**

7.19　第 19 题

【操作要求】

打开文档 A7.xlsx，按下列要求操作。

1. **数据的查找与替换**：按【样文 7-19A】所示，在 Sheet1 工作表中查找出所有的数值“370”，并将其全部替换为“350”。

2. **公式、函数的应用**：按【样文 7-19A】所示，使用 Sheet1 工作表中的数据，应用函数公式计算出“总票价”，将结果填写在相应的单元格中。

3. **基本数据分析**：

- **数据排序及条件格式的应用**：按【样文 7-19B】所示，使用 Sheet2 工作表中的数据，以“放映时间”为主要关键字、“售票数量”为次要关键字进行升序排序，并对相关数据应用“数据条”中“橙色数据条”实心填充的条件格式，实现数据的可视化效果。
- **数据筛选**：按【样文 7-19C】所示，使用 Sheet3 工作表中的数据，筛选出“影片类型”为“喜剧片”和“售票单价”小于“300”的记录。
- **合并计算**：按【样文 7-19D】所示，使用 Sheet4 工作表中“雄风影院售票价格表”、“明光影院售票价格表”和“万达影院售票价格表”表格中的数据，在“市内各类影片票价最低一览表”的表格中进行求“最小值”的合并计算操作。
- **分类汇总**：按【样文 7-19E】所示，使用 Sheet5 工作表中的数据，以“影院名称”为分类字段，对“售票总价”进行“求和”的分类汇总。

4. **数据的透视分析**：按【样文 7-19F】所示，使用“数据源”工作表中的数据，以“影片类型”为行标签，以“影院名称”为列标签，以“售票数量”为求和项，从 Sheet6 工作表的 A1 单元格起建立数据透视表。

【样文 7-19A】

市内各大影院情况表					
放映时间	影片类型	影院名称	售票单价	售票数量	总票价
2010-8-1 8:00	爱情片	雄风	350	76	26600
2010-8-3 12:00	喜剧片	雄风	260	50	13000
2010-8-5 17:00	生活片	雄风	220	74	16280
2010-8-1 20:00	动作片	雄风	300	73	21900
2010-8-4 20:00	爱情片	明光	320	68	21760
2010-8-2 10:00	喜剧片	明光	350	64	22400
2010-8-6 16:00	生活片	明光	270	70	18900
2010-8-6 18:00	动作片	明光	350	54	18900
2010-8-1 10:00	爱情片	万达	240	68	16320
2010-8-7 13:00	喜剧片	万达	280	72	20160
2010-8-6 14:00	生活片	万达	350	64	22400
2010-8-4 9:00	动作片	万达	230	58	13340

【样文 7-19B】

市内各大影院情况表				
放映时间	影片类型	影院名称	售票单价	售票数量
2010-8-1 8:00	爱情片	雄风	350	76
2010-8-1 10:00	爱情片	万达	240	68
2010-8-1 20:00	动作片	雄风	300	73
2010-8-2 10:00	喜剧片	明光	350	64
2010-8-3 12:00	喜剧片	雄风	260	50
2010-8-4 9:00	动作片	万达	230	58
2010-8-4 20:00	爱情片	明光	320	68
2010-8-5 17:00	生活片	雄风	220	74
2010-8-6 14:00	生活片	万达	350	64
2010-8-6 16:00	生活片	明光	270	70
2010-8-6 18:00	动作片	明光	350	54
2010-8-7 13:00	喜剧片	万达	280	72

【样文 7-19C】

市内各大影院情况表				
放映时间	影片类型	影院名称	售票单价	售票数量
2010-8-3 12:00	喜剧片	雄风	260	50
2010-8-7 13:00	喜剧片	万达	280	72

【样文 7-19D】

市内各类影片票价最低一览表	
影片类型	售票单价
爱情片	270
喜剧片	250
生活片	220
动作片	260
科幻片	260
伦理片	250
战争片	270
动画片	280
悬疑片	240
冒险片	240

【样文 7-19E】

市内各大影院情况表			
放映时间	影片类型	影院名称	售票总价
		明光 汇总	12900
		万达 汇总	11000
		雄风 汇总	11300
		总计	35200

【样文 7-19F】

求和项:售票数量	**列标签**			
行标签	**明光**	**万达**	**雄风**	**总计**
爱情片	64	67	76	207
动画片	67	64	54	185
动作片	80	73	73	226
科幻片	73	72	68	213
伦理片	58	70	64	192
冒险片	56	60	72	188
生活片	76	63	74	213
喜剧片	58	64	50	172
悬疑片	73	62	68	203
战争片	69	55	70	194
总计	**674**	**650**	**669**	**1993**

7.20 第 20 题

【操作要求】

打开文档 A7.xlsx，按下列要求操作。

1. **数据的查找与替换**：按【样文 7-20A】所示，在 Sheet1 工作表中查找出所有的数值“100”，并将其全部替换为“240”。

2. **公式、函数的应用**：按【样文 7-20A】所示，使用 Sheet1 工作表中的数据，应用函数公式计算出“总额”和“最小值”，将结果填写在相应的单元格中。

3. **基本数据分析**：

- **数据排序及条件格式的应用**：按【样文 7-20B】所示，使用 Sheet2 工作表中的数据，以“第一季度”为主要关键字、“第四季度”为次要关键字进行升序排序，并对相关数据应用“黄 - 绿色阶”的条件格式，实现数据的可视化效果。
- **数据筛选**：按【样文 7-20C】所示，使用 Sheet3 工作表中的数据，筛选出各季度均大于“20”的记录。
- **合并计算**：按【样文 7-20D】所示，使用 Sheet4 工作表中“新星服装总店销售情况表”、“新星服装一分店销售情况表”和“新星服装二分店销售情况表”表格中的数据，在“新星服装店销售情况总表”的表格中进行“求和”的合并计算操作。
- **分类汇总**：按【样文 7-20E】所示，使用 Sheet5 工作表中的数据，以“店面”为分类字段，对“第一季度”和“第二季度”进行求“最大值”的分类汇总。

4. **数据的透视分析**：按【样文 7-20F】所示，使用“数据源”工作表中的数据，以“销售员”为报表筛选项，以“店面”为行标签，以“名称”为列标签，以“第一季度”、“第二季度”、“第三季度”、“第四季度”为最大值项，从 Sheet6 工作表的 A1 单元格起建立数据透视表。

【样文 7-20A】

新星服装店全年销售情况表（万元）					
名称	第一季度	第二季度	第三季度	第四季度	总额
毛衣	200	200	280	250	930
衬衫	180	180	300	310	970
裙子	340	130	150	170	790
围巾	240	340	280	250	1110
裤子	120	240	240	240	840
童装	240	300	230	330	1100
T恤	220	120	160	290	790
外套	170	240	220	240	870
最小值	120	120	150	170	

【样文 7-20B】

新星服装店员工全年销售情况表（万元）						
名称	店面	销售员	第一季度	第二季度	第三季度	第四季度
裤子	总店	夏玲	12	24	24	13
裤子	二分店	赵露	12	16	29	27
T恤	一分店	李婷	13	15	17	38
毛衣	一分店	李婷	17	24	22	32
衬衫	一分店	李婷	18	30	31	23
衬衫	总店	王敏	18	18	30	27
毛衣	总店	王敏	20	20	28	34
围巾	二分店	赵露	20	28	25	37
T恤	总店	王敏	22	12	16	24
童装	一分店	陈芮	22	25	29	30
围巾	总店	夏玲	24	34	28	17
裙子	总店	刘静	24	22	24	22
童装	总店	刘静	24	24	24	26
衬衫	二分店	孙思思	24	30	23	28
外套	总店	刘静	24	17	28	35
T恤	二分店	赵露	28	31	39	34
围巾	一分店	陈芮	30	23	33	18
外套	二分店	孙思思	31	24	16	25
外套	一分店	陈芮	33	25	36	37
毛衣	二分店	孙思思	34	13	15	25
童装	二分店	赵露	34	28	25	34

【样文 7-20C】

新星服装店员工全年销售情况表（万元）						
名称	店面	销售员	第一季度	第二季度	第三季度	第四季度
衬衫	二分店	孙思思	24	30	23	28
童装	二分店	赵露	34	28	25	34
童装	总店	刘静	24	24	24	26
裙子	总店	刘静	24	22	24	22
外套	一分店	陈芮	33	25	36	37
T恤	二分店	赵露	28	31	39	34
童装	一分店	陈芮	22	25	29	30

【样文 7-20D】

新星服装店销售情况总表	
名称	总额（万元）
毛衣	630
衬衫	630
裙子	850
围巾	770
裤子	530
童装	890
T恤	630
外套	660

【样文 7-20E】

新星服装店上半年员工销售情况表（万元）				
名称	店面	销售员	第一季度	第二季度
	总店 最大值		24	34
	一分店 最大值		33	30
	二分店 最大值		34	31
	总计最大值		34	34

【样文 7-20F】

销售员	(全部)				
	列标签				
行标签	**衬衫**	**毛衣**	**裙子**	**围巾**	**总计**
二分店					
最大值项:第一季度	28	31	34	34	34
最大值项:第二季度	31	28	28	16	31
最大值项:第三季度	39	25	25	29	39
最大值项:第四季度	34	37	34	27	37
一分店					
最大值项:第一季度	30	33	22	13	33
最大值项:第二季度	30	25	25	15	30
最大值项:第三季度	33	36	29	17	36
最大值项:第四季度	23	37	32	38	38
总店					
最大值项:第一季度	18	24	24	24	24
最大值项:第二季度	18	24	34	17	34
最大值项:第三季度	30	28	28	28	30
最大值项:第四季度	27	34	22	35	35
最大值项:第一季度汇总	**30**	**33**	**34**	**34**	**34**
最大值项:第二季度汇总	**31**	**28**	**34**	**17**	**34**
最大值项:第三季度汇总	**39**	**36**	**29**	**29**	**39**
最大值项:第四季度汇总	**34**	**37**	**34**	**38**	**38**

第八单元 Word 和 Excel 的进阶应用

8.1 第 1 题

【操作要求】

打开 A8.docx，按下列要求操作。

1. **选择性粘贴**：在 Excel 2010 中打开文件 C:\2010KSW\DATA2\TF8-1A.xlsx，将工作表中的表格以“Microsoft Excel 工作表 对象”的形式粘贴至 A8.docx 文档中标题“恒大中学 2010 年秋季招生收费标准（元）”的下方，结果如【样文 8-1A】所示。

2. **文本与表格间的相互转换**：按【样文 8-1B】所示，将“恒大中学各地招生站及联系方式”下的文本转换成 3 列 7 行的表格形式，固定列宽为 4 厘米，文字分隔位置为制表符；为表格自动套用“中等深浅底纹 1 - 强调文字颜色 4”的表格样式，表格对齐方式为居中。

3. **录制新宏**：

- 在 Excel 2010 中新建一个文件，在该文件中创建一个名为 A8A 的宏，将宏保存在当前工作簿中，用 Ctrl+Shift+F 作为快捷键，功能为在选定单元格内填入“5+7*20”的结果。
- 完成以上操作后，将该文件以“启用宏的工作簿”类型保存至考生文件夹中，文件名为 A8-A。

4. **邮件合并**：

- 在 Word 2010 中打开文件 C:\2010KSW\DATA2\TF8-1B.docx，以 A8-B.docx 为文件名保存至考生文件夹中。
- 选择“信函”文档类型，使用当前文档，使用文件 C:\2010KSW\DATA2\TF8-1C.xlsx 中的数据作为收件人信息，进行邮件合并，结果如【样文 8-1C】所示。
- 将邮件合并的结果以 A8-C.docx 为文件名保存至考生文件夹中。

【样文 8-1A】

恒大中学 2010 年秋季招生收费标准（元）

学部	学费	书费	服装费	降温取暖费	伙食费	合计
小学全年	5000	150	200	150	1600	7100
小学半年	2500	75	200	75	800	3650
初中全年	5800	400	300	150		6650
初中半年	2900	200	300	75		3475
高中全年	5000	400	300	150		5850
高中半年	2500	200	300	75		3075

【样文 8-1B】

恒大中学各地招生站及联系方式

招生站	地址	联系电话
川汇区	永安大厦 505 室	8286176
郸城	烟草宾馆 205 室	3218755
沈丘	良友宾馆 201 室	5102955
商水	烟草宾馆 302 室	5455469
西华	箕城宾馆 102 室	2531717
太康	县委招待所 212 室	6827309

【样文 8-1C】

邮编：475443

寄：北京市海淀区 186 号

王霞　女士〈收〉

北京市海淀区中关村 168 号

邮政编码：100866

邮编：461400

寄：太康县中心小学

赵龙　先生<收>

北京市海淀区中关村 168 号

邮政编码：100866

邮编：464100

寄：河南郑州二七路 33 号

王凤　女士<收>

北京市海淀区中关村 168 号

邮政编码：100866

邮编：100081

寄：北京市海淀区学院路 88 号

赵庆　先生<收>

北京市海淀区中关村 168 号

邮政编码：100866

8.2　第 2 题

【操作要求】

打开 A8.docx，按下列要求操作。

1. 选择性粘贴：在 Excel 2010 中打开文件 C:\2010KSW\DATA2\TF8-2A.xlsx，将工作表中的表格以"Microsoft Excel 工作表 对象"的形式粘贴至 A8.docx 文档中标题"2010 年南平市市场调查表"的下方，结果如【样文 8-2A】所示。

2. 文本与表格间的相互转换：按【样文 8-2B】所示，将"北极星手机公司员工一览表"下的表格转换成文本，文字分隔符为制表符。

3. 录制新宏：

- 在 Word 2010 中新建一个文件，在该文件中创建一个名为 A8A 的宏，将宏保存在当前文档中，用 Ctrl+Shift+F 作为快捷键，功能为在当前光标处插入分页符。
- 完成以上操作后，将该文件以"启用宏的 Word 文档"类型保存至考生文件夹中，文件名为 A8-A。

4. 邮件合并：

- 在 Word 2010 中打开文件 C:\2010KSW\DATA2\TF8-2B.docx，以 A8-B.docx 为文件名保存至考生文件夹中。
- 选择"信函"文档类型，使用当前文档，使用文件 C:\2010KSW\DATA2\TF8-2C.xlsx 中的数据作为收件人信息，进行邮件合并，结果如【样文 8-2C】所示。
- 将邮件合并的结果以 A8-C.docx 为文件名保存至考生文件夹中。

【样文 8-2A】

2010 年南平市市场调查表

类别	一月	二月	三月	四月	五月
批发零售业	17567	21130.5	18164.9	21949.2	21218.7
餐 饮 业	3122.1	4401.8	2689.3	3344.9	3416.1
制 造 业	1495.8	1190.9	1424.1	1183.2	1455.2
农业	2734.1	3331.1	3639.2	3322.1	3573.6
其　　他	4999.6	4611.4	4801.8	4595.3	4584.1

【样文 8-2B】

北极星手机公司员工一览表

员工姓名	性别	年龄	政治面貌	最高学历	现任职务
刘阳	男	28	党员	本科	办公室主任
苏雪梅	女	30	党员	高中	财务主任
吴丽	女	29	党员	中专	销售经理
郑妍妍	女	30	团员	大专	服务部经理
石伟	男	32	团员	中专	财务副主任
朱静	男	34	党员	本科	销售科长

【样文 8-2C】

考生选题单

考生编号	第 1 单元	第 2 单元	第 3 单元	第 4 单元	第 5 单元	第 6 单元
2010001	15	2	3	12	10	17

考生选题单

考生编号	第 1 单元	第 2 单元	第 3 单元	第 4 单元	第 5 单元	第 6 单元
2010032	12	6	5	13	8	15

考生选题单

考生编号	第 1 单元	第 2 单元	第 3 单元	第 4 单元	第 5 单元	第 6 单元
2010056	1	8	14	18	6	12

考生选题单

考生编号	第 1 单元	第 2 单元	第 3 单元	第 4 单元	第 5 单元	第 6 单元
2010089	10	17	20	17	4	8

考生选题单

考生编号	第 1 单元	第 2 单元	第 3 单元	第 4 单元	第 5 单元	第 6 单元
2010036	18	16	18	5	9	7

8.3　第 3 题

【操作要求】

打开 A8.docx，按下列要求操作。

1. 选择性粘贴：在 Excel 2010 中打开文件 C:\2010KSW\DATA2\TF8-3A.xlsx，将工作表中的表格以“Microsoft Excel 工作表 对象”的形式粘贴至 A8.docx 文档中标题“大明公司员工政治面貌统计表”的下方，结果如【样文 8-3A】所示。

2. 文本与表格间的相互转换：按【样文 8-3B】所示，将“部分商品利润分析表”下的文本转换成 6 列 10 行的表格形式，列宽为固定值 2.3 厘米，文字分隔位置为制表符；为表格自动套用“中等深浅列表 2”的表格样式，表格对齐方式为居中。

3. 录制新宏：

- 在 Excel 2010 中新建一个文件，在该文件中创建一个名为 A8A 的宏，将宏保存在当前工作簿中，用 Ctrl+Shift+F 作为快捷键，功能为将选定单元格的字体设置为方正姚体、20 磅、红色。
- 完成以上操作后，将该文件以“启用宏的工作簿”类型保存至考生文件夹中，文件名为 A8-A。

4. 邮件合并：

- 在 Word 2010 中打开文件 C:\2010KSW\DATA2\TF8-3B.docx，以 A8-B.docx 为文件名保存至考生文件夹中。
- 选择“信函”文档类型，使用当前文档，使用文件 C:\2010KSW\DATA2\TF8-3C.xlsx 中的数据作为收件人信息，进行邮件合并，结果如【样文 8-3C】所示。
- 将邮件合并的结果以 A8-C.docx 为文件名保存至考生文件夹中。

【样文 8-3A】

大明公司员工政治面貌统计表

姓名	性别	年龄	科室	政治面貌
张治和	男	41	财务科	党员
李飞	男	35	业务科	党 员
赵勇	男	36	统计科	党员
孙悄燕	女	21	办公室	团员
郭建 光	男	38	总务科	党员
李玫	女	32	政工科	党员
宋江	男	26	保卫科	党员

【样文 8-3B】

部分商品利润分析表

货品代码	商品名称	商品类别	进价	售价	利润
1001	领带	服饰类	10	18	8
1002	西服	服饰类	55	80	25
1003	皮鞋	服饰类	50	80	30
1004	毛毯	家用品	20	30	10
1005	吊扇	家电类	170	195	25
1006	自行车	家用品	180	230	50
1007	座扇	家电类	30	45	15
1008	儿童学步车	家用品	50	80	30
1009	手电筒	家用品	5	7	2

【样文 8-3C】

创世纪电脑学校工资条

序号：01

姓名	部门	基本工资	奖金	福利
王霞	财务科	1600	200	138

创世纪电脑学校工资条

序号：06

姓名	部门	基本工资	奖金	福利
江丽	后勤科	1800	250	250

创世纪电脑学校工资条

序号：12

姓名	部门	基本工资	奖金	福利
刘宽	教务科	1450	150	200

创世纪电脑学校工资条

序号：08

姓名	部门	基本工资	奖金	福利
董飞	保卫科	1200	100	100

8.4　第 4 题

【操作要求】

打开 A8.docx，按下列要求操作。

1. 选择性粘贴：在 Excel 2010 中打开文件 C:\2010KSW\DATA2\TF8-4A.xlsx，将工作表中的表格以“Microsoft Excel 工作表 对象”的形式粘贴至 A8.docx 文档中标题“宏达公司市场部 2010 年销售情况统计”的下方，结果如【样文 8-4A】所示。

2. 文本与表格间的相互转换：按【样文 8-4B】所示，将“宏发公司上半年各部门销售情况表”下的表格转换成文本，文字分隔符为制表符。

3. 录制新宏：

- 在 Word 2010 中新建一个文件，在该文件中创建一个名为 A8A 的宏，将宏保存在当前文档中，用 Ctrl+Shift+F 作为快捷键，功能是更改选定文本的字体为方正姚体、四号、加粗。
- 完成以上操作后，将该文件以“启用宏的 Word 文档”类型保存至考生文件夹中，文件名为 A8-A。

4. 邮件合并：

- 在 Word 2010 中打开文件 C:\2010KSW\DATA2\TF8-4B.docx，以 A8-B.docx 为文件名保存至考生文件夹中。
- 选择“信函”文档类型，使用当前文档，使用文件 C:\2010KSW\DATA2\TF8-4C.xlsx 中的数据作为收件人信息，进行邮件合并，结果如【样文 8-4C】所示。
- 将邮件合并的结果以 A8-C.docx 为文件名保存至考生文件夹中。

【样文 8-4A】

宏达公司市场部 2010 年销售情况统计

类别	主机	显示器	打印机	键盘	鼠标	合计
一季度	52500	236500	56250	36520	2630	384400
二季度	68000	86000	15000	25560	5250	199810
三季度	75000	85500	14400	35000	2500	212400
四季度	151500	149500	45250	91250	4500	442000
总计	347000	557500	130900	188330	14880	1238610

【样文 8-4B】

宏发公司上半年各部门销售情况表

部门	销售额	成本	利润	利润率
甲	658000	632000	26000	4.11%
乙	638000	615000	23000	3.74%
丙	693000	665000	28000	4.21%

【样文 8-4C】

海口机场部分航班时刻表

目的地	起飞时间	到达时间	航行时间
北京	8:00:00 AM	11:40:00 AM	3:40:00 AM

海口机场部分航班时刻表

目的地	起飞时间	到达时间	航行时间
天津	9:00:00 AM	12:30:00 PM	3:30:00 AM

海口机场部分航班时刻表

目的地	起飞时间	到达时间	航行时间
上海	8:00:00 PM	11:40:00 PM	3:40:00 AM

海口机场部分航班时刻表

目的地	起飞时间	到达时间	航行时间
广州	12:30:00 PM	4:00:00 PM	3:30:00 AM

海口机场部分航班时刻表

目的地	起飞时间	到达时间	航行时间
西安	5:00:00 PM	8:30:00 PM	3:30:00 AM

海口机场部分航班时刻表

目的地	起飞时间	到达时间	航行时间
大连	9:15:00 PM	11:30:00 PM	2:15:00 AM

海口机场部分航班时刻表

目的地	起飞时间	到达时间	航行时间
珠海	8:20:00 AM	12:00:00 PM	3:40:00 AM

8.5　第 5 题

【操作要求】

打开 A8.docx，按下列要求操作。

1. **选择性粘贴**：在 Excel 2010 中打开文件 C:\2010KSW\DATA2\TF8-5A.xlsx，将工作表中的表格以“Microsoft Excel 工作表 对象”的形式粘贴至 A8.docx 文档中标题“华联家电城商品销售统计表”的下方，结果如【样文 8-5A】所示。

2. **文本与表格间的相互转换**：按【样文 8-5B】所示，将“2010 年自来水公司员工登记表”下的文本转换成 5 列 8 行的表格形式，列宽为固定值 2 厘米，文字分隔位置为制表符；为表格自动套用“深色列表 - 强调文字颜色 4”的表格样式，表格对齐方式为居中。

3. **录制新宏**：

- 在 Excel 2010 中新建一个文件，在该文件中创建一个名为 A8A 的宏，将宏保存在当前工作簿中，用 Ctrl+Shift+F 作为快捷键，功能为将选定单元格的内容复制到 G8 单元格中。
- 完成以上操作后，将该文件以“启用宏的工作簿”类型保存至考生文件夹中，文件名为 A8-A。

4. **邮件合并**：

- 在 Word 2010 中打开文件 C:\2010KSW\DATA2\TF8-5B.docx，以 A8-B.docx 为文件名保存至考生文件夹中。
- 选择“信函”文档类型，使用当前文档，使用文件 C:\2010KSW\DATA2\TF8-5C.xlsx 中的数据作为收件人信息，进行邮件合并，结果如【样文 8-5C】所示。
- 将邮件合并的结果以 A8-C.docx 为文件名保存至考生文件夹中。

【样文 8-5A】

华联家电城商品销售统计表

（2010 年第 3 季度）

商品名称	7月	8月	9月	总销售量
电视机	108	122	587	817
冰箱	2000	188	687	2875
空调	584	214	547	1345
洗衣机	400	342	879	1621

【样文 8-5B】

2010 年自来水公司员工登记表

编号	姓名	性别	年龄	政治面貌
0001	杨帅	男	25	团员
0002	张青	女	36	党员
0003	马玉兰	女	26	团员
0004	孟君	女	33	党员
0005	刘玉洁	女	29	党员
0006	张晓光	男	28	党员
0007	郑新菊	女	27	团员

【样文 8-5C】

代课通知书

张蕴华教师：

本学期请您给 工程测量与规划 专业代上 英语 课程。

教务处 2010-7-29

代课通知书

江燕教师：

本学期请您给 工程测量与规划 专业代上 高等数学 课程。

教务处 2010-7-29

代课通知书

刘倍教师：

本学期请您给 水质与环保 专业代上 体育 课程。

教务处 2010-7-29

代课通知书

秦飞教师：

本学期请您给 水建 专业代上 建筑制图 课程。

教务处 2010-7-29

8.6　第 6 题

【操作要求】

打开 A8.docx，按下列要求操作。

1. **选择性粘贴**：在 Excel 2010 中打开文件 C:\2010KSW\DATA2\TF8-6A.xlsx，将工作表中的表格以“Microsoft Excel 工作表 对象”的形式粘贴至 A8.docx 文档中标题“阳光小学书本费统计表”的下方，结果如【样文 8-6A】所示。

2. **文本与表格间的相互转换**：按【样文 8-6B】所示，将“某出版社上半年出版图书情况”下的文本转换成 5 列 6 行的表格形式，固定列宽为 2.5 厘米，文字分隔位置为制表符；为表格自动套用“中等深浅网格 3 - 强调文字颜色 5”的表格样式，表格对齐方式为居中。

3. **录制新宏**：

- 在 Word 2010 中新建一个文件，在该文件中创建一个名为 A8A 的宏，将宏保存在当前文档中，用 Ctrl+Shift+F 作为快捷键，功能为将选定文本添加红色、双波浪线下划线。
- 完成以上操作后，将该文件以“启用宏的 Word 文档”类型保存至考生文件夹中，文件名为 A8-A。

4. **邮件合并**：

- 在 Word 2010 中打开文件 C:\2010KSW\DATA2\TF8-6B.docx，以 A8-B.docx 为文件名保存至考生文件夹中。
- 选择“信函”文档类型，使用当前文档，使用文件 C:\2010KSW\DATA2\TF8-6C.xlsx 中的数据作为收件人信息，进行邮件合并，结果如【样文 8-6C】所示。
- 将邮件合并的结果以 A8-C.docx 为文件名保存至考生文件夹中。

【样文 8-6A】

阳光小学书本费统计表

书目	四年级	五年级	六年级
数学	15.3	11.5	17.9
语文	25.8	12.6	16.7
政治	19.8	21.2	17.9
英语	13.2	23.6	15.6
历史	18.4	12.8	9.8
地理	23.5	15.6	14.6

【样文 8-6B】

某出版社上半年出版图书情况

名称	类别	单价	页数	册数
HLBT	儿童读物	10.5	56	1000
RL	时尚杂志	12.7	68	12000
KGX	历史文化	11.2	123	2500
JHY	风景名胜	15.6	143	13000
SRF	天文地理	21.8	452	5400

【样文 8-6C】

获奖证书

程方圆同学：

您撰写的论文《 民族传统体育教学 》在全县 2010 年“三教”征文活动中荣获高中组 二等奖 。特发此证，以资鼓励。

长阳土家族自治县教育局

2010 年 11 月 5 日

获奖证书

杨洲同学：

您撰写的论文《 政治活动课 》在全县 2010 年“三教”征文活动中荣获高中组 三等奖 。特发此证，以资鼓励。

长阳土家族自治县教育局

2010 年 11 月 5 日

获奖证书

张俊芳同学：

您撰写的论文《 浅议中职生的心理健康教育 》在全县 2010 年“三教”征文活动中荣获高中组 四等奖 。特发此证，以资鼓励。

长阳土家族自治县教育局

2010 年 11 月 5 日

获奖证书

王元平同学:

您撰写的论文《 如何培养中学生的英语阅读能力 》在全县 2010 年“三教”征文活动中荣获高中组 一等奖 。特发此证，以资鼓励。

长阳土家族自治县教育局

2010 年 11 月 5 日

获奖证书

李小东同学:

您撰写的论文《 班级分组管理模式探究 》在全县 2010 年“三教”征文活动中荣获高中组 二等奖 。特发此证，以资鼓励。

长阳土家族自治县教育局

2010 年 11 月 5 日

8.7 第 7 题

【操作要求】

打开 A8.docx，按下列要求操作。

1. **选择性粘贴**：在 Excel 2010 中打开文件 C:\2010KSW\DATA2\TF8-7A.xlsx，将工作表中的表格以“Microsoft Excel 工作表 对象”的形式粘贴至 A8.docx 文档中标题“计算机系学生成绩统计表”的下方，结果如【样文 8-7A】所示。

2. **文本与表格间的相互转换**：按【样文 8-7B】所示，将“计算机系教师课程安排表”下的表格转换成文本，文字分隔符为制表符，文本对齐方式为居中。

3. **录制新宏**：

- 在 Excel 2010 中新建一个文件，在该文件中创建一个名为 A8A 的宏，将宏保存在当前工作簿中，用 Ctrl+Shift+F 作为快捷键，功能为将选定单元格填充浅蓝色的底纹。
- 完成以上操作后，将该文件以“启用宏的工作簿”类型保存至考生文件夹中，文件名为 A8-A。

4. **邮件合并**：

- 在 Word 2010 中打开文件 C:\2010KSW\DATA2\TF8-7B.docx，以 A8-B.docx 为文件名保存至考生文件夹中。
- 选择“信函”文档类型，使用当前文档，使用文件 C:\2010KSW\DATA2\TF8-7C.xlsx 中的数据作为收件人信息，进行邮件合并，结果如【样文 8-7C】所示。
- 将邮件合并的结果以 A8-C.docx 为文件名保存至考生文件夹中。

【样文 8-7A】

计算机系学生成绩统计表

学号	姓名	高数	英语	C语言	大学语文
201001	赵永恒	88	82	89	65
201002	王志刚	85	90	95	76
201003	孙红	89	77	52	87
201004	钟秀	90	89	96	86
201005	林小林	73	87	88	79
201006	黄河	81	89	90	91

【样文 8-7B】

计算机系教师课程安排表

姓名	授课班级数	课名	课时(每班)	授课人数
张晓东	3	计算机	72	112
陈东	3	哲学	34	99
张蓉蓉	5	法学概论	34	214
孔明强	5	体育	34	214
张宏达	2	线性代数	72	68
于兰兰	4	英语	34	75
于凤	4	邓论	34	154

【样文 8-7C】

计算机等级考试成绩单

姓名	准考证号	报考级别	成绩	显示结果
李波	49010314002	二级	88	良好

计算机等级考试成绩单

姓名	准考证号	报考级别	成绩	显示结果
王辉	49010314038	三级	56	不及格

计算机等级考试成绩单

姓名	准考证号	报考级别	成绩	显示结果
赵军伟	49010314046	三级	66	及格

计算机等级考试成绩单

姓名	准考证号	报考级别	成绩	显示结果
吴圆	49010314027	一级	92	优秀

计算机等级考试成绩单

姓名	准考证号	报考级别	成绩	显示结果
刘小丽	49010314071	二级	42	不及格

计算机等级考试成绩单

姓名	准考证号	报考级别	成绩	显示结果
张海	49010314019	二级	77	及格

8.8 第 8 题

【操作要求】

打开 A8.docx，按下列要求操作。

1. **选择性粘贴**：在 Excel 2010 中打开文件 C:\2010KSW\DATA2\TF8-8A.xlsx，将工作表中的表格以“Microsoft Excel 工作表 对象”的形式粘贴至 A8.docx 文档中标题“宏远公司员工基本信息表”的下方，结果如【样文 8-8A】所示。

2. **文本与表格间的相互转换**：按【样文 8-8B】所示，将“宏远公司部分装修材料价格表”下的文本转换成 5 列 6 行的表格形式，文字分隔位置为制表符，将整个表格根据内容自动调整；为表格自动套用“浅色底纹 - 强调文字颜色 1”的表格样式，表格对齐方式为居中。

3. **录制新宏**：

- 在 Word 2010 中新建一个文件，在该文件中创建一个名为 A8A 的宏，将宏保存在当前文档中，用 Ctrl+Shift+F 作为快捷键，功能为将选定段落的行距设置为固定值 20 磅，段落间距设置为段前、段后各 0.5 行。
- 完成以上操作后，将该文件以“启用宏的 Word 文档”类型保存至考生文件夹中，文件名为 A8-A。

4. **邮件合并**：

- 在 Word 2010 中打开文件 C:\2010KSW\DATA2\TF8-8B.docx，以 A8-B.docx 为文件名保存至考生文件夹中。
- 选择“信函”文档类型，使用当前文档，使用文件 C:\2010KSW\DATA2\TF8-8C.xlsx 中的数据作为收件人信息，进行邮件合并，结果如【样文 8-8C】所示。
- 将邮件合并的结果以 A8-C.docx 为文件名保存至考生文件夹中。

【样文 8-8A】

宏远公司员工基本信息表

姓名	性别	民族	出生日期	生源地	部门
赵永恒	男	汉	1983-5-12	浙江	人事部
王志刚	男	壮	1984-11-20	山东	财务部
孙红	女	汉	1987-8-7	北京	销售部
钟秀	女	汉	1990-5-20	河北	保卫部
林小林	女	满	1986-8-18	湖南	市场部
黄冰	男	汉	1985-2-14	上海	开发部
宁中一	男	汉	1984-7-21	福建	工程部

【样文 8-8B】

宏远公司部分装修材料价格表

商品名称	规格	单位	最高价格（元）	最低价格（元）
防水板	12A	A 厂	22	20.4
进口三合板	1220×2440×3	C 厂	45	43
耐火石膏板	9.5A	B 厂	12.5	11.98
刨花板	1220×2440×15	A 厂	35	30
水泥压力板	5mm	C 厂	55	49.5

【样文 8-8C】

学生信息登记卡

姓名	李明	编号	2010001	所学专业	计算机专业
性别	男	出生日期	3/12/1990	户口所在地	山西省太原市
民族	汉族	社会面貌	团员	电子邮箱	LiMing0312@263.net

学生信息登记卡

姓名	李煜	编号	2010002	所学专业	计算机专业
性别	男	出生日期	12/8/1991	户口所在地	辽宁省营口
民族	满族	社会面貌	团员	电子邮箱	liyi1208@sohu.com

学生信息登记卡

姓名	刘淼	编号	2010003	所学专业	国际贸易
性别	女	出生日期	9/11/1991	户口所在地	北京市朝阳区
民族	汉族	社会面貌	学生	电子邮箱	L.M@hotmail.com

学生信息登记卡

姓名	孙庆伟	编号	2010004	所学专业	财会专业
性别	男	出生日期	6/18/1990	户口所在地	山西省大同市
民族	汉族	社会面貌	团员	电子邮箱	SunQW@163.com

学生信息登记卡

姓名	付丽丽	编号	2010005	所学专业	财会专业
性别	女	出生日期	8/7/1992	户口所在地	北京市朝阳区
民族	汉族	社会面貌	学生	电子邮箱	LiLi0807@371.net

学生信息登记卡

姓名	高云	编号	2010006	所学专业	英语专业
性别	女	出生日期	10/1/1990	户口所在地	北京市海淀区
民族	汉族	社会面貌	学生	电子邮箱	gaoyun101@sina.com

8.9 第 9 题

【操作要求】

打开 A8.docx，按下列要求操作。

1. **选择性粘贴**：在 Excel 2010 中打开文件 C:\2010KSW\DATA2\TF8-9A.xlsx，将工作表中的表格以“Microsoft Excel 工作表 对象”的形式粘贴至 A8.docx 文档中标题“乡镇蔬菜产量统计表”的下方，结果如【样文 8-9A】所示。

2. **文本与表格间的相互转换**：按【样文 8-9B】所示，将“新华商城家电销售表”下的表格转换成文本，文字分隔符为制表符，文本对齐方式为居中。

3. **录制新宏**：

- 在 Excel 2010 中新建一个文件，在该文件中创建一个名为 A8A 的宏，将宏保存在当前工作簿中，用 Ctrl+Shift+F 作为快捷键，功能为将选定单元格的外边框线设置为橙色的粗虚线。
- 完成以上操作后，将该文件以“启用宏的工作簿”类型保存至考生文件夹中，文件名为 A8-A。

4. **邮件合并**：

- 在 Word 2010 中打开文件 C:\2010KSW\DATA2\TF8-9B.docx，以 A8-B.docx 为文件名保存至考生文件夹中。
- 选择“信函”文档类型，使用当前文档，使用文件 C:\2010KSW\DATA2\TF8-9C.xlsx 中的数据作为收件人信息，进行邮件合并，结果如【样文 8-9C】所示。
- 将邮件合并的结果以 A8-C.docx 为文件名保存至考生文件夹中。

【样文 8-9A】

乡镇蔬菜产量统计表

名称	2007年	2008年	2009年	2010年
黄瓜	220	215	230	245
西红柿	150	140	125	120
茄子	820	835	840	865
豆角	56	81	68	89
胡萝卜	47	51	54	56
白菜	145	152	157	138

【样文 8-9B】

新华商城家电销售表

销售地区	商品名称	规格	单价	数量	销售金额
北京	彩电	40 寸液晶	7500	90	￥675,000.00
杭州	空调	KFR-26GW/27BP	2619	300	￥785,700.00
上海	微波炉	KFRD-23GW	1528	100	￥152,800.00
天津	冰箱	BCD-197T	3979	120	￥477,480.00
北京	洗衣机	BCD-215KA	2106	200	￥421,200.00
天津	饮水机	PT42600NHD	2899	50	￥144,950.00

【样文 8-9C】

旭日公司员工情况表

姓名	性别	年龄	民族	学历	部门	工龄
张瑞	男	35	汉	本科	业务科	9

旭日公司员工情况表

姓名	性别	年龄	民族	学历	部门	工龄
王童彤	女	28	汉	硕士	统计科	3

旭日公司员工情况表

姓名	性别	年龄	民族	学历	部门	工龄
陈宇凡	男	30	满	硕士	财务科	5

旭日公司员工情况表

姓名	性别	年龄	民族	学历	部门	工龄
付建彬	男	39	汉	本科	保卫科	16

旭日公司员工情况表

姓名	性别	年龄	民族	学历	部门	工龄
余燕华	女	36	汉	本科	后勤科	13

8.10　第 10 题

【操作要求】

打开 A8.docx，按下列要求操作。

1. 选择性粘贴： 在 Excel 2010 中打开文件 C:\2010KSW\DATA2\TF8-10A.xlsx，将工作表中的表格以“Microsoft Excel 工作表 对象”的形式粘贴至 A8.docx 文档中标题“花卉养植面积统计表（单位：亩）”的下方，结果如【样文 8-10A】所示。

2. 文本与表格间的相互转换： 按【样文 8-10B】所示，将“易通电脑学校教师学历分布情况”下的文本转换成 4 列 6 行的表格形式，列宽为固定值 2.5 厘米，文字分隔位置为制表符；为表格自动套用“彩色列表 - 强调文字颜色 3”的表格样式，表格对齐方式为居中。

3. 录制新宏：

- 在 Word 2010 中新建一个文件，在该文件中创建一个名为 A8A 的宏，将宏保存在当前文档中，用 Ctrl+Shift+F 作为快捷键，功能为将选定段落设置为首字下沉，字体为华文行楷，下沉行数为 2 行。
- 完成以上操作后，将该文件以“启用宏的 Word 文档”类型保存至考生文件夹中，文件名为 A8-A。

4. 邮件合并：

- 在 Word 2010 中打开文件 C:\2010KSW\DATA2\TF8-10B.docx，以 A8-B.docx 为文件名保存至考生文件夹中。
- 选择“信函”文档类型，使用当前文档，使用文件 C:\2010KSW\DATA2\TF8-10C.xlsx 中的数据作为收件人信息，进行邮件合并，结果如【样文 8-10C】所示。
- 将邮件合并的结果以 A8-C.docx 为文件名保存至考生文件夹中。

【样文 8-10A】

花卉养植面积统计表（单位：亩）

品种	2007年	2008年	2009年	2010年
郁金香	15	17	19	18
百合	13	10	12	11
吊兰	18	20	21	22
菊花	16	19	17	18
月季	20	25	27	28
水仙	8	10	11	10
迎春	17	19	20	22

【样文 8-10B】

易通电脑学校教师学历分布情况

姓名	性别	所教专业	学历
冯建平	男	办公软件	大专
曹建明	男	组装维修	本科
邹霖伟	男	网页制作	研究生
许丽莉	女	平面设计	本科
李秋红	女	3D 动画	研究生

【样文 8-10C】

购物订单确认单

尊敬的 王芳 先生/小姐：

您好！以下是您在本商城订购的物品清单：

品名：女式皮包　　单价：388 元/个

货号：GB_4086　　数量：1

请收到确认单后核查正确与否，以便为您送货。

宏新商城

购物订单确认单

尊敬的 周洁 先生/小姐：

您好！以下是您在本商城订购的物品清单：

品名：中型钱包　　单价：138 元/个

货号：C205834　　数量：2

请收到确认单后核查正确与否，以便为您送货。

宏新商城

购物订单确认单

尊敬的 白晓 先生/小姐：

您好！以下是您在本商城订购的物品清单：

品名：男款衬衣　　单价：268 元/件

货号：TB10158　　数量：1

请收到确认单后核查正确与否，以便为您送货。

宏新商城

购物订单确认单

尊敬的 陆娜 先生/小姐：

您好！以下是您在本商城订购的物品清单：

品名：休闲运动鞋 单价：98 元/双

货号：S407816 数量：2

请收到确认单后核查正确与否，以便为您送货。

宏新商城

购物订单确认单

尊敬的 田天 先生/小姐：

您好！以下是您在本商城订购的物品清单：

品名：快洁剃须刀 单价：36 元/个

货号：FFM9601 数量：3

请收到确认单后核查正确与否，以便为您送货。

宏新商城

8.11　第 11 题

【操作要求】

打开 A8.docx，按下列要求操作。

1．**选择性粘贴：**在 Excel 2010 中打开文件 C:\2010KSW\DATA2\TF8-11A.xlsx，将工作表中的表格以“Microsoft Excel 工作表 对象”的形式粘贴至 A8.docx 文档中标题“某单位图书资料购买一览表”的下方，结果如【样文 8-11A】所示。

2．**文本与表格间的相互转换：**按【样文 8-11B】所示，将“客户订单信息表”下的表格转换成文本，文字分隔符为制表符。

3．**录制新宏：**

- 在 Excel 2010 中新建一个文件，在该文件中创建一个名为 A8A 的宏，将宏保存在当前工作簿中，用 Ctrl+Shift+F 作为快捷键，功能为将选定单元格的列宽设置为 15。
- 完成以上操作后，将该文件以“启用宏的工作簿”类型保存至考生文件夹中，文件名为 A8-A。

4．**邮件合并：**

- 在 Word 2010 中打开文件 C:\2010KSW\DATA2\TF8-11B.docx，以 A8-B.docx 为文件名保存至考生文件夹中。
- 选择“信函”文档类型，使用当前文档，使用文件 C:\2010KSW\DATA2\TF8-11C.xlsx 中的数据作为收件人信息，进行邮件合并，结果如【样文 8-11C】所示。
- 将邮件合并的结果以 A8-C.docx 为文件名保存至考生文件夹中。

【样文 8-11A】

某单位图书资料购买一览表

书名	单价	册数	金额	备注
英汉词典	￥65.00	21	￥1,365.00	商务出版社
汉英词典	￥40.00	22	￥880.00	商务出版社
计算机操作员	￥35.00	132	￥4,620.00	教育出版社
网络应用技术	￥50.00	25	￥1,250.00	航空出版社
网络现用现查	￥54.00	225	￥12,150.00	航空出版社
百科大全	￥80.00	200	￥16,000.00	教育出版社

【样文 8-11B】

客户订单信息表

订单 ID	客户 ID	客户姓名	货主地址
120001	ALDDX	王丽	中山东路 15 号
120002	ALDXX	李军	朝元西路 65 号
120003	ALDZD	王正华	建华北大街 12 号
120004	ALXXB	刘焕	裕华路 22 号
120005	ALBBZ	齐晓梅	建华南大街 55 号

【样文 8-11C】

育人大学入学通知书

王学名同学：

我校决定录取你入 经管 系 秘书 专业学习。请你准时于二〇一〇年 九月一日 凭本通知书到校报到。

育人大学

二〇一〇年七月八日

育人大学入学通知书

汪海洋同学：

我校决定录取你入 信息 系 计算机应用 专业学习。请你准时于二〇一〇年 九月二日 凭本通知书到校报到。

育人大学

二〇一〇年七月八日

育人大学入学通知书

李莉同学：

我校决定录取你入 机电 系 机电一体化 专业学习。请你准时于二〇一〇年 九月三日 凭本通知书到校报到。

育人大学

二〇一〇年七月八日

育人大学入学通知书

谢小平同学：

我校决定录取你入 机电 系 电气工程 专业学习。请你准时于二〇一〇年 九月三日 凭本通知书到校报到。

育人大学

二〇一〇年七月八日

育人大学入学通知书

许春华同学：

我校决定录取你入 信息 系 动漫 专业学习。请你准时于二〇一〇年 九月二日 凭本通知书到校报到。

育人大学

二〇一〇年七月八日

8.12 第 12 题

【操作要求】

打开 A8.docx，按下列要求操作。

1．选择性粘贴：在 Excel 2010 中打开文件 C:\2010KSW\DATA2\TF8-12A.xlsx，将工作表中的表格以“Microsoft Excel 工作表 对象”的形式粘贴至 A8.docx 文档中标题“差旅费一览表”的下方，结果如【样文 8-12A】所示。

2．文本与表格间的相互转换：按【样文 8-12B】所示，将“高一年级参加运动会报名情况”下的文本转换成 5 列 7 行的表格形式，固定列宽为 2.5 厘米，文字分隔位置为制表符；为表格自动套用“浅色网格 - 强调文字颜色 3”的表格样式，表格对齐方式为居中。

3．录制新宏：

- 在 Word 2010 中新建一个文件，在该文件中创建一个名为 A8A 的宏，将宏保存在当前文档中，用 Ctrl+Shift+A 作为快捷键，功能为将当前文档的页边距设置为“宽”。
- 完成以上操作后，将该文件以“启用宏的 Word 文档”类型保存至考生文件夹中，文件名为 A8-A。

4．邮件合并：

- 在 Word 2010 中打开文件 C:\2010KSW\DATA2\TF8-12B.docx，以 A8-B.docx 为文件名保存至考生文件夹中。
- 选择“信函”文档类型，使用当前文档，使用文件 C:\2010KSW\DATA2\TF8-12C.xlsx 中的数据作为收件人信息，进行邮件合并，结果如【样文 8-12C】所示。
- 将邮件合并的结果以 A8-C.docx 为文件名保存至考生文件夹中。

【样文 8-12A】

差旅费一览表

到达地点	交通费	住宿费	补助	合计
北京-上海	650	220	150	1020
北京-甘肃	1500	500	600	2600
北京-四川	1200	125	350	1675
北京-哈尔滨	860	225	300	1385
北京-山东	240	200	180	620
北京-湖北	800	320	280	1400

【样文 8-12B】

高一年级参加运动会报名情况

项目	高一（1）班	高一（2）班	高一（3）班	参赛人数
100 米	5	5	8	18
100 米跨栏	4	6	5	15
400 米	5	8	4	17
400 米接力	5	5	5	15
1500 米	10	6	6	22
合计人数	29	30	28	87

【样文 8-12C】

红星中学学生证	
姓名	王菲菲
班级	初一（3）班
学号	2010010345
职务	学习委员

红星中学学生证	
姓名	李军
班级	初二（5）班
学号	2010020502
职务	副班长

红星中学学生证	
姓名	肖蒙
班级	初一（1）班
学号	2010010105
职务	学生

红星中学学生证	
姓名	李志强
班级	初三（1）班
学号	2010030120
职务	班长

8.13 第 13 题

【操作要求】

打开 A8.docx，按下列要求操作。

1．**选择性粘贴**：在 Excel 2010 中打开文件 C:\2010KSW\DATA2\TF8-13A.xlsx，将工作表中的表格以“Microsoft Excel 工作表 对象”的形式粘贴至 A8.docx 文档中标题“职工购房款计算表”的下方，结果如【样文 8-13A】所示。

2．**文本与表格间的相互转换**：按【样文 8-13B】所示，将“工厂出入登记表”下的文本转换成 5 列 7 行的表格形式，列宽为固定值 2.5 厘米，文字分隔位置为制表符；为表格自动套用“浅色底纹 - 强调文字颜色 4”的表格样式，表格对齐方式为居中。

3．**录制新宏**：

- 在 Excel 2010 中新建一个文件，在该文件中创建一个名为 A8A 的宏，将宏保存在当前工作簿中，用 Ctrl+Shift+F 作为快捷键，功能为将所选单元格的文本对齐方式为水平居中、垂直居中。
- 完成以上操作后，将该文件以“启用宏的工作簿”类型保存至考生文件夹中，文件名为 A8-A。

4．**邮件合并**：

- 在 Word 2010 中打开文件 C:\2010KSW\DATA2\TF8-13B.docx，以 A8-B.docx 为文件名保存至考生文件夹中。
- 选择“信函”文档类型，使用当前文档，使用文件 C:\2010KSW\DATA2\TF8-13C.xlsx 中的数据作为收件人信息，进行邮件合并，结果如【样文 8-13C】所示。
- 将邮件合并的结果以 A8-C.docx 为文件名保存至考生文件夹中。

【样文 8-13A】

职工购房款计算表

姓名	工龄	住房面积（平方米）	房屋年限	房价款（元）
王小梦	10	43.6	10	44886.2
李可军	20	61	12	51301
李丽	22	62.5	15	45493.75
张春学	18	52	12	45089.2
窦君	15	45.3	10	43680.53
黄明明	10	52	12	50518
薛志强	15	50	11	46762.5

【样文 8-13B】

工厂出入登记表

日期	姓名	工号	进门时间	出门时间
5 月 3 日	王红雨	001	上午 8 时	上午 11 时
5 月 3 日	王明辉	002	上午 7 时	上午 8 时
5 月 3 日	李小明	004	下午 2 时	下午 6 时
5 月 4 日	刘美丽	008	下午 3 时	下午 4 时
5 月 4 日	邓明明	005	下午 2 时	下午 6 时
5 月 5 日	李旭东	003	下午 2 时	下午 6 时

【样文 8-13C】

驾校考试考生基本情况卡

准考证号	姓名	性别	学历	工作单位
1	周小美	女	中专	北京科远开发公司

驾校考试考生基本情况卡

准考证号	姓名	性别	学历	工作单位
2	李红迪	女	本科	北京市光明中学

驾校考试考生基本情况卡

准考证号	姓名	性别	学历	工作单位
3	王川	男	大专	北京市顺友医院

驾校考试考生基本情况卡

准考证号	姓名	性别	学历	工作单位
4	高莉	女	本科	北京友大通信公司

驾校考试考生基本情况卡

准考证号	姓名	性别	学历	工作单位
5	杨鹏	男	大专	北京市新开发区

8.14　第 14 题

【操作要求】

打开 A8.docx，按下列要求操作。

1．**选择性粘贴**：在 Excel 2010 中打开文件 C:\2010KSW\DATA2\TF8-14A.xlsx，将工作表中的表格以“Microsoft Excel 工作表 对象”的形式粘贴至 A8.docx 文档中标题“产品价目表”的下方，结果如【样文 8-14A】所示。

2．**文本与表格间的相互转换**：按【样文 8-14B】所示，将“超市 1 季度蔬菜销售统计表”下的表格转换成文本，文字分隔符为制表符。

3．**录制新宏**：

- 在 Word 2010 中新建一个文件，在该文件中创建一个名为 A8A 的宏，将宏保存在当前文档中，用 Ctrl+Shift+A 作为快捷键，功能为插入一个 4 列 4 行的表格。
- 完成以上操作后，将该文件以“启用宏的 Word 文档”类型保存至考生文件夹中，文件名为 A8-A。

4．**邮件合并**：

- 在 Word 2010 中打开文件 C:\2010KSW\DATA2\TF8-14B.docx，以 A8-B.docx 为文件名保存至考生文件夹中。
- 选择“信函”文档类型，使用当前文档，使用文件 C:\2010KSW\DATA2\TF8-14C.xlsx 中的数据作为收件人信息，进行邮件合并，结果如【样文 8-14C】所示。
- 将邮件合并的结果以 A8-C.docx 为文件名保存至考生文件夹中。

【样文 8-14A】

产品价目表

产品名称	产品型号	单价	产品说明
保湿霜	SK022	￥60.00	80ml
美白乳液	M455	￥85.00	100ml
祛痘洗面奶	S2521	￥35.00	50ml
美白柔肤水	SK031	￥89.00	80ml
清爽沐浴露	D425	￥30.00	500ml
首乌洗发液	D212	￥35.00	350ml
宝宝霜	Sd55	￥15.00	30ml

【样文 8-14B】

超市 1 季度蔬菜销售统计表

品种	单价	一月（斤）	二月（斤）	三月（斤）	销售小计
黄瓜	￥5.00	500	480	350	￥6,650.00
西红柿	￥2.00	450	320	300	￥2,140.00
白菜	￥1.00	250	280	280	￥810.00
萝卜	￥0.50	280	200	200	￥340.00
芹菜	￥1.20	200	310	220	￥876.00

【样文 8-14C】

商品发货单

亲爱的小淘气：

您好！您在我商城 华泰 1 店 购买的 春季时尚韩版风衣 已于 8 月 1 日 发货，预计会在 8 月 7 日 到达，请您注意接收。如有疑问，请联系客服。祝您生活愉快！

华泰网上商城

商品发货单

亲爱的中韵之风：

您好！您在我商城 华泰 1 店 购买的 男士运动鞋 已于 8 月 15 日 发货，预计会在 8 月 20 日 到达，请您注意接收。如有疑问，请联系客服。祝您生活愉快！

华泰网上商城

商品发货单

亲爱的美美：

您好！您在我商城 华泰 2 店 购买的 宝宝护肤霜 已于 9 月 3 日 发货，预计会在 9 月 10 日 到达，请您注意接收。如有疑问，请联系客服。祝您生活愉快！

华泰网上商城

商品发货单

亲爱的泪珠儿：

您好！您在我商城 华泰 5 店 购买的 韩版时尚气质发卡 已于 9 月 20 日 发货，预计会在 9 月 25 日 到达，请您注意接收。如有疑问，请联系客服。祝您生活愉快！

华泰网上商城

8.15 第 15 题

【操作要求】

打开 A8.docx，按下列要求操作。

1．**选择性粘贴**：在 Excel 2010 中打开文件 C:\2010KSW\DATA2\TF8-15A.xlsx，将工作表中的表格以“Microsoft Excel 工作表 对象”的形式粘贴至 A8.docx 文档中标题“职工信息表”的下方，结果如【样文 8-15A】所示。

2．**文本与表格间的相互转换**：按【样文 8-15B】所示，将“大学生活费统计表”下的文本转换成 5 列 5 行的表格形式，列宽为固定值 3 厘米，文字分隔位置为制表符；为表格自动套用“浅色网格 - 强调文字颜色 1”的表格样式，表格对齐方式为居中。

3．**录制新宏**：

- 在 Excel 2010 中新建一个文件，在该文件中创建一个名为 A8A 的宏，将宏保存在当前工作簿中，用 Ctrl+Shift+F 作为快捷键，功能为将所选单元格合并后居中。
- 完成以上操作后，将该文件以“启用宏的工作簿”类型保存至考生文件夹中，文件名为 A8-A。

4．**邮件合并**：

- 在 Word 2010 中打开文件 C:\2010KSW\DATA2\TF8-15B.docx，以 A8-B.docx 为文件名保存至考生文件夹中。
- 选择“信函”文档类型，使用当前文档，使用文件 C:\2010KSW\DATA2\TF8-15C.xlsx 中的数据作为收件人信息，进行邮件合并，结果如【样文 8-15C】所示。
- 将邮件合并的结果以 A8-C.docx 为文件名保存至考生文件夹中。

【样文 8-15A】

职工信息表

职工姓名	性别	部门	职务	工龄	工资
王雪	女	销售部	经理	5年	5000
李敏	女	企划部	经理	6年	4000
江华	女	人事部	经理	4年	3800
杨梅	女	财务部	会计	8年	3500
贾羽	男	财务部	经理	5年	5500
刘学群	男	人事部	秘书	2年	2800
李辉	男	企划部	设计	2年	3000
刘丽华	女	销售部	业务员	3年	3200
王坤军	男	销售部	业务员	3年	3200

【样文 8-15B】

大学生活费统计表

月份	基本生活开支	学习用品开支	消费娱乐开支	总计
1 月	550	120	200	770
2 月	500	130	100	750
3 月	600	80	150	870
平均费用	550	110	150	540

【样文 8-15C】

学生就业信息表

姓名	班级	离校时间	就业单位	职位
白小娟	机电一班	2010 年 6 月 5 日	北京利达钢厂	技术员

学生就业信息表

姓名	班级	离校时间	就业单位	职位
王丽坤	电器五班	2010 年 6 月 15 日	北京利达钢厂	技术员

学生就业信息表

姓名	班级	离校时间	就业单位	职位
李亮	网络四班	2010 年 6 月 12 日	北京顺信科技开发公司	网管

学生就业信息表

姓名	班级	离校时间	就业单位	职位
王春鹏	制药一班	2010 年 6 月 10 日	北京华森制药厂	工人

学生就业信息表

姓名	班级	离校时间	就业单位	职位
孙凯	计算机二班	2010 年 6 月 15 日	北京峻峰网站开发公司	网站设计

8.16　第 16 题

【操作要求】

打开 A8.docx，按下列要求操作。

1．选择性粘贴： 在 Excel 2010 中打开文件 C:\2010KSW\DATA2\TF8-16A.xlsx，将工作表中的表格以“Microsoft Excel 工作表 对象”的形式粘贴至 A8.docx 文档中标题“家电市场预测表”的下方，结果如【样文 8-16A】所示。

2．文本与表格间的相互转换： 按【样文 8-16B】所示，将“2010 广州亚运会金牌榜”下的文本转换成 5 列 6 行的表格形式，固定列宽为 2.3 厘米，文字分隔位置为制表符；为表格自动套用“中等深浅底纹 2 - 强调文字颜色 3”的表格样式，表格对齐方式为居中。

3．录制新宏：

- 在 Word 2010 中新建一个文件，在该文件中创建一个名为 A8A 的宏，将宏保存在当前文档中，用 Ctrl+Shift+F 作为快捷键，功能为将选定段落左、右各缩进 3 字符。
- 完成以上操作后，将该文件以“启用宏的 Word 文档”类型保存至考生文件夹中，文件名为 A8-A。

4．邮件合并：

- 在 Word 2010 中打开文件 C:\2010KSW\DATA2\TF8-16B.docx，以 A8-B.docx 为文件名保存至考生文件夹中。
- 选择“信函”文档类型，使用当前文档，使用文件 C:\2010KSW\DATA2\TF8-16C.xlsx 中的数据作为收件人信息，进行邮件合并，结果如【样文 8-16C】所示。
- 将邮件合并的结果以 A8-C.docx 为文件名保存至考生文件夹中。

【样文 8-16A】

家电市场预测表

2005~2010 年均增长率(%)

电器名称	全世界	亚洲
彩色电视机	2.50	6.00
磁带录像机	1.90	7.20
摄录一体机	4.20	12.20
激光视盘机	6.80	6.40
便携式音响	2.40	5.00
家庭音响	-0.60	10.00
汽车音响	2.00	6.40

【样文 8-16B】

2010 广州亚运会金牌榜

国家	金牌	银牌	铜牌	总数
中国	199	119	98	416
韩国	76	65	91	232
日本	48	74	94	216
伊朗	20	14	25	59
哈萨克斯坦	18	23	38	79

【样文 8-16C】

学生成绩报告单

王鑫同学：

你好！

本学期你的考试成绩如下：语文 87 分，数学 93 分，英语 80 分，总分 260 分。被评为学习标兵，特以鼓励！

北京希望小学

2010 年 1 月 10 日

学生成绩报告单

张菲同学：

你好！

本学期你的考试成绩如下：语文 99 分，数学 95 分，英语 98 分，总分 292 分。被评为学习标兵，特以鼓励！

北京希望小学

2010 年 1 月 10 日

学生成绩报告单

程圆圆同学：

你好！

本学期你的考试成绩如下：语文 90 分，数学 89 分，英语 97 分，总分 276 分。被评为学习标兵，特以鼓励！

北京希望小学

2010 年 1 月 10 日

学生成绩报告单

林辉同学：

你好！

本学期你的考试成绩如下：语文 93 分，数学 95 分，英语 94 分，总分 282 分。被评为学习标兵，特以鼓励！

北京希望小学

2010 年 1 月 10 日

学生成绩报告单

吴小勇同学：

你好！

本学期你的考试成绩如下：语文 88 分，数学 91 分，英语 90 分，总分 269 分。被评为学习标兵，特以鼓励！

北京希望小学

2010 年 1 月 10 日

8.17 第 17 题

【操作要求】

打开 A8.docx，按下列要求操作。

1．**选择性粘贴**：在 Excel 2010 中打开文件 C:\2010KSW\DATA2\TF8-17A.xlsx，将工作表中的表格以“Microsoft Excel 工作表 对象”的形式粘贴至 A8.docx 文档中标题“人体每天氨基酸需要量统计表（毫克/千克体重）”的下方，结果如【样文 8-17A】所示。

2．**文本与表格间的相互转换**：按【样文 8-17B】所示，将“学生学籍管理表”下的表格转换成文本，文字分隔符为制表符。

3．**录制新宏**：

- 在 Excel 2010 中新建一个文件，在该文件中创建一个名为 A8A 的宏，将宏保存在当前工作簿中，用 Ctrl+Shift+F 作为快捷键，功能为将选定行的高度设置为 30。
- 完成以上操作后，将该文件以“启用宏的工作簿”类型保存至考生文件夹中，文件名为 A8-A。

4．**邮件合并**：

- 在 Word 2010 中打开文件 C:\2010KSW\DATA2\TF8-17B.docx，以 A8-B.docx 为文件名保存至考生文件夹中。
- 选择“信函”文档类型，使用当前文档，使用文件 C:\2010KSW\DATA2\TF8-17C.xlsx 中的数据作为收件人信息，进行邮件合并，结果如【样文 8-17C】所示。
- 将邮件合并的结果以 A8-C.docx 为文件名保存至考生文件夹中。

【样文 8-17A】

人体每天氨基酸需要量统计表（毫克/千克体重）

氨基酸	婴孩	2~9岁	10~12岁	成人	平均值
组氨酸	28	20	18	12	19.5
异亮氨酸	70	31	30	10	35.25
亮氨酸	161	73	45	14	73.25
赖氨酸	103	64	60	12	59.75
蛋氨酸和胱氨酸	58	27	27	13	31.25
苯丙氨酸和络氨酸	125	69	27	14	58.75
色氨酸	17	13	4	4	9.5
颉氨酸	93	38	33	10	43.5

【样文 8-17B】

学生学籍管理表

学号	姓名	性别	年龄	英语	计算机
20101201	罗明	男	21	64	90
20101202	张玉翠	女	20	82	75
20101203	胡小亮	男	22	80	65
20101204	张进取	男	21	60	72
20101205	宁晓燕	女	20	73	84

【样文 8-17C】

选修课成绩通知单

王丽丽同学：

你本学期所选修的课程 网页制作 成绩为 82 分，该门课程归属于 计算机学院 。

如果考试成绩不及格，请在下学期开学前两周内，将补考费 30 元交给课程归属院系的教学秘书，注意补考时间的通知。

教务处

2010 年 4 月 9 日

选修课成绩通知单

何欢同学：

你本学期所选修的课程 旅游美学 成绩为 55 分，该门课程归属于 旅游管理系 。

如果考试成绩不及格，请在下学期开学前两周内，将补考费 25 元交给课程归属院系的教学秘书，注意补考时间的通知。

教务处

2010 年 4 月 9 日

选修课成绩通知单

李山同学：

你本学期所选修的课程 证券投资 成绩为 87 分，该门课程归属于 金融学院 。

如果考试成绩不及格，请在下学期开学前两周内，将补考费 35 元交给课程归属院系的教学秘书，注意补考时间的通知。

教务处

2010 年 4 月 9 日

选修课成绩通知单

陈明同学：

你本学期所选修的课程 艺术体操 成绩为 50 分，该门课程归属于 体育系 。

如果考试成绩不及格，请在下学期开学前两周内，将补考费 30 元交给课程归属院系的教学秘书，注意补考时间的通知。

教务处

2010 年 4 月 9 日

选修课成绩通知单

黄晓明同学：

你本学期所选修的课程 法语 成绩为 57 分，该门课程归属于 外语系 。

如果考试成绩不及格，请在下学期开学前两周内，将补考费 40 元交给课程归属院系的教学秘书，注意补考时间的通知。

教务处

2010 年 4 月 9 日

8.18 第 18 题

【操作要求】

打开 A8.docx，按下列要求操作。

1. **选择性粘贴**：在 Excel 2010 中打开文件 C:\2010KSW\DATA2\TF8-18A.xlsx，将工作表中的表格以"Microsoft Excel 工作表 对象"的形式粘贴至 A8.docx 文档中标题"液晶市场份额分析"的下方，结果如【样文 8-18A】所示。

2. **文本与表格间的相互转换**：按【样文 8-18B】所示，将"客户基本信息表"下的文本转换成 4 列 8 行的表格形式，文字分隔位置为制表符，将整个表格根据窗口自动调整；为表格自动套用"中等深浅底纹 1 - 强调文字颜色 3"的表格样式，表格对齐方式为居中。

3. **录制新宏**：

- 在 Word 2010 中新建一个文件，在该文件中创建一个名为 A8A 的宏，将宏保存在当前文档中，用 Ctrl+Shift+F 作为快捷键，功能为在当前光标处插入一个 2 列 2 行的表格，并将表格的所有框线设置为红色的双实线。
- 完成以上操作后，将该文件以"启用宏的 Word 文档"类型保存至考生文件夹中，文件名为 A8-A。

4. **邮件合并**：

- 在 Word 2010 中打开文件 C:\2010KSW\DATA2\TF8-18B.docx，以 A8-B.docx 为文件名保存至考生文件夹中。
- 选择"信函"文档类型，使用当前文档，使用文件 C:\2010KSW\DATA2\TF8-18C.xlsx 中的数据作为收件人信息，进行邮件合并，结果如【样文 8-18C】所示。
- 将邮件合并的结果以 A8-C.docx 为文件名保存至考生文件夹中。

【样文 8-18A】

液晶市场份额分析

项目	2009年	2010年
微机、工作站	61%	65%
娱乐设备	6%	10%
视听设备	6%	10%
便携式信息工具	10%	0%
汽车导向系统	10%	1%
其他	7%	13%

【样文 8-18B】

客户基本信息表

客户编号	姓名	单位	联系电话
100kh01	赵鹏	汽车二厂	82164523
100kh02	张冲	空调一厂	51674523
100kh03	王雨	电器一店	84812356
100kh04	崔萍	中复五店	83210254
100kh05	刘利	彩虹钢缆	67143256
100kh06	李想	城建三队	64582121
100kh07	郑直	电器二店	83241566

【样文 8-18C】

新天地公司职员登记表

姓名	性别	部门	学历	年龄	籍贯	工龄	工资
李波	男	工程部	硕士	29	河南	5	4300

新天地公司职员登记表

姓名	性别	部门	学历	年龄	籍贯	工龄	工资
张勇	男	人事部	本科	35	山东	8	3500

新天地公司职员登记表

姓名	性别	部门	学历	年龄	籍贯	工龄	工资
任敏	女	市场部	本科	32	河北	6	3700

新天地公司职员登记表

姓名	性别	部门	学历	年龄	籍贯	工龄	工资
吴圆	女	技术部	硕士	25	上海	3	4000

新天地公司职员登记表

姓名	性别	部门	学历	年龄	籍贯	工龄	工资
韩华	女	文档部	本科	31	北京	4	2500

新天地公司职员登记表

姓名	性别	部门	学历	年龄	籍贯	工龄	工资
王刚	男	后勤部	大专	28	吉林	1	2800

8.19 第 19 题

【操作要求】

打开 A8.docx，按下列要求操作。

1. **选择性粘贴**：在 Excel 2010 中打开文件 C:\2010KSW\DATA2\TF8-19A.xlsx，将工作表中的表格以“Microsoft Excel 工作表 对象”的形式粘贴至 A8.docx 文档中标题“生产、出口能力比较”的下方，结果如【样文 8-19A】所示。

2. **文本与表格间的相互转换**：按【样文 8-19B】所示，将“某大学新生入学情况表”下的表格转换成文本，文字分隔符为制表符。

3. **录制新宏**：

- 在 Excel 2010 中新建一个文件，在该文件中创建一个名为 A8A 的宏，将宏保存在当前工作簿中，用 Ctrl+Shift+F 作为快捷键，功能为将选定单元格自动套用数据和模型中“输入”的单元格样式。
- 完成以上操作后，将该文件以“启用宏的工作簿”类型保存至考生文件夹中，文件名为 A8-A。

4. **邮件合并**：

- 在 Word 2010 中打开文件 C:\2010KSW\DATA2\TF8-19B.docx，以 A8-B.docx 为文件名保存至考生文件夹中。
- 选择“信函”文档类型，使用当前文档，使用文件 C:\2010KSW\DATA2\TF8-19C.xlsx 中的数据作为收件人信息，进行邮件合并，结果如【样文 8-19C】所示。
- 将邮件合并的结果以 A8-C.docx 为文件名保存至考生文件夹中。

【样文 8-19A】

生产、出口能力比较

产品	生产(万美元)		出口(万美元)	
	2009年	2010年	2009年	2010年
电子元器件	20,028	24,657	17,451	21,918
消费类电子产品	10,410	11,439	7,356	8,075
投资类电子设备	7,978	9,736	5,670	6,262

【样文 8-19B】

某大学新生入学情况表

入学编号	姓名	国籍	学分
20100701	张雅丽	新加坡	9
20100702	cathy	澳大利亚	9
20100703	朴俊贤	韩国	8
20100704	lily	美国	6
20100705	董辰	马来西亚	8

【样文 8-19C】

第二十五届小学生运动会金牌榜

尊敬的 实验小学 校长，你好：

你校的学生在本届小学生运动会上荣获奖牌数如下：

金牌	35	银牌	39
铜牌	29	总奖牌数	103

荣获本届运动会第 一 名，特发此证，以资鼓励。

中海市教育局

2010 年 5 月 3 日

第二十五届小学生运动会金牌榜

尊敬的 育才小学 校长，你好：

你校的学生在本届小学生运动会上荣获奖牌数如下：

金牌	32	银牌	17
铜牌	14	总奖牌数	63

荣获本届运动会第 二 名，特发此证，以资鼓励。

中海市教育局

2010 年 5 月 3 日

第二十五届小学生运动会金牌榜

尊敬的 博源小学 校长，你好：

你校的学生在本届小学生运动会上荣获奖牌数如下：

金牌	17	银牌	16
铜牌	16	总奖牌数	49

荣获本届运动会第 三 名，特发此证，以资鼓励。

中海市教育局

2010 年 5 月 3 日

第二十五届小学生运动会金牌榜

尊敬的 阳光小学 校长，你好：

你校的学生在本届小学生运动会上荣获奖牌数如下：

金牌	27	银牌	27
铜牌	38	总奖牌数	92

荣获本届运动会第 四 名，特发此证，以资鼓励。

中海市教育局

2010 年 5 月 3 日

第二十五届小学生运动会金牌榜

尊敬的 新星小学 校长，你好：

你校的学生在本届小学生运动会上荣获奖牌数如下：

金牌	16	银牌	9
铜牌	12	总奖牌数	37

荣获本届运动会第 五 名，特发此证，以资鼓励。

中海市教育局

2010 年 5 月 3 日

第二十五届小学生运动会金牌榜

尊敬的 双语小学 校长，你好：

你校的学生在本届小学生运动会上荣获奖牌数如下：

金牌	14	银牌	16
铜牌	18	总奖牌数	48

荣获本届运动会第 六 名，特发此证，以资鼓励。

中海市教育局

2010 年 5 月 3 日

8.20　第 20 题

【操作要求】

打开 A8.docx，按下列要求操作。

1．**选择性粘贴**：在 Excel 2010 中打开文件 C:\2010KSW\DATA2\TF8-20A.xlsx，将工作表中的表格以“Microsoft Excel 工作表 对象”的形式粘贴至 A8.docx 文档中标题“明洁公司招聘人员信息签到表”的下方，结果如【样文 8-20A】所示。

2．**文本与表格间的相互转换**：按【样文 8-20B】所示，将“明洁公司员工基本信息表”下的文本转换成 5 列 7 行的表格形式，列宽为固定值 2.3 厘米，文字分隔位置为制表符；为表格自动套用“中等深浅网格 3 - 强调文字颜色 2”的表格样式，表格对齐方式为居中。

3．**录制新宏**：

- 在 Word 2010 中新建一个文件，在该文件中创建一个名为 A8A 的宏，将宏保存在当前文档中，用 Ctrl+Shift+F 作为快捷键，功能为将选定段落填充图案样式为“25%”的底纹。
- 完成以上操作后，将该文件以“启用宏的 Word 文档”类型保存至考生文件夹中，文件名为 A8-A。

4．**邮件合并**：

- 在 Word 2010 中打开文件 C:\2010KSW\DATA2\TF8-20B.docx，以 A8-B.docx 为文件名保存至考生文件夹中。
- 选择“信函”文档类型，使用当前文档，使用文件 C:\2010KSW\DATA2\TF8-20C.xlsx 中的数据作为收件人信息，进行邮件合并，结果如【样文 8-20C】所示。
- 将邮件合并的结果以 A8-C.docx 为文件名保存至考生文件夹中。

【样文 8-20A】

明洁公司招聘人员信息签到表

姓名	姓别	毕业学校	总成绩	联系电话
张双	女	石油附中	88	82164523
范思思	女	矿院附中	95	51674523
李哲	男	北医附中	70	84812356
朱明明	女	地大附中	83	83210254
白思特	男	北医附中	92	67143256
张森	男	铁道附中	77	64582121
马丽	女	知春里中学	85	83241566

【样文 8-20B】

明洁公司员工基本信息表

职工姓名	性别	工龄	部门	工资
王敏	女	1	销售部	2000
胡月	女	2	企划部	3200
李鹏	男	5	人事部	4000
江洋	男	3	后勤部	2500
夏玲	女	3	财务部	3800
黄涛	男	5	技术部	4200

【样文 8-20C】

考试成绩通知单

亲爱的家长同志，您的孩子 赵一凡 本学期成绩如下：

学号：XS201001　　总分：520　　排名：10

语文	数学	英语	政治	历史	地理	生物
61	85	53	92	80	86	63

下学期将于 2010 年 2 月 10 日开学，请注意查收！

考试成绩通知单

亲爱的家长同志，您的孩子 王丽丽 本学期成绩如下：

学号：XS201002　　总分：542　　排名：7

语文	数学	英语	政治	历史	地理	生物
72	91	61	57	76	91	94

下学期将于 2010 年 2 月 10 日开学，请注意查收！

考试成绩通知单

亲爱的家长同志，您的孩子 李山 本学期成绩如下：

学号：XS201003　　总分：570　　排名：2

语文	数学	英语	政治	历史	地理	生物
88	80	90	70	83	85	74

下学期将于 2010 年 2 月 10 日开学，请注意查收！

考试成绩通知单

亲爱的家长同志，您的孩子 徐可 本学期成绩如下：

学号：XS201004　　总分：563　　排名：4

语文	数学	英语	政治	历史	地理	生物
95	86	88	60	72	80	82

下学期将于 2010 年 2 月 10 日开学，请注意查收！